情動学シリーズ
小野武年 監修

7

Food and Emotions

情動と食

適切な食育のあり方

二宮くみ子
谷 和樹
編集

朝倉書店

情動学シリーズ　刊行の言葉

情動学 (Emotionology) とは「こころ」の中核をなす基本情動 (喜怒哀楽の感情) の仕組みと働きを科学的に解明し，人間の崇高または残虐な「こころ」，「人間とは何か」を理解する学問であると考えられています．これを基礎として家庭や社会における人間関係や仕事の内容など様々な局面で起こる情動の適切な表出を行うための心構えや振舞いの規範を考究することを目的としています．これにより，子育て，人材育成および学校や社会への適応の仕方などについて方策を立てることが可能となります．さらに最も進化した情動をもつ人間の社会における暴力，差別，戦争，テロなどの悲惨な事件や出来事などの諸問題を回避し，共感，自制，思いやり，愛に満たされた幸福で平和な人類社会の構築に貢献するものであります．このように情動学は自然科学だけでなく，人文科学，社会科学および自然学のすべての分野を包括する統合科学です．

現在，子育てにまつわる問題が種々指摘されています．子育ては両親をはじめとする家族の責任であると同時に，様々な社会的背景が今日の子育てに影響を与えています．現代社会では，家庭や職場におけるいじめや虐待が急激に増加しており，心的外傷後ストレス症候群などの深刻な社会問題となっています．また，環境ホルモンや周産期障害にともなう脳の発達障害や小児の心理的発達障害（自閉症や学習障害児などの種々の精神疾患)，統合失調症患者の精神・行動の障害，さらには青年・老年期のストレス性神経症やうつ病患者の増加も大きな社会問題となっています．これら情動障害や行動障害のある人々は，人間らしい日常生活を続けるうえで重大な支障をきたしており，本人にとって非常に大きな苦痛をともなうだけでなく，深刻な社会問題になっています．

本「情動学シリーズ」では，最近の飛躍的に進歩した「情動」の科学的研究成果を踏まえて，研究，行政，現場など様々な立場から解説します．各巻とも研究や現場に詳しい編集者が担当し，1）現場で何が問題になっているか，2）行政・教育などがその問題にいかに対応しているか，3）心理学，教育学，医学・薬学，脳科学などの諸科学がその問題にいかに対処するか（何がわかり，何がわかっていないかを含めて）という観点からまとめることにより，現代の深刻な社会問題となっている「情動」や「こころ」の問題の科学的解決への糸口を提供するものです．

なお本シリーズの各巻の間には重複があります．しかし，取り上げる側の立場にかなりの違いがあり，情動学研究の現状を反映するように，あえて整理してありません．読者の方々に現在の情動学に関する研究，行政，現場を広く知っていただくために，シリーズとしてまとめることを試みたものであります．

2015 年 4 月

小野武年

●序

　われわれの祖先は，狩猟採取の生活から火を使うようになったことで，調理をし，暖を取り，獣などから身を守ることができるようになり，人口も著しく増えていった．約12万年以上前の遺跡から，ヒトが日々の生活において，調理だけではなく火を様々な目的で利用していたと考えられることが報告されている．当時は火を起こすのが難しかったので，火を共同利用するために集団生活が始まり，お互いのコミュニケーションの場も作られていった．加熱は寄生虫や細菌による被害を少なくするメリットがある．植物のなかにはトリプシンインヒビターやシアングリコーゲン（特にマメ科の植物に多い）などの有毒な成分を含むものや，キャッサバ（トウダイグサ科イモノキ属）のように有毒な配糖体が含まれているものもあり，加熱ができなかった時代には食べられなかった植物も食べられるようになるなど，火の利用は当時の人々の食生活を大きく変えたといえる．さらに，加熱調理によって肉を食べることが容易になり，タンパク質の摂取量が増加して栄養状態も良くなった．単に食物の摂取量が増えただけではなく，生肉に比べて加熱調理された肉は消化・吸収のために体内で使われるエネルギーが少なくてすむことや，コラーゲンや炭水化物も吸収されやすくなる等，各種栄養素摂取の効率が向上したことも栄養状態の改善につながっている．加熱による食物中のデンプンの糖化も，カロリー摂取量の増加につながり，ヒトの脳は他の動物よりもはるかに大きくなったと考えられることが，ハーバード大学のリチャード・ランガムによって報告されている．また，イギリスの自然科学者チャールズ・ダーウィンは「調理」は言語についで人類が発見した第二の偉大な革命であると述べている．果物，野菜，刺身など生で食べるものもあるが，ヒトが日々摂取している食物の大半は調理されており，調理された食物は全般的に消化しやすく，安全で，栄養面でも優れている．調理の発見により，ヒトの祖先の食生活は大きく変化し，ヒトの体形，脳，社会生活にも多大な影響を与えた．また，ヒトは集団で暮らすようになり，調理した食物を一緒に食べる，「共食」という行動を取るようになった．

食物を摂取する摂食行動は生命維持に必須の行動である．空腹感とは食物を長く摂取しないと，時間や場所に関係なく，すべてのヒトに共通に生じる生理的現象であり，何でもよいから食べたいといった強い欲求である．一方，食欲とはハンバーグや寿司といったように，特定の食べ物を食べたいという欲求である．新生児では空腹感は起こるが，質の高い食欲はない．新生児は生後の学習や経験によって乳と水の欲求の区別ができるようになり，いろいろな食物を食べることによって具体的な食欲の対象を形成していく．空腹感は誰にでも共通の不快な感情を起こすが，食欲は快い感情を伴い，食べたいと思う対象の食物には個人差がある．食欲の内容は学習，体験，気候・風土，感情，地域や宗教による食習慣などの自然や社会的環境といった様々な要因によって流動的に変化し，個人の意思によっても変化する．正しい食習慣によって正しく食欲をコントロールすることが，心身ともに健康な食生活に必要であるといわれるゆえんである．

食事は生命維持に不可欠であると同時に，親子関係をはじめとした人間関係づくりや栄養的な観点だけでなく，生活習慣の育成の観点からも，「こころ」の中核をなす情動の成長にとっても重要である．生活リズムの乱れによって朝早く起きることができず，食欲もなく，朝食が取れないということも起こりえる．また，「孤食」や「個食」などの習慣は，子どもの身体だけでなく，精神の発達に及ぼす影響も懸念される．摂食行動には家庭，学校，塾などの社会的・環境的因子が複雑に絡んでいるが，家庭や学校における適切な食育は，子どもの成長や行動に良い影響を与える．食育は脳の発達と相関している．胎児は羊水を，乳児は母乳を通じて母親の摂取した食事の風味を学習，体験する．脳の60～80％は生後2歳までに完成するが，どこで何を食べたかを自分で説明できない．3歳ぐらいまでは自分自身で食を選択することができず，何を，いつ，どのぐらいの量を食べるかについては母親や家族に従う受け身の食の時期であり，妊婦の食事指導や乳幼児をもつ親や家族の教育も必要である．その後，学校での給食や外食，友人宅や旅行先での食事などの体験を通じて，おふくろの味や郷土料理，親戚や友人が集まる日常とは異なるハレの食の体験などを，感覚，知覚，認知，行動として学習していく．これらのことから，乳幼児および学童期の食経験が非常に重要であると考えられる．

わが国では2005年に食育基本法が，2006年には食育推進基本計画が制定され，子どもたちが食に関する正しい知識と望ましい食習慣を身につけるように，学校においても積極的に食育に取り組むようになった．食育基本法の基本理念は以下の7項目である．

1. 国民の心身の健康の増進と豊かな人間形成（第2条）
2. 食に関する感謝の念と理解（第3条）
3. 食育推進運動の展開（第4条）
4. 子どもの食育における保護者，教育関係者等の役割（第5条）
5. 食に関する体験活動と食育推進活動の実践（第6条）
6. 伝統的な食文化，環境と調和した生産等への配意及び農山漁村の活性化と食料自給率の向上への貢献（第7条）
7. 食品の安全性の確保等における食育の役割（第8条）

食育基本法の制定を受けて，食品企業はその社会的責任を果たすべく，企業がもっている知識や人材を活用し，小学校における出前授業が行われるようになった．各企業はそれぞれの特性を生かした授業を展開しており，そのテーマは米，味噌・醤油などの発酵食品，野菜，海藻，乳製品，おやつの食べ方や料理教室など多岐にわたっている．

ここでは筆者らが直接携わった味の素株式会社の授業の例について述べることをお許し願いたい．2005年，筆者は当社が取り組むべきテーマは何かについての社内検討会メンバーの一人として討議に加わった．検討会では初心者向け料理教室，食文化の情報発信，栄養指導など様々な案が出たが，5回の検討会を経て，最終的に5基本味の一つである「うま味」を子どもたちに体験を通して伝えることが，当社が行うべき食育であるとの結論に至った．そのおもな背景は以下の5点である．

1. 1908年の池田菊苗博士による「うま味」の発見がなければ当社は存在していない．
2. 1909年にうま味調味料（グルタミン酸ナトリウム）が商品化された背景には，「佳良にして廉価なる調味料を造りだし滋養に富める粗食を美味ならしむることが国民の栄養不良を僑救せしむる」という池田博士の熱い志があった．
3. 1909年にグルタミン酸ナトリウムの製造特許を取得した池田博士は，特許庁が選定した日本の十大発明家の一人である．

4. 1970年代以降,「うま味」に関する基礎研究を食品化学や調理科学はもとより，味覚心理学，栄養学，脳科学等の分野で展開し，科学的根拠のある多くの知見がある.
5. 2008年には「うま味発見100周年」を迎える.

実際に小学校に出向き子どもたちに授業をするには，どの社員がどこの小学校に行っても同じ内容で授業を実施しなければならない．そのためには，うま味をテーマにどのような授業内容にするか，45分間の授業の流れを検討し，授業実施用のテキストの作成も必要になる．教職免許を持っている社員はいても，小学校で授業の経験を積んでいるわけではない．そこで筆者らは，現場のプロである小学校教員の力を借りてテキストを作り，さらには効果的な教え方を自ら学ぶことが必要であると考えた.

読売新聞社の教育ルネッサンスの取組みにかかわったことがきっかけで，小学校教員による研究集団であるTOSS（Teachers Organization of Skill Sharing）という組織と出会った．この組織は小学校の教員の教育技術向上を目的としており，授業に役立つ教育技術や指導法を開発し，互いに追試し検討し合うことで授業技術を高めようとする教員の研究団体であり，1万人以上の教員がこの組織に所属している.「うま味」の教育に関心のある約10名の先生方と授業で何を伝えるべきか，どのような内容のテキストが必要かについて検討を重ね,「うま味発見」のきっかけとなった「だし」をテーマとして「うま味」を知ってもらい，本物の「だし」を体験させ，さらに池田博士の「うま味発見」という偉業を伝える授業コンテンツとテキストができあがった.

TOSSのメンバーである先生方による「だし・うま味」の授業に関するセミナーも行われ，本書の編者である谷和樹先生に出会った．セミナーを通じて，筆者も授業の進め方，子どもたちへの接し方，話し方，使ってはいけない用語など，多くのことを学ぶ機会を得た．当初は社内で「うま味」普及にかかわる業務を担当していない部署の社員が授業をすることへの批判などもあったが，2006年に筆者が初めての授業を東京都大田区の小学校で実施して以来，今でも年間で全国の約100校（約300授業実施，対象児童数1万人）の小学校からの依頼を受けて社員が「だし・うま味」の味覚教室を実施している.「うま味を日本人が発見したのはすごい」,「日本人が発見したうま味が世界の共通語になっているのはすごい」,「家の人にもうま味のことを伝えたい」など，子どもたちから授業の感想が寄せられている．

2013年に和食がユネスコの無形文化遺産となり，より積極的に「だし」や「うま味」をテーマとした食育授業が実施されるようになったことは，大変喜ばしいことである．この味覚教室の実施を通じて新たに広がっていった小学校教員や栄養教諭とのネットワークを活用し，2016年度には8年間継続してきた授業内容の一部を改訂した．授業が時代に即した，学校側が求める内容となって，さらに広がっていくことを期待したい．

「情動と食」を取り上げるにあたって，副題を「適切な食育のあり方」としたのは，上述のように，ヒトの集団生活において食は，生きるために必要な栄養素を摂取するための行動だけではなく，コミュニケーションの場としても重要であり，豊かな情動の形成にも大きくかかわっているからである．

本書では，第I編ではTOSSの先生方による食育の現場の紹介，第II編では「だし・うま味」を中心に構成されている和食について，第III編では「うま味とだし」の仕組みと働きの解明に向けた取組みと研究の現状を紹介した．

ヒトは食物を手に入れるまで何も食べることができなかった狩猟採取の時代から，長い時間とともに，いつでも食物を手に入れ，簡便な調味料を使用したり，調理済みの食品を利用するなどし，食べるために要する時間は飛躍的に短縮した．このような環境の中で，本書が食のもつ生物学的意味，情動とのかかわりについて，もう一度原点に立ち返って考える契機となれば幸いである．

2017年1月

二宮くみ子

文献

1. Wrangham, R；Conklin-Brittain, N：Cooking as a biological trait. *Comparative Biochemistry and Physiology A*. **136** (1)：35-46 (2003).
2. Krebs, J：Food, A very short introduction, Oxford University Press (2013)
3. Ikeda, K：On the taste of the salt of glutamic acid. International Congress of Applied Chemistry XVIII：147 (1912)

●編集者

二宮くみ子　味の素株式会社グローバルコミュニケーション部

谷　　和樹　玉川大学教職大学院

●執筆者（執筆順）

並木孝樹　千葉県小学校

井上和子　徳島県小学校

大國佐智代　大阪府小学校

松島博昭　群馬県小学校

谷　　和樹　玉川大学教職大学院

江原絢子　東京家政学院大学名誉教授

村田吉弘　料亭「菊乃井」

二宮くみ子　味の素株式会社グローバルコミュニケーション部

的場輝佳　関西福祉科学大学

近藤高史　味の素株式会社イノベーション研究所

平山　論　元倉敷市立短期大学

●目　次

I.　日本の小学校における食育の取り組み

II. 食育で伝えていきたい和食の魅力

III.　食と情動に関する研究の現状

I

日本の小学校における
食育の取り組み

1
教育現場と民間の連携を全国に

1.1　現場で求められる食育

平成17年7月15日に食育基本法が制定された. 以下は, その前文(一部)である.

子どもたちが豊かな人間性をはぐくみ, 生きる力を身に付けていくためには, 何よりも「食」が重要である. いま, 改めて, 食育を, 生きる上での基本であって, 知育, 徳育及び体育の基礎ともなるべきものと位置づけるとともに, 様々な経験を通じて「食」に関する知識と「食」を選択する力を習得し, 健全な食生活を実践することができる人間を育てる食育を推進することが求められている.

食育が知育, 徳育, 体育と並んでいる. 子どもたちの身体・心 (情動：喜怒哀楽の感情) の問題は, 食にも大いに関係があるということがさまざまなデータからわかってきたからである. 食育は近年ますます注目され, 重要な教育分野となっている.

a.　マクガバンレポートの衝撃

この背景の一つに, アメリカ合衆国の上院議員ジョージ・マクガバンが作成した「マクガバンレポート」という報告書がある. 1970年代にマクガバンはアメリカで年々増え続ける医療費に頭を抱えていた. 新薬や検査技術の開発などに多くのお金をつぎ込んだからである. それにもかかわらず, 病人は増え, 難病奇病も続出し, それまで聖域だった現代医療にメスが入った. 多くの調査研究の結果, 問題のカギは食べ物であることを突き止めた. いままでの肉食中心の食事を改めようと「食事目標」をかかげたので, 医学界や食品業界から猛反発を受けたが, その主張を変えなかった. その後の選挙でマクガバンは落選したが, レポートは現代のバイブルとして生き続け, アメリカでは日本食ブームが訪れた.

日本における年間医療費は昭和40年度が約1兆円, 昭和59年度が約15兆円で, 平成11年には約30兆円を超えている. 現在では一人あたり年間で約30万円ほどの医療費を支払っている. アメリカと同じような状況になってきているのがこの数字からわかる. 現代の食生活を見てみると子どもたちの大好きなメニューは「ハンバーガー」,「焼き肉」,「ステーキ」,「フライドポテト」など肉食やファストフードが中心となり, 欧米型の食文化となっている.

b.　和食文化継承

このような現状を変えるためには食育が必要不可欠であると考えられる. 食育とは, 自分の健康にとって必要な食品を選び, 自分と周りの人と食することを楽しむ実践的能力を育成することである. 2013年に和食はユネスコの無形文化遺産に登録された. この文化継承は日本全体の願いであり, これからの子どもたちに伝えていかなければならない.

1.2　だし・うま味プロジェクトの立ち上げ

TOSS (Teacher's Organaization of Skill Sharing) は民間教育団体で, 子どもにとって価値ある教師 (教え方のプロ) になるための研究組織である. すぐに役立つ教育技術・指導法を開発し, 自らの技術を高め, 教育現場で生かしていくことを目的に活動している. 全国で約700サークル, 約1万人の小中高等学校の教員が参加している.

筆者は, 当時, 千葉県の長期研修生として千葉大学で研修を受けながら, 同時にTOSSでも学び食育の実践を行った. 翌年, TOSSを通じて味の素株式会社(以下, 味の素と表記) と食育の事業を連携することになった.

1908年に池田菊苗は昆布のおいしさの成分がグルタミン酸であることを発見した. その後, 池田に相談を受けた味の素の創業者である鈴木三郎助が商品化した「グルタミン酸ナトリウム」が世界最初のうま味調味料である. このうま味は, 従来分類されていた甘味・塩味・酸味・苦味の4基本味に加えて, 第5番目の基本味“umami”として認知されている. 味の素は「公益財団法人味の素食の文化センター」をつくり, 日本の食文化や「だし・うま味」文化を普及しようとしている. だし・うま味は和食文化でもある. 日本の伝統的な食文化である「だし・うま味」を通して和食のすばらしさをお互いに連携して子どもたちに伝えていこうと，プロジェクトを立ち上げた．

当初は読売新聞社主催「教育ルネッサンス食育推進プロジェクト」からはじまり，後に「「だし・うま味」食育推進プロジェクト」として活動し，以下の四つの事業を行った．

①テキスト・教材の作成・開発

②味覚教室の推進

③セミナーの開催

④スキルアップ研修

これを分類すると，①は「ものづくり」にあたる．ものとはテキストであり，教材である．「もの」がなければ食育は普及しない．②と③は「もの」を広めるためのイベントづくりである．どのようにすれば普及できるかという仕組み，システムをつくっていくことが重要である．④は「人づくり」である．授業をするからには授業技術が必要となり，企業との連携ではここのところが一つの重要なポイントとなる．

ものづくり（1.3 節），システムづくり（1.4 節），人づくり（1.5 節）の三つのポイントが，教育現場と企業との連携をよりいっそうスムーズにし，充実させていくのに大切である．

1.3　ものづくり

a.　テキスト

テキストは低学年（1・2 年生）用，中学年（3・4 年生）用，高学年（5 年生以上）用に分けて作成した．このテキストは，現在味の素のウェブサイトから無料でダウンロードできる（図 1.1）．

テキストをつくるときのポイントは，①写真や図を多くし，ビジュアルにする，②書き込みさせるスペースを多くする，③情報を厳選する，④学習進度に配慮する，⑤指導案をつくる，⑥感想を書かせるページをつくる，などである．

①写真や図を多くし，ビジュアルにする：　食育であるから，食べ物や製造過程について子どもたちに理解させたい．聴覚情報よりも視覚情報の方が伝わりやすい子どももたくさんいる．写真やイラストが必須になる．上記のテキストの表紙からもおわかりいただけるだろう．

どの写真を使うかは味の素の方と会議をくり返し，確定した．基準は現場の子

図 1.1　味の素の出前授業で使用するテキスト
左より，低学年（1・2 年生）用，中学年（3・4 年生）用，高学年（5 年生以上）用．

図 1.2　テキストでは書き込みさせるスペースを多くする

どもにみられる事実と，教員の実感である．その基準をもとに写真や図を選択する．

②書き込みさせるスペースを多くする：　テキストをつくる際には活動をいかに入れ込むかがポイントとなる．「書かせる」，「○をつける」，「色を塗る」，「線を引く」，「なぞる」などさまざまな活動が含まれるようにする（図 1.2）．子どもはテキストを読んでいるだけでは飽きてしまうので，できるだけ活動を入れる．それも短時間にだれにでもできるようにする．「なぞる」,「線を引く」などの，すぐにできる書き込みさせるスペースを多く改訂している．

図 1.3 は低学年用テキストの一部で，改訂前と改訂後である．「なぞらせる」,「書かせる」の活動が以前よりも多く入っている．各ページにはそのような箇所が必ずある．学級には特別支援を要する児童が 10〜20% はいる．そういう子どもた

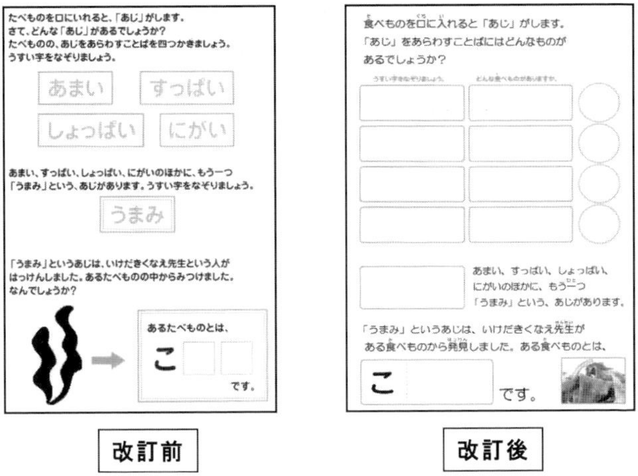

図 1.3　低学年用テキスト，改訂前（左）と改訂後（右）

ちを巻き込み，夢中になって取り組むテキストにしなければならない．

③情報を厳選する：　だし・うま味について学びながら授業づくりをしていくと情報が多くなり，あれもこれも教えたいということになる．情報を得れば得るほど伝えたくなる．そのまま伝えようとすると子どもたちは聞くばかりになり，よくわからない授業となってしまう．

④学習進度に配慮する：　「なぞらせる」や「書かせる」などの活動を入れるとどうしても進度に差ができ，早い子と遅い子が出る．とりわけ早い子にどう対応するのかが課題である．遅くなってしまう子よりも，早く終わった子は何をするのかが重要なポイントである．向山洋一氏（TOSS 代表）は授業の腕を上げる法則のなかで「空白禁止の原則」と述べている．

図 1.4 は授業の最後に感想を書かせるページである．早く書き終わった子には，上のまとめを書かせるか，下のイラストに色を塗らせるのである．そのためにイラストも色がない．そういう配慮をする必要がある．これは現場の子どもの食育から得た事実から生まれたことである．

⑤指導案をつくる：　テキストだけあっても指導案がなければ授業はできない．テキストにそってどのように発問し，指示をするのかをきちんと明記したものでなければすぐに使えない．図 1.5 はその指導案である．発問指示が枠で囲んであり，どのように言えばよいのかすぐにわかる．これならだれにでもすぐに授

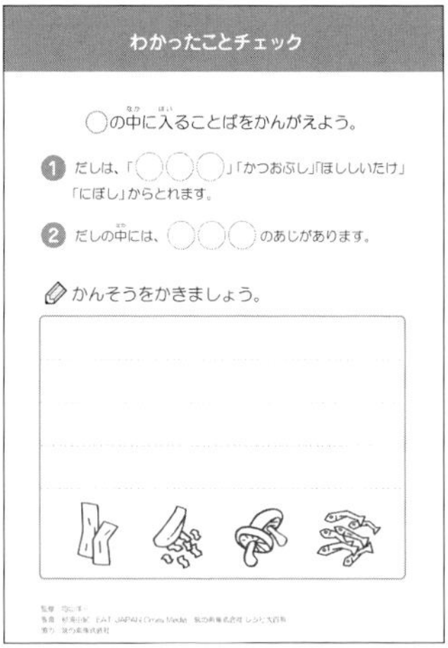

わかったことチェック

◯の中に入ることばをかんがえよう。

1 だしは、「◯◯◯」「かつおぶし」「ほししいたけ」「にぼし」からとれます。

2 だしの中には、◯◯◯のあじがあります。

かんそうをかきましょう。

図 1.4　子どもに感想を書かせるページ

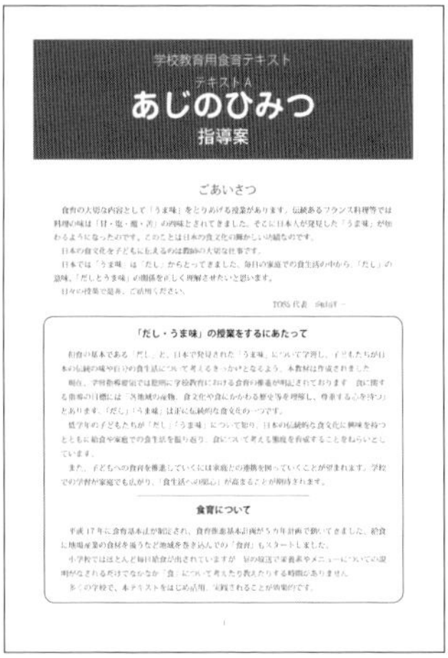

学校教育用食育テキスト
テキストA
あじのひみつ
指導案

ごあいさつ

「だし・うま味」の授業をするにあたって

食育について

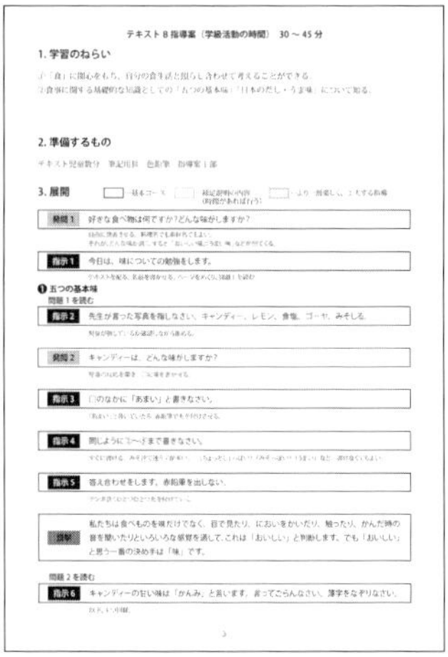

テキスト B 指導案（学級活動の時間）　30 ～ 45 分

1. 学習のねらい

2. 準備するもの

3. 展開

発問 1　好きな食べ物は何ですか？どんな味がしますか？

指示 1　今日は、味についての勉強をします。

❶ 五つの基本味

問題 1 を読む

指示 2　先生が言った写真を指しなさい。キャンディー、レモン、食塩、ゴーヤ、みそしる。

発問 2　キャンディーは、どんな味がしますか？

指示 3　□のなかに「あまい」と書きなさい。

指示 4　同じように□～□まで書きなさい。

指示 5　答え合わせをします。赤鉛筆を出しない。

説明　私たちは食べものを味だけでなく、目で見たり、においをかいだり、触ったり、かんだ時の音を聞いたりといろいろな感覚を通して、これは「おいしい」と判断します。でも「おいしい」と思う一番の決め手は「味」です。

問題 2 を読む

指示 6　キャンディーの甘い味は「かんみ」と言います。言ってごらんなさい。漢字をなぞりなさい。

図 1.5　指導者用の指導案

業ができる．忙しい時間のなかで教材研究を効率的にするためには指導案もすぐにわかるものがよい．

⑥感想を書かせるページをつくる：　授業後には子どもたちに感想を書いてもらう（図 1.4）．「どのように学んだか」,「わかりにくいところはなかったか」,「今後何が必要か」を知るためである．このような感想は後でテキストを改訂するときに大いに役に立つ．また指導した教員や味の素にも参考になる．以下は子ども

の感想である．

○ほししいたけやこんぶにだしがあることをべんきょうしました．そしてうま味をはっけんした人がいるなんてぜんぜんわかりませんでした．池田先生ありがとうございます．(2年生)

○今日の食育の授業を受けて『日本人はこんなにすごいんだな』と思いました．うまみを発見したのも日本人だし，だしを大切に使ってるし，日本の料理が世界で有名なんてはじめて知りました．(4年生)

池田先生とは，うま味を発見した池田菊苗のことである．子どもたちはうま味があることを知ると同時に，それを発見した人が日本人であることに大変驚いていた．そしてとても嬉しそうで誇らしげだった．

テキストをもとに授業をすると次の点で効果がある．

①すぐに授業ができる：　テキストは1時間で終了することになっている．多くの時間を要しないので，すぐに計画のなかに入れて授業にすることができる．単元の導入でもよいし，なかほどの時間を活用してもよい．終盤に授業してさらに発展的な課題に進むことも考えられる．いろいろな形で取り入れることができる．何よりも指導する内容に対して教師の準備が少なくてすむ．この内容の写真や素材を一から準備していてはとうてい授業はできない．

②授業が安定する：　テキストがあるので，そのとおりに行えば同じ内容の授業ができる．同学年のクラスで同じ内容の授業をするので，目標をしっかり達成しやすい．また，前述のように指導案もあるので，要する時間も同じになる．あるクラスは1時間で，別のクラスは2時間かかったということが原則としてない．そういう意味で授業を安定して進められる．

b.　紙芝居・エプロンシアター

テキストだけではなく，さらに教材を味の素と一緒に開発した（図1.6）．食育は担任だけでは難しい面もある．一番効果的なのは栄養教諭・栄養士の指導である．そういう視点から，「栄養士が教室で指導・授業するための教材」をコンセプトとして教材を考えた．

栄養教諭・栄養士は大変忙しい．食育について授業したいと思ってもなかなか思うように時間が取れない．担任の先生が消極的である等の問題があった．そこで毎日行っている給食指導をよりいっそう充実させることに目を向けた．その場

図 1.6 だし・うま味紙芝居の教材

でミニ授業をするのである．

六つのポイントをもとに教材を考え，紙芝居形式・エプロンシアター形式が一番よいと決まった．味の素との授業開発なので，当然「だし・うま味」は欠かせない．以下がそのポイントとなる．

①給食のメニューを活かして行う： 給食のメニューに味噌汁などのだしを使ったものが出ているときに行う．一番わかりやすいのは味噌汁だが，その他おでんやうどんなどでもできる．その場ですぐに体験ができ，実感するのである．たとえば次のようなメニューは最適である．

わかめごはん　　ししゃもフライ　　野菜の柚子香あえ

白菜とかぼちゃの味噌汁　　みかんいり大豆　　牛乳

② 2〜3 分の短い時間で行う： 給食指導なので，当然時間がない．長くても 2〜3 分だろうと考えた．あまり長いと子どもは飽きてしまう．また食べる前や食べながらであるから，集中も難しく，2〜3 分が限界である．

③ビジュアルでわかりやすい： 視覚情報を多くし，どの子にもわかる内容が必要であり，テキストをつくるとき以上に考えた．大きく，わかりやすく，視覚からすぐに情報が伝わるものがいい．

④すぐに準備できる．片づけられる．

⑤どのクラスでもできる．

⑥だれでもいつでもできる．

この三つは一番のポイントであり，栄養教諭・栄養士であればすぐに準備ができ，すぐに片づけられる．テキストと同じように指導案があるので，それを見てできる(図 1.7)．紙芝居のページと発問･指示をきちんと合わせているので，いつ，どのようにいうのかもわかる．また，紙芝居の裏面にも同じように書かれている

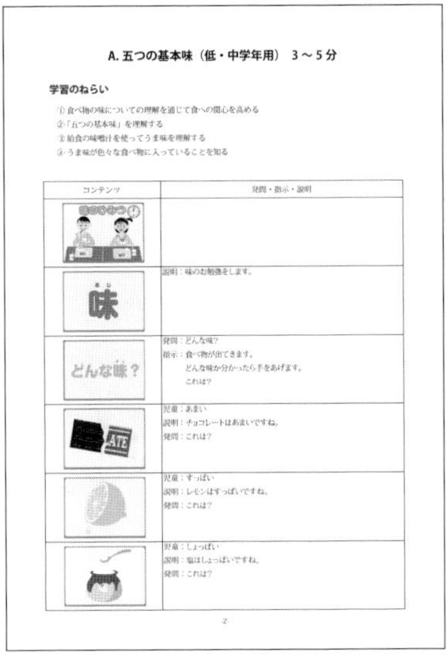

A. 五つの基本味（低・中学年用）　3～5分

学習のねらい

①食べ物の味についての理解を通じて食への関心を高める
②「五つの基本味」を理解する
③給食の味噌汁を使ってうま味を理解する
④うま味が色々な食べ物に入っていることを知る

コンテンツ	発問・指示・説明
味	説明：味のお勉強をします。
どんな味？	発問：どんな味？ 指示：食べ物が出てきます。 どんな味か分かったら手をあげます。 これは？
ATE	児童：あまい 説明：チョコレートはあまいですね。 発問：これは？
	児童：すっぱい 説明：レモンはすっぱいですね。 発問：これは？
	児童：しょっぱい 説明：塩はしょっぱいですね。 発問：これは？

-2-

図 1.7　だし・うま味紙芝居の指導案

図 1.8　エプロンシアター

ので，気軽に，すぐできることが，食育をする際の重要なポイントである．また担任でもできることが重要である．

エプロンシアターも同じコンセプトでつくった（図 1.8）．これを子どもたちに給食時に見せ，語りながら，「うま味」が五つの基本味の一つであることや，「味を感じる仕組み」を指導する．

1.4　システムづくり

テキストや教材をつくるだけでは食育は広まらない．テキストや教材のよさや使い方，ユースウェアを伝えていくことが大切であり，だし・うま味を食育として広めることになる．これまではものづくりで連携したが，次はシステムづくりである．以下のようなイベントを企画し，広めるシステムをつくった．

a.　セミナー開催

テキストのよさや教材のよさを広めるために，それらを使ったセミナーを 2 回開催した（図 1.9）．表 1.1 は講座の内容であり，セミナー開催のメリットは以下のとおりである．

第１回だし・うま味セミナーIN 京都

第２回だし・うま味セミナーIN 東京

図 1.9　だし・うま味セミナーの様子

表 1.1　だし・うま味セミナーの概要

<u>第１回　参加総数 220 名</u>

主催：「だし・うま味」食育推進プロジェクト
日時：平成 22 年 6 月 26 日（土）10：00～12：00
場所：京都リサーチパーク（京都）
内容
■だし・うま味テキストを使った模擬授業
　低学年　並木孝樹氏（千葉県）
　中学年　鈴木恭子氏（神奈川県）
　高学年　桑原和彦氏（茨城県）
　　講評　谷和樹氏（玉川大学）
■味覚教室で子どもが笑顔になるうま味だしの基礎基本講座
　後藤亜弥氏（味の素株式会社）　他
■一流料理人が魅せる日本の伝統的食文化「うま味だし」体験講座
　竹中徹男氏（料亭旅館清和荘）
■うま味だしの特別模擬授業
　森川敦子氏（神奈川県）
　谷和樹氏（玉川大学）
■基調講演
　「TOSS 最前線」
　向山洋一氏（TOSS 代表）

<u>第２回　参加総数 87 名</u>

主催：「だし・うま味」食育推進プロジェクト
日時：平成 24 年 6 月 17 日（日）10：00～12：00
場所：国際ファッションセンター（東京）
内容
■だし・うま味テキストを使った模擬授業
　低学年　並木孝樹氏（千葉県）
　中学年　鈴木恭子氏（神奈川県）
　高学年　佐々木真吾氏（東京都）
　　講評　松崎力氏（栃木県）
■だし・うま味の基礎講座
　後藤亜弥氏（味の素株式会社）　他
■一流料理人が魅せる「だし・うま味」体験講座
　田村隆氏（つきぢ田村 三代目）
■栄養士，担任教師が 5 分でできる「だし・うま味」授業実践事例紹介
　エプロンシアター　野崎隆氏（埼玉県）
　紙芝居/中学年　細羽朋恵氏（東京都）
　紙芝居/中学年　末廣真弓氏（長野県）
　エプロンシアター　紙芝居　その他
■だし・うま味の特別模擬授業・基調講演
　松崎力氏（栃木県）

①教師・栄養教諭・栄養士などだれもが参加でき，つながりができる．教員だけでなく栄養教諭や栄養士も参加していただいた．第1回目はほとんどが教員だったが，第2回目は栄養教諭・栄養士が多かった．第1回目と2回目はコンセプトが違っているので，参加者層にも違いが出た．第1回目は，担任教師が食育をどのように推進していくのか，テキストをどう活用するのかがポイントになった．第2回目は，第1回目のポイントに加え，栄養教諭・栄養士がどのように授業実践をするのかがポイントであり，コンセプトが違っている．どちらも新たな出会いやつながりができた．

②テキスト・教材の使い方・ユースウェアを伝えられる．セミナーでは模擬授業を行い，参加者が実際に子ども役になってテキストや教材を体感してもらう．ここでテキストのよさを理解してもらうとともに，子ども役の体験を通して教師としてどのように指導するのかが見えてくる．

③プロの料理人の体験講座がある．料理界で著名な方を講師として招き，だし・うま味の体験講座をした．実際に目の前でだしをとり，体験できたのである．味の素と一緒に連携できたからこその内容で，こういう体験ができる講座は例がない．参加者が目を輝かせ，楽しそうに学んでいたのが印象的だった．以下は，参加者の声である．

○味の素のセミナーとしてこの会があることを教えていただき，味の素のホームページより申し込んだため TOSS の主催とは知らずに参加しました．うま味に対する知識を得たかったのですが，授業方法や授業技術，様々なテキストなどを得られ予想以上の会でした．短時間で凝縮された内容でさすが TOSS だとも思いました．

○テキストが素晴らしくリニューアルされた感じがしました．発達障害の児童も情報が限定されているので，頭にスーッと入っていくと思いました．味覚教室は校内でも広めていきます．校内でも食育を毎年(うま味)全学年に授業しているので，ゲストティーチャーを探している状況です．貴重な情報をありがとうございました．

○初めてこのだし・うまみセミナーに参加しました．テキストの使いやすさにびっくりしました．さすが TOSS だとあらためて思いました．このテキストを授業で使ってみたいと思いました．うま味については模擬授業や第2講座の「だし・うま味の基礎講座」のメカニズムが少しわかってきましたが，もっと勉強しないとだめだと思いました．

○赤ちゃんの表情や鼻をつまんで食べるなどの味を伝えるためのヒントを教えていただきました．田村隆さんのお話と料理は大変良かったです．家でできることとつなげてお話いただき和食の良さ，食事の大切さを考えました．うま味は5基本味のひとつであるという話は学校でも保護者の方にも伝えたいと思いました．エプロンシアター，紙芝居はとても面白いと思いました．

○TOSSと味の素とのコラボセミナーなのですごく楽しみにしていました．まさか試食・試飲があるとは思っていなかったので，嬉しくなってしまいました．今日参加をしてだしの重要性を大いに学べました．そして日本食の凄さを再確認できました．これは日本の凄さとして子どもたちに伝えたいな，伝えるべきだと思いました．

b.　味覚教室

これは味の素が企画している食育活動である．実際に社員が出かけていき，和食を支えるだし・うま味について授業する，いわゆる出前授業である．テキストも児童数分無料だが，この活動もすべて無料で行っている．セミナーをしたときには必ずチラシを配布し，申し込みができるようにしている（図1.10）．

この味覚教室は味の素のウェブサイトから入ることができ，そこからテキスト・指導案もダウンロードできる．さらにだし・うま味についてさまざまな情報

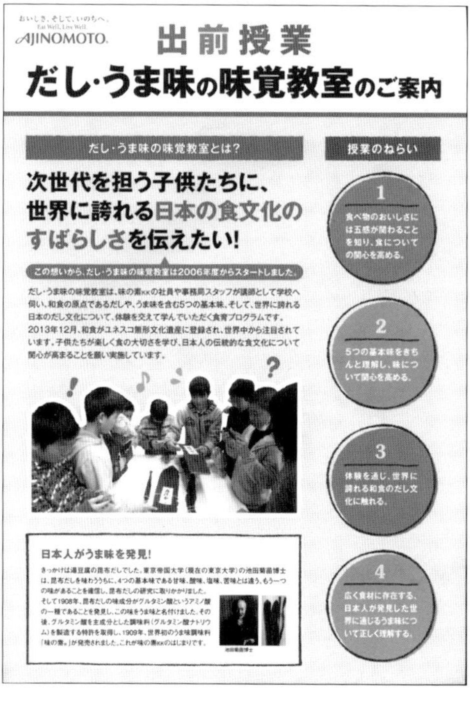

図1.10　味の素の味覚教室の案内チラシ

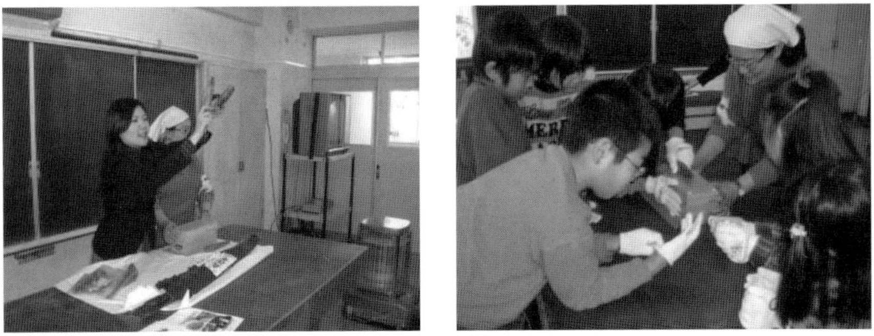

図 1.11　筆者の学校での出前授業の様子

を得られるようになっているので教材研究ができる．ウェブサイトは以下のようになっている[1)]．

> 味覚教室は味の素（株）の社員が講師として学校へ伺い，講演や体験を通じて「おいしさ」や「味を感じるしくみ」和食を支える「だし」，「うま味」について，楽しく学んでいただく食育活動プログラムです．子どもたちに「だし・うま味の大切さ」，「おいしく食べることの意義」を基本メッセージとして伝えていきます．

セミナーを開催することによってこの味覚教室への申し込みも増える．民間企業と連携するとセミナーからさらなる食育活動へとつなげられ，多くの人に広く伝えることができる．味の素は全国 200～300 校を訪問して味覚教室を開催している．どの教室でも大好評で毎年申し込む学校も多数ある．

筆者の学校でも味覚教室を行った（図 1.11）．4 年生の全クラスで行った．うま味を体験できるだけでなく，昆布やかつおぶし，煮干しなどを目の当たりにできる．写真は筆者の背丈以上に長い昆布である．この昆布を見せるだけで子どもたちは驚きの声を上げる（注：味覚教室で必ずこの昆布があるとは限らない）．

c.　さまざまなイベント

前任校の教育ミニ集会でこのだし・うま味の味覚教室を行った（図 1.12）．PTA と教師と地域が集まって教育について語り合うというものである．いままで，携帯の危険性，ネット犯罪の現状等，重く暗い話題ばかりだった．今回は味の素の方に来ていただき，大人版の味覚教室を開催した．

とても忙しい 3 月になったが，ほとんどの職員が参加した．どの方も笑顔で講座を受け，楽しい会となった．味覚教室は子どもたちだけのものではない．

図 1.12　教育ミニ集会の様子

PTA の講座，職員研修でも大いに勉強になり，子どもたちに生かしていくことができる．その可能性を体感した．食育は教師と保護者と地域を結びつける．

1.5 人づくり

a. 授業づくり研修会

味の素と TOSS の連携は「だし･うま味」を通して食育を推進することである．その根幹となる授業をどんな方法で行い，どのように組み立て，工夫していくかをともに研究することが第一である．味の素の後藤亜弥氏は全国を駆け巡り出前授業をしている．飛び込み授業が 300 回を超えている．筆者も何度か授業を見せていただいたが，始めていた当初より段違いに授業がうまくなっている．

味の素では学校で授業をしたいと希望する社員が多く，講師を募集したところ 700 人も集まったといい，かなりの競争だったらしい．講師希望者はさまざまな部署から来る．社長自らも授業をするほどである．これも一つの社会貢献であり，会社全体で取り組もうとする熱意を感じる．

そして，教え方を学びたいという方が全国にいて，後藤氏がその先頭に立っている．講師への研修をどのようにするか．教え方をどうすればいいのかについて課題となっている．後藤氏は味の素の役員にも指導しているほどで，本気で授業を変革していこうとしている．

1) 学校で授業研究会

味の素の社員 4 名が来校して授業をした．4 年生 4 クラスに対して 2 クラスは筆者が，他の 2 クラスは社員が行った．社員は予想以上に授業がうまかった．落ち着いていて声もしっかり出ていた．笑顔もあり，対応もなかなかよいと感じた

図 1.13 授業研究会の様子

表 1.2 授業の原則 10 ケ条（向山，1985）

第 1 条	趣意説明の原則
第 2 条	一時一事の原則
第 3 条	簡明の原則
第 4 条	全員の原則
第 5 条	所持物の原則
第 6 条	細分化の原則
第 7 条	空白禁止の原則
第 8 条	確認の原則
第 9 条	個別評定の原則
第 10 条	激励の原則

（図 1.13）.

筆者も授業をし，味の素が考えている授業について検討した．サイト，授業技術の検討，子どもへの対応，組み立て等さまざまなことを話した．もちろん「授業の原則 10 ケ条」（表 1.2）を基本とする[2)]．おもな内容は「確認の原則」，「空白禁止の原則」，「簡明の原則」で，社員は何度もうなずきノートにメモをしていた．以下はそのときの子どもの感想である．

○みそしるとだしを飲んだらみそしるだけではおいしくない．どちらも入れるとコクが出ておいしかった．うまみを発見した人は日本人で池田きくなえさんでビックリ！！

○うまみを最初に見つけたのは池田菊苗さんということをはじめて知りました．うまみもあることをはじめて知りました．かつおぶしをけずることははじめての経験だったので，緊張しました．だしのもとにしいたけ，こんぶ，かつおぶしが入ることは知っていたけれどにぼしははじめて知りました．

2） 奈良県教育委員会の栄養士研修会

奈良県教育委員会より紙芝居の申し込みをいただいたことをきっかけに，栄養士の研修会についてだし・うま味食育推進プロジェクトに依頼がきた．教育委員会からは栄養士の先生の授業力アップを図りたいということで依頼されていた．だし・うま味プロジェクトが，TOSS と連携しているのであれば，TOSS に紙芝居を使用しての授業や教え方についての講座も，1 時間のなかに盛り込んでもらえないかということになった．

当日は学校栄養教諭，栄養士が 100 名集まって研修会となった．TOSS 関西中央事務局の杉谷英広氏に講師を依頼し，授業の基本をはじめとし，片々の技術，子どもへの対応，ほめ方について模擬授業を通して研修会を企画・運営していた

表 1.3 授業のポイント 10 授業の基本

1. 物を用意する 2. 言葉を削る 3. シンプルに示す 4. 説かずに語る 5. 教えてほめる 6. 確認の技術・片々の技術 ①指で押さえなさい． ②できた人は座りなさい． ③書けたらノートをもっていらっしゃい． 7. 大切なことを憶えさせる方法 ①繰り返して言わせる． ②指書き→なぞり書き→写し書き ③隣の人と練習させる．	子どもの力を引き出す授業方法 8. 意見を引き出す方法 ①ノートに書かせる． ②短くほめる． 9. 話し合いをさせる方法 ①自分の考えを決めさせる． ②ノートに考えを書かせる． 私は○○と考えます．その理由は，… 10. 対応の技術 ①発達障がいについて理解する． ②ユーモアを交えて注意する．

だいた（表 1.3）．ただ単に講義するという形ではなく，実際に実演したり，参加者がやってみたりという参加型の研修だった．その様子をビデオで見せていただいたが，栄養士の先生方がとても意欲的に参加され，笑顔と笑い声がたえない明るい研修会だった．以下は，参加者の感想である．

○TOSS の授業を実際に見せていただき，大変参考になりました．子どもたちを集中させたり，あきさせないコツ等々，今まで苦労していたのに，「目からウロコ」のように感動しました．教師の働きかけ，それもわざとらしくなく，何気ない動きが全て計算されており，子どもの目をキラキラ輝かせるコツだということがわかりました．授業は，どうしても説明することが多くなってしまいがちでしたが，「語る」ことを今後心がけていきたいと思います．もう一度考え直して，よい授業ができるよう頑張りたいです．

図 1.14 授業技術研修会の様子

この方は30年以上経験されているベテランの先生である．食育を推進する上で栄養士の先生との連携は大変重要である．栄養教諭・栄養士の人材育成，連携はとても大切なことであり，今後の課題としたい．

3) 授業技術研修会

味の素の社員は本気である．さまざまな部署で業務をしている方が学校で授業したいと申し出てくる．研究職もいれば営業もいる．そういう方が何か社会貢献をしたいということで，CSR事業部の門をたたくという．CSR事業部の方は嬉しい反面，対応が難しいとのことだった（図1.14）．

表1.4 授業技術研修会の内容

■日時：2013年3月10日（日）10：00～12：00
■場所：会議室のルビコン　201号会議室
■参加：TOSS中央事務局　並木孝樹，杉谷英広，細羽朋恵，末廣，野崎隆，鈴木，田村（大阪）　味覚教室事務局　味の素：臼井，草柳，大前，後藤，味コム：佐藤（加），佐藤（由），佐藤（克），株式会社事務局　小林（だし・うま味食育推進プロジェクトの事務局）
■目的：味覚教室サポートのポイントを学ぶ
■内容
「奈良県栄養士研修会の再現！　子どもを巻き込む授業はこうする」
コーディネーター　杉谷英広
「授業のサポートQA～授業サポートのポイント～を学ぶ」
コーディネーター　後藤亜弥・並木孝樹
【相談事項】
【授業編】
・授業中手が挙がらない，子供の反応がない場合のフォローの仕方
・子供が元気すぎるときのクールダウンの方法
・3, 4, 5年生が一緒に受講する際の授業の進め方
・講師の授業，話が長いとき，早く進める用に促すにはどういう方法が良いか
・講師が緊張してしまい，授業中台詞がつまってしまった時のフォローの仕方（特に励まし）
・先生の過剰介入（全員に指名をしてしまったりなど時間が足りなくなってしまう時がある）
・父兄参加の場合のフォロー
【学校対応編】
・先生の協力がない場合
・授業中に基幹職が見学された場合の対応
【講師対応編】
・講師を評価する際のチェックポイント
（例）指示の仕方，時間配分，声の大きさ，体験の仕方，子供，先生の反応
「味覚教室での体験の方法（子供への指示の仕方」　コーディネーター　野崎隆
食育レポート発表　各2分程度　コーディネーター　並木孝樹
何でもQA　授業の微細な技術・方法・様々な対応の仕方
コーディネーター　後藤亜弥・並木孝樹

参加したメンバーでいろいろとアドバイスをさせていただいた.「授業の原則10ケ条」を基本にすること，子どもについても大人についても「教えてほめる」が基本になることをお伝えした. 2時間という短い研修だったが,貴重な学びだった. 最後の感想で印象的なことがあった.

出前授業を運営する事務局の方が「味の素とTOSSの関係はすばらしい. どちらも学び合うという関係になっている. 他の企業とTOSSの連携も勧めたい」という内容を話された. 5年ほど前にも行われており，それもとても楽しく充実していたが，今回も本当に楽しく，大変盛り上がった. 表1.4は研修会の内容である.

1.6 学校現場と企業の連携

a. 食の指導目標を核とする

学校では教育的価値の高いものが現場で求められる. 学習指導要領の食に関する指導目標は，表1.5のようになっている.

筆者自身は千葉大学長期研修生として学んだ. 当時，食育を「食と環境」,「食と健康」,「食と行事」で構成し，低中高で16時間の授業を行った. しかし，指導目標にあるように食育の分野は多岐にわたってきている. さらに新たな視点が必要である. 前述の向山洋一氏の8分野と食の指導目標の内容をリンクさせてみると，よりいっそうその大切さがわかる.

食事の重要性　→食と生活，食と文化

心身の健康　→食と生活，食と健康，食と咀嚼

食品を選択する能力　→食と生活，食と健康

表1.5 食に関する指導の目標[3,4]

○食事の重要性，食事の喜び，楽しさを理解する.	【食事の重要性】
○心身の成長や健康の保持増進の上で望ましい栄養や食事のとり方を理解し，自ら管理していく能力を身に付ける.	【心身の健康】
○正しい知識・情報に基づいて，食物の品質及び安全性等について自ら判断できる能力を身に付ける.	【食品を選択する能力】
○食物を大事にし，食物の生産等にかかわる人々へ感謝する心をもつ.	【感謝の心】
○食事のマナーや食事を通じた人間関係形成能力を身に付ける.	【社会性】
○各地域の産物，食文化や食にかかわる歴史等を理解し，尊重する心をもつ.	【食文化】

食に関する指導の手引，平成19年3月，文部科学省.

感謝の心　→食と文化，食と作法，食と地域

社会性　→食と行事，食と作法，食と環境，食と地域

食と文化　→食と文化，食と行事，食と作法，食と地域

これをもとに食育の授業づくりを再度見直していきたい．一つひとつがいまの子どもたちに必要である．

b.　学校と企業の連携のとらえ方

1)　学校と企業のメリット

今回味の素との連携で行ったのは「だし・うま味→日本の伝統的食文化」である．これも上記の食と文化にあたり，価値が高い．今後もさらに上記を推進するうえで企業との連携はとても効果的である．企業のメリットは以下である．

①高い専門性・科学的情報

②人材活用力

③物的・経済的支援

これらはとうてい，学校では網羅できない範囲のものである．今回味の素からはたくさんの専門的な知識，科学的な情報をいただいた．また料理人や専門性の高い社員などの人材活用力，そして何といっても「テキスト」，「資料」，「味覚教室」などの物的・経済的支援がとてもありがたいことだった．これらは企業がなせる業である．

学校のメリットは以下である．

①子ども・教師・保護者のコミュニティ

②授業技術・教育的専門性

③施設・設備

学校は「子ども・教師・保護者・地域」が集えるコミュニティであり，これが第一である．このような場は他にはない．第二に，教育技術・教育的な専門知識

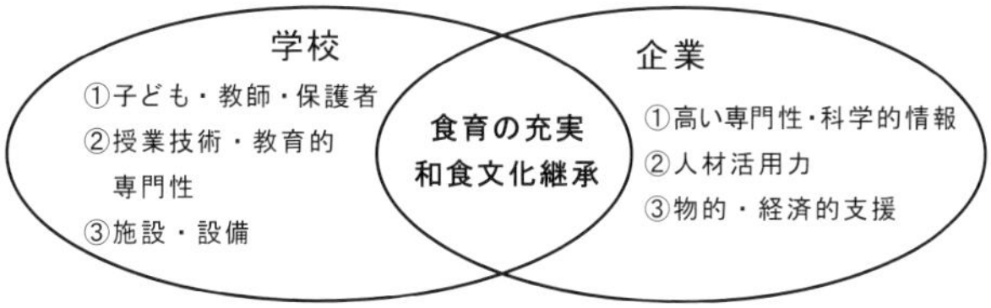

図 1.15　学校と企業の連携

がある．授業の組み立て，発問・指示の仕方，子どもへの対応など授業技術だけでなく子どもの系統性などの教育的専門知識をもつのが教師であり，学校という組織である．第三に，施設・設備が完備されている．さまざまな教室や教材等がすぐ使える状態にあるので広範囲のことができる（図 1.15）．

学校と民間企業が連携して目指す食育はやはり食育の充実であり，和食文化継承である．和食文化を継承するのは私たち日本人であり，日本の教師しかいない．そのことを肝に銘じたい．また，上記の食に関する指導目標は常に核としてとらえ，どの分野に入るのかをきちんと把握する必要がある．

2)　学校と企業連携の課題

食育に取り組んでいる企業をある代理店がさまざまな形で探っている．企業でも温度差はあるが，食育を通して社会貢献をしようとしている．敬意を表したい．

今後，学校現場と民間企業との連携で継続的に課題となるのは以下である．

①栄養教諭・栄養士とのコラボ，ネットワークの活用

②給食指導の活用

③テキスト・教材の開発

④参加型・体験型の導入

⑤学校現場の理解と普及

①の栄養教諭・栄養士との連携は食育では欠かせない．できるだけ多くの栄養教諭・栄養士とのかかわりをもちながら進めたい．栄養教諭・栄養士も実は食育をもっともっと推進していきたいと思っている．現場ではなかなか時間がとれないのも現状である．

②の給食指導の活用は今後も行っていくとよい．一番身近にあるすばらしい教材の一つは給食である．給食を活かして栄養教諭・栄養士とともに指導できればさらに効果的といえる．

③のテキスト・教材の開発はかなり重要な位置を占める．1.3 節で述べたように，テキストがあれば安定して，だれもが授業できるからである．教材のつくり方も同じである．だれでもすぐにどこでもできるように企業の方と改善，改良していくことが食育普及の大きな一歩となる．

④の参加型・体験型の組み立てをせひ取り入れたい．一般的に企業の出前授業で圧倒的に多いのがプレゼン型である．授業の間，ずっと説明していることが多い．別の企業の出前授業を見に行ったとき，机の上には何もないということがあった．

図 1.16　味の素の味覚教室のウェブサイト

筆箱は用意されていたが，使っていない．テキストもないので書くことも読むこともしないという状態だった．教室の空気は重く子どももあきていた．

その点味の素はテキストだけでなく，体験活動がきちんと用意されていて参加型の授業になっていた．担任教師も一緒に参加できてよりいっそう楽しい雰囲気だった（図 1.16）．さらにお土産があるとよい．子どもはものを持って帰る．子ども自身が喜ぶだけでなくそのお土産を通して会話となり，保護者にも伝えることが可能となる．

食育の実践をする際に課題となるのが授業時間の確保である．どの教科で授業をとり，カウントしていくかである．とくに総合的な学習や家庭科等に発展する，食育につながる学習活動が長く時間を確保できる．たとえば，【だし・うま味の授業→味噌汁づくり→だしの基になるかつお・昆布の科学→生産する地方のくらし】という方法もある．

食育が知育・徳育・体育とならんで大事であることはわかっており，やらなければと思っている．しかし，学習指導要領の改定で学習内容が増えているなかで多くの時間を食育だけに充てることは難しい．他教科と組み合わせながら時間を確保するようにしなければ理解は得られないし，普及していかない．そのことを

学校現場と企業が共通理解して取り組むことが大切である．　　**[並木孝樹]**

文　　献

1） 味の素株式会社：出前授業だし・うま味の味覚教室．
https://www.ajinomoto.co.jp/kfb/demaejugyo/
2） 向山洋一：新版 授業の腕を上げる法則，学芸みらい社，2015.
3） 文部科学省：食に関する指導の手引，第 3 章 食に関する指導の目標及び内容，平成 19 年 3 月．
http://www.dokyoi.pref.hokkaido.lg.jp/hk/ktk/grp/03/syokuiku_05.pdf
4） 文部科学省：食に関する指導の手引，第 1 次改訂版，東山書房，2010.

2
食育リーダーとしての取り組み

2.1 教職員に向けて

a. 年間計画を活用する

徳島市新町小学校（以下，新町小）は1学年1学級の6学級と，特別支援学級の3学級で計9学級で構成されている小規模校である．食育リーダーとして学校で食育を進めるにあたって最初に行ったことは，担任が食育に取り組める環境を整備することだった．食育は学校全体で取り組むことになっているが，子どもたちに食育を指導する場はどうしても学級が中心になり，食育は担任に任せられることが多くなる．

担任が食育を進めるときに参考にするのが食育の年間計画である．食育初心者の担任でも年間計画に記されている内容にそって食育を進めると，児童に各学年で学ぶべき内容が指導されるようになっているべきものである．新町小では年度初めに，そのような年間計画が作成されているか，作成されていたらどのような形式や内容かを確認した．徳島市には「食に関する指導の計画」の形式が決まっており，その形式に則った「食に関する指導の全体計画」と「各学年の食に関する指導の年間指導計画」が前年度末に作成されていた．

食育リーダーは年度初めに「食に関する指導の全体計画」を確認した．家庭や地域との連携については学校の教育活動とかかわってくるので，管理職と相談しながら検討し，全体計画を管理職に提出して確認してもらい，問題箇所があれば修正した．

「学校全体の年間計画」の確認を終えたら，次に「各学年の食に関する指導の年間指導計画」の検討に取り組んだ．こちらは食育リーダーと各学年の担任が検討する．前年度末作成のそれぞれの年間計画を新年度に各担任に配布し，内容の把握と検討をしてもらい，変更部分があればどこをどのように修正したかを報告してもらった．そして年度に合った年間計画に修正していった．

表 2.1 は「平成 25 年度　食に関する指導の全体計画」であり（pp. 28-29），表 2.2 は「平成 25 年度　食に関する指導の年間計画（2 年生）」である（pp. 30-31）．この年間計画にもとづいて食育を進めていき，年度末には実践を見直し，修正箇所があれば修正して次年度に引き継いでいくというシステムを確立した．このシステムを確立することが食育リーダーの重要な取り組みである．

b.　食育の授業を公開する

担任のなかから「食育ってどのような授業をしたらよいのかわからない」という声があがった．食育の授業を行おうとしても，食育の授業がどのようなものかイメージがもてないと難しい．イメージをもつためには，食育の授業を実際に見ることが一番よい方法である．そこで校内研修で設けられている研究授業で食育の授業を行うことにし，講師に近隣校の栄養教諭を迎えた．

校内研修なので全教職員が食育の授業を参観し，授業研究会に参加した．このことにより，全教職員が食育の授業の一つの形を共有し，食育への取り組みに関心が高まり，意義があった．

全教職員に次のような指導案を配布した．

第 2 学年　学級活動（食育）指導案

平成 25 年 6 月 27 日（木）5 校時

2 年生　21 名

指導者　井上和子

1　題材名　　行事食を知ろう

2　題材設定の理由

かつて日本には四季折々の伝統行事があり，その行事には各地方や家庭に伝わる行事食が振る舞われ受け継がれてきていたが，近年子どもたちをとりまく社会環境は多様化している．食生活においても例外ではなく，家族そろって食べる機会が減ったり，家族それぞれが自由に好きなものを買って食べたりという現状が見られる．そのため，行事食を知らなかったり，食べる機会がない子どもも増えているといわれている．

本学級の子どもたちは給食を楽しみにしており，毎回喜んで食べている．配膳されたものに苦手なものがあっても食べようと努めており，残食も少ない．お正月に食べるお雑煮とお節について子どもたちに簡単なアンケートを取った．「お雑煮を知らない子は4人，食べない子は4人」，「お節を知らない子は0人，食べない子は2人」だった．最も普及している行事食のお雑煮とお節を知らなかったり，食べていない子がいたりするということは想像はしていたが，1～2割もいるということには驚いた．行事食が子どもたちの生活からかけ離れたものになっているようだ．

そこで行事食の意味や行事食に込められた人びとの願いを知ることにより，子どもなりに行事食を食べてみようとする意識を高めてほしい，また行事食の学習を通して日本の食生活のすばらしさに興味と関心をもたせたいと考え，本題材を設定した．

3　題材の目標

行事食を知り，行事食の意味や込められた願いについて考えることができる．

4　食育の視点

○自分たちの住む地域には，昔から伝わる料理や季節，行事にちなんだ料理があることを知る．（食文化）

○日本の風土や食文化について知る．（食文化）

5　指導計画

(1) 学級活動「げんきな子」　……1時間

偏食はからだによくないことを理解させ，好き嫌いなく食べる態度を育てる．（資料：「わたしたちのけんこう　2年」）

(2) 学級活動「行事食を知ろう」　……1時間（本時）

(3) 給食時間「行事食を食べよう」　……継続的に指導

6　本時の学習

(1) 目標

○行事食を知り，それぞれの行事食の意味や込められた願いについて考える．（知識・理解）

○私たちの周りにはどのような行事食があるか関心をもち，食べようとする意欲をもつ．（関心・意欲・態度）

(2) 展開

時間	学習活動	指導上の留意事項	準備物
5	1 四季の行事を知る.	○行事カードを四季に分ける活動を通して，どのような行事かを確認する.	行事カード
10	2 行事のときにはどのような食べ物が出されているか考える.	○行事食カードを掲示し，行事食について知り，ワークシートで行事と行事食を結びつけて考えさせる.	行事食カード ワークシート
	ぎょうじしょくを知ろう.		
25	3 七つの行事食について意味や願いについて考える. ①お雑煮 ②豆 ③菱餅・ひなあられ ④柏餅 ⑤そうめん ⑥団子 ⑦千歳飴	○好きな行事食を聞き，人数の多いものから，画像などをヒントに意味や願いについて考えさせる. ○児童のあまり知らない行事食については簡単に説明をする. ○行事食を食べてみようとする意識を高めることができるようにする.	画像 パソコン
5	4 行事食について考えたことを発表する.		ワークシート

(3) 評価

○行事食を知り，行事食の意味や込められた願いについて考えることができたか.

○どのような行事食があるか関心をもつことができたか.

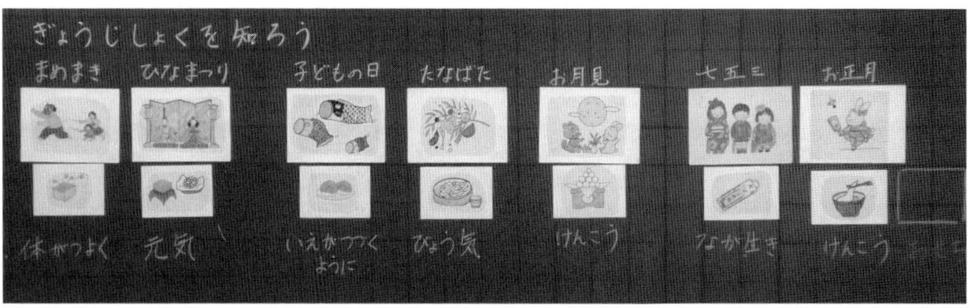

図 2.1 授業の板書

授業研究会で出た意見をいくつか紹介する.

表 2.1 平成 25 年度　食に関する指導の全体計画

児童の実態
・朝食を食べている児童は9割である。
・全体的に残食は少ないが，酢の物など野菜中心の和食メニューのときは残食が多い。
・不規則な生活時間や運動不足による肥満が見られる。

学校教育目標
心身（知・情・意・体・技）ともに健全で自律・協働の精神に満ち，人権を尊重する，人間性豊かな国民の育成をはかる。

めざす児童像
・明るい子，やさしい子
・たくましい子
・よく考え工夫する子

食育における健康教育目標
○生涯にわたり，健康な生活を送るために，基本的な生活習慣を身につけ，自分の体の変化について知り，正しい食生活を実践する態度を育てる。
○自ら考え，生涯を通じて健康で心豊かに生き抜く子どもを育成する。

校内食育の推進体制
○食育推進委員会
・校長　　・教頭
・食育リーダー
・教務
・研修主任
・体育主任
・給食主任
・養護教諭
・給食室長

保護者・地域の実態
・徳島市の中心部にある商業地域にあり，外食産業が発達している。
・校区外通学の児童の割合が高い。
・教育環境は整備され保護者は教育熱心である。

食育の指導目標
○食事の重要性，食事の喜び，楽しさを理解する。（食の重要性）
○心身の成長や健康の保持増進の上で望ましい栄養や食事の摂り方を理解し，自ら管理していく能力を身に付ける。　（心身の健康）
○食物の品質及び安全性等について，正しい知識・情報に基づいて自ら判断できる能力を身に付け る。（食品を選択する能力）
○食物を大事にし，食物の生産等にかかわる人々へ感謝する心をもつ。（感謝の心）
○食事のマナーや食事を通した人間関係形成能力を身に付ける。（社会性）
○各地域の産物，食にかかわる歴史等を理解し，食文化尊重する心をもつ。（食文化）

家庭・地域との連携体制
・ＰＴＡ家庭教育部会
・学校保健委員会

幼稚園・保育所 → 各学年の発達段階に応じた食育の到達目標 → 中学校

低学年	中学年	高学年
○食べ物について興味・関心をもつ。 ○好き嫌いなく食べようとする。 ○食べ物の名前がわかる。 ○手洗い等を含めた準備や後片付けの仕方がわかる。 ○いただきます，ごちそうさまの意味がわかり，あいさつができる。 ○友だちと楽しく食べることができる。 ○市内でとれる食べ物を知る。	○生活リズムと朝ごはんの大切さがわかる。 ○よくかんで食べることができる。 ○衛生的に給食の準備や後片付けができる。 ○身近な食材や特産物について関心をもつとともに，自然の恵みに感謝して食べることができる。 ○楽しく給食を食べるために，みんなで協力できる。 ○地域の特産物に興味をもち，日常の食事と関連づけて考えることができる。	○食事は規則正しくとることが大切であることがわかる。 ○自分の健康を考え，栄養をバランスよく組み合わせて食事をすることができる。 ○生産者や自然の恵みに感謝の気持ちをもち食事をすることができる。 ○楽しい食事を通して，好ましい人間関係を育てようとする。 ○食文化や生活・流通・消費について外国とのつながりを考えることができる。

教		1　年	2　年	3　年	4　年	5　年	6　年	特別支援学級
	社会科 1・2年 生活科	・みんなでがっこうをあるこう ・おいもをうえよう ・おいもパーティをしよう ・やってみよう！いえのしごと	・野菜を育てよう ・苗を植えよう ・野菜の世話をしよう ・収穫しよう ・おいもパーティをしよう	・わたしたちの市はどんな所 ・買い物調べ ・上手な買い物 ・ほうれん草を作る仕事	・ごみの処理と利用 ・徳島県の産業 ・山地のくらし ・低地のくらし ・海辺のくらし	・住みよいくらしと環境 ・食料生産を支える人々 ・生活環境を守る ・国土を守る	・戦争から平和への歩みを見直そう ・世界の人々とのつながりを広げよう	2・3・5・6年生の交流学級で同様の学習を行う
	理　科			・たねをまこう ・植物のつくりとそだち ・植物の一生	・春，夏，秋，冬のしぜん	・植物の発芽と成長 ・花から実へ ・ヒトのたんじょう	・ヒトや動物の体 ・生物どうしのつながり ・自然とともに生きる	
	国　語	・たんけんしたよみつけたよ ・おむすびころりん ・おおきなかぶ ・もののなまえ	・はるがいっぱい ・かんさつ名人になろう	・すがたをかえるだいず	・一つの花 ・材料の選び方を考えよう	・のどがかわいた ・きいて，きいて，きいてみよう ・グラフや表を引用して書こう	・カレーライス ・生き物はつながりの中に ・海の命	

教科	算数						・割合	・比とその利用 ・量の単位
教科	音楽						・ＢＧＭ	・ＢＧＭ
教科	家庭科						・見つめてみようわたしと家族の生活 ・はじめてみようクッキング ・元気な毎日と食べ物 ・家族とほっとタイム	・工夫しよう朝の生活 ・朝食にあうおかずを作ろう ・うちでごはんを食べよう ・工夫しよう楽しい食事
教科	体育科		・じょうぶなからだ	・じょうぶなからだ	・毎日の生活とけんこう	・育ちゆく体とわたし	・心の健康	・病気の予防
道徳			・げん気なこ ・きゅうしょくしつをみて ・おてつだい ・かんしゃのこころ	・ほたるのいのち ・サラダづくり	・小さなお父さん ・わが村へのおくりもの	・目ざまし時計	・男女仲良く ・家族はチームワーク ・ブラジル紀行	・母の仕事 ・おばあちゃんのこころ ・ドイツさんからの手紙
総合的な学習の時間					・地域の今と昔を調べよう	・阿波踊りについて調べよう	・お米パーティをしよう	
外国語活動							・異文化としての食文化の違いを知り尊重する	・異文化としての食文化の違いを知り尊重する
特別活動	学級活動	学級活動	・たのしいきゅうしょくにしよう ・なくそうすききらい	・きゅう食のじゅんびと後しまつ ・朝ごはんを食べよう	・楽しいきゅう食と食事のマナー ・朝ごはんを食べよう	・食べ物の３つのはたらき ・よくかんで食べよう	・健康と食事 ・食べ物に感謝しよう	・健康と食事 ・食べ物に感謝しよう
特別活動	学級活動 給食の時間	４月 ５月 ６月	・給食を知ろう ・なかよく食べよう	・仲良く食べよう	・食品について知ろう ・地場産物を知ろう	・食品について知ろう ・地場産物を知ろう	・食品や献立について知ろう ・楽しい給食時間にしよう	・食品や献立について知ろう ・楽しい給食時間にしよう
特別活動	学級活動 給食の時間	７月 ８月 ９月	・食べ物の名前を知ろう ・好き嫌いせずに食べよう	・食べ物の名前を知ろう ・好き嫌いせずに食べよう	・食べ物のはたらきを知ろう ・好き嫌いせず楽しく食べよう	・食べ物のはたらきを知ろう ・好き嫌いせず楽しく食べよう	・食べ物のはたらきを知ろう ・食事の環境について知ろう	・食べ物のはたらきを知ろう ・食事の環境について知ろう
特別活動	学級活動 給食の時間	10月 11月 12月	・食べ物に関心をもとう ・食べ物を大切にしよう	・食べ物に関心をもとう ・食べ物を大切にしよう	・食べ物の３つのはたらきについて知ろう ・食べ物を大切にしよう	・食べ物の３つのはたらきについて知ろう ・食べ物を大切にしよう	・食べ物と健康につい知ろう ・感謝して食べよう	・食べ物と健康について知ろう ・感謝して食べよう
特別活動	学級活動 給食の時間	１月 ２月 ３月	・食べ物の名前がわかったかな ・給食の反省をしよう	・食べ物の名前がわかったかな ・給食の反省をしよう	・食べ方を振り返ろう ・給食の反省をしよう	・食べ方を振り返ろう ・給食の反省をしよう	・食生活を見直そう ・年間の給食を振り返ろう	・食生活を見直そう ・年間の給食を振り返ろう
特別活動	児童会活動		・１年生を迎える会　・スクールランチ委員会　・集会					
特別活動	クラブ活動		・調理クラブ					
特別活動	学校行事		・身体測定　・修学旅行　・遠足　・牟岐少年自然の家集団宿泊学習　・食育月間　・学校給食習慣					
地域産物の活用等（○は通年市内産）			○米　牛乳　牛肉　豚肉　鶏肉　卵　ちりめん　○もやし　○ねぎ　れんこん　きゅうり　さつまいも　小松菜　カリフラワー　はっさく　ミニトマト　レタス　ブロッコリー　水菜　たけのこ　にんじん　キャベツ　甘夏　玉ねぎ　ピーマン　じゃがいも　パセリ　にんにく　なす　さつまいも　すだち　ほうれんそう　三つ葉　白菜　水菜　大根　京ネギ　ごぼう　わかめ　そば米　すだち酢　ゆず酢					
家庭・地域との連携			・給食だより　・学校だより　・学年だより　・保健だより　・給食試食会　・学校保健委員会　・食に関する講演会　・家庭教育部					
個別相談指導			・食物アレルギー児童への個別対応　・肥満児童への指導　・生活についての指導					

表 2.2　平成 25 年度　食に関

		4 月	5 月	6 月	7 月	8 月	9 月
食育指導目標		朝食をしっかり食べよう（重・健）	楽しく食事をしよう（社・重・感）	よくかんで食べよう（健・選）	夏の食事について考えよう（健・選）		旬の食材について知ろう（選・文）
教科	国語	はるがいっぱい（文・選） 春にかかわる身近な言葉を見つける中で春の食べ物を知ることができる。	かんさつ名人になろう（感） 野菜を観察し，その成長に気づき，大切に育てようとする態度を育てる。				
教科	算数						
教科	生活	野菜を育てよう（社） 育てる野菜を決める活動を通して,食物への関心をもつことができる。	苗を植えよう（社） 苗を植える活動を通して，野菜を大切に育てようとする態度を育てる。	野菜の世話をしよう（感） 世話を通して，野菜の育ち方を知り，心をこめて世話をすることができる。	収穫しよう（感） 野菜の収穫を通して，みんなで育ててきた頑張りと収穫の喜びを感じることができる。		
教科	音楽						
教科	体育						じょうぶなからだ（健） 体の成長には栄養や運動・睡眠などが大切なことを知ることができる。
道徳				ほたるのいのち（感） 生きることを喜び，生命を大切にする心をもつことができる。			
特別活動	学級活動	給食の準備と後しまつ（社） みんなが気持ちよく食事ができるために，準備や後しまつを積極的に行おうとすることができる。	朝ご飯を食べよう（重） 朝ご飯が大切な食事であることを知り，しっかり食べてこようとする意欲をもつことができる。	行事食を知ろう（文） 行事食を知り，行事食の意味やこめられた願いについて考えることができる。			
特別活動 給食時間	給食指導	仲良く食べよう（社）			食べ物の名前を知ろう（選）		好き嫌いせずに食べよう（選）
特別活動 給食時間	目標と内容	・身支度の仕方 ・食缶などの運び方 ・あいさつ	・食事中の姿勢 ・食事中の話題 ・食事時間を守って食べる	・食事のマナー ・衛生に気をつけた準備の仕方	・献立について ・給食室の先生方への感謝		・食べ物の働きを知る ・好き嫌いをしない
特別活動	学校行事	健康診断(健)	遠足(社・健)	食育月間(重)			
家庭・地域との連携		・給食だより　・学校だより　・学年だより　・保健だより					
家庭・地域との連携			学校給食試食会 食に関する講演会		家庭教育学級		

（　）は食育指導内容……（重）：食事の重要性　（健）：心身の健康　（選）：食品を選択する能力　（感）：感謝の心

する指導の年間計画（2年生）

10 月	11 月	12 月	1 月	2 月	3 月
日本型食生活について知ろう（文・選・健）	規則正しい食生活をしよう（重・健）	寒さに負けない食事をしよう（健・選）	食文化について考えよう（文・感）	栄養バランスを考えた食事をしよう（健・選）	食生活の反省をしよう（重・健・選・感・社・文）
	おいもパーティをしよう（文・感）サツマイモを使って会食をし，収穫の喜びを感じ，進んで野菜を食べようとする。				
				サラダづくり（感）進んで家の手伝いをして，家族の役に立つ喜びを知ることができる。	
食べ物に関心をもとう（重）	食べ物を大切にしよう（重）		食べ物の名前がわかったかな（選）		給食の反省をしよう（社）
・今日の献立を知る ・給食の栄養	・嫌いなものもがんばって食べる ・食器をきれいにして返す	・残さずに食べる ・感謝して食べる	・食べ物の名前を知る ・給食の放送を聴き，食べ物への関心を持つ	・節分について知る ・給食の工夫について知る	・給食当番の仕事の振り返り ・給食の食べ方の反省
運動会（社）	遠足（社・健）		学校給食週間（重）		
	オープンスクール食に関する講演会	学校保健委員会		入学説明会	

（社）：社会性　（文）：食文化

○子どもたちは喜んで授業に参加していた．私自身も行事食について初めて知ったことがあってためになった．
○食育の授業は初めて見たが，知らないことがたくさんあった．カードをよく見えるところに常に掲示していたので，子どもたちに分かりやすいと思った．このような資料が大切だと思った．
○2年生として行事食をよく知っているのに感心した．各地域の食べ物については，5年生の家庭科で学習することになっているが，早くから食育で食に関することを取り上げていくことが大切だと思った．

また，授業後に書いた児童の感想もいくつか紹介する．2年生なりに行事食について考え，食べたいという意欲をもつことができたようである．児童の感想から，食育の授業の目標は達成できたと捉えている．

○きのう，ぎょうじしょくを教えてもらいました．教えてもらったぎょうじしょくは，お月見だんごとちとせあめと七夕そうめんとおぞうにです．ぼくは，ぎょうじしょくをぜんぶ食べたいです．
○おひなさんに食べるひしもちには元気でいられるようにっていういみがあるなんて知りませんでした．ひしもちのピンクはわるいものをおいはらうからいつまでも元気でいられるんだと思いました．
○ぎょうじしょくのおべんきょうをしました．ぎょうじの中にわたしのたん生日がありました．それは，まめまきです．出てきたときにはびっくりしました．ぎょうじしょくの中にきらいな食べものがありました．それはオクラです．でも七夕そうめんのときはがんばって食べます．ぎょうじしょくのおべんきょうは，たのしかったです．

初めて食育の授業を参観した教員や家庭科専科の教員から，研究授業後に食育の授業に取り組んだという報告があった．食育の研究授業は今後とも続け，教材研究を深めていきたい．

2.2 児童に向けて

学校で食育を進めるにあたっては，教師が中心となって進めていくばかりではなく，児童たち自身にも食育を進める担い手になってもらいたい．新町小では児童会活動として八つの委員会が活動している．その一つ給食委員会に所属している児童とともに食育を広げる活動に取り組んだ．

a. 常時活動

給食委員会の常時活動は大きく分けて「給食時間の校内放送」と「後片付けの

手伝いと献立表の表記」の二つである．新組織になって最初の委員会で曜日の担当者を決める．各曜日を2名が担当するので，のべ10名が必要となる．

曜日	月	火	水	木	金
名前	A	B	C	A	B
	D	E	F	G	C

図 2.2 当番表

平成25年度の給食委員は7名（6年生3名，5年生4名）だった．そこで，6年生の3名（A, B, C）が週に2回担当し，5年生の4名（D, E, F, G）が週に1回担当するようにした．図2.2の当番表を給食室の献立表の横に掲示した．

次に二つの常時活動について内容を紹介する．

1) 給食時間の校内放送

新町小の給食時間は12時20分から13時5分までの45分間である．校内放送は，給食の準備を終え，食べ始めるころの12時40分から始めている．放送内容は次の三つから二つ選んで行っている．「今日の給食」は毎回必ず放送している．「3色クイズ」と「給食クイズ」は交互に放送している．

①今日の給食

その日の給食について，徳島市の教育委員会から前月末に放送原稿が各学校に送られてくる．毎回季節やその日の献立に合わせた内容でとても勉強になる．ある日の放送内容を紹介する．

> 給食委員会からの放送を始めます．今日のテーマは「小いわしの天ぷら」です．いわしは昔から日本でたくさん食べられている魚です．いわしのように背中の青い魚には血液をサラサラにしたり，頭の働きをよくしたりする効果がある，あぶらが多く含まれています．また，今日の小いわしのような骨まで食べられる魚を食べると，カルシウムもたくさんとることができます．その上，いわしにはカルシウムの働きを助けるビタミンDも多く含まれています．いいことがいっぱいですね．今日の給食は，小さないわしを油でカラッと揚げているので，魚の苦手な人でも食べやすいと思います．よくかんで食べましょう．

食材の紹介や特徴を栄養教諭が小学生向きに作成しており，とてもわかりやすく書かれている．放送後は，給食を食べながらその日の放送内容が話題になることも多い．

②3色クイズ

その日の担当児童が献立表に記されている食材から一つを選んで行っている．

「3色クイズ」とは食材を栄養面から赤・緑・黄色の三つグループに分け，問題に出された食材がどのグループに属するかを当てるものである．ある日の放送内容を紹介する．

> これから3色クイズを始めます．食べ物は大きく三つの色に分けられましたね．赤は血や肉や骨になるもの，緑は体の調子を整えるもの，黄色は働く力や熱になるものです．それでは今日の給食に入っている「さつまいも」は赤・緑・黄色のどのグループに入るでしょうか．10秒間で考えてください．
> (10秒間待つ)
> 答えは「黄色」のグループです．「さつまいも」はみなさんの体の「働く力や熱になるもの」です．残さず食べてくださいね．

最初は「トマトは赤いから赤のグループだ」など当てずっぽうで答えていた児童も回数を重ねていくと「トマトは野菜だから緑だよね」，「味噌は大豆からできているから赤だよ」と答えられようになっていった．児童もよいクイズを出そうと献立表を真剣に見るようになった．

③給食クイズ

給食や食育に関するクイズは児童が考えて作る．作るときのポイントは低学年の1年生や2年生でも答えられるような内容にすることである．クイズの内容は簡単にし，最後に豆知識を入れるようにした．

> これから給食クイズを始めるよ．今日のひじきのいため煮に大豆が入っている，○か×か．
> 答えは○です．大豆は「畑の肉」と言われ，タンパク質がたくさんふくまれています．残さずに食べましょうね．

> これから給食クイズを始めるよ．ふしめん汁は徳島の郷土料理の一つですが，次のうち徳島の郷土料理はどれでしょうか．
> ①筑前煮　②ふなずし　③そば米汁
> 答えは③のそば米汁です．そばを粉にしないで実のまま食べるのは，全国でもめずらしいそうです．プチプチした歯ざわりを楽しみながら食べてくださいね．

児童は給食クイズを出すために，食材の名産地を調べたり，徳島や日本各地の行事食を調べたりしている．クイズ作りを通して自然な形で食育を行うことができている．

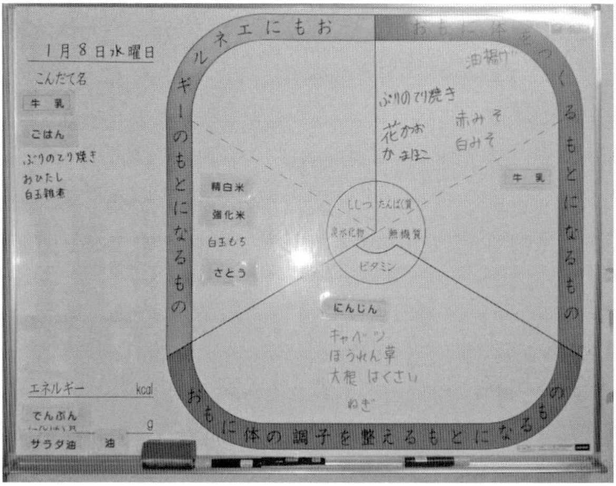

図 2.3　給食室の献立表

2)　後片付けの手伝いと献立表の表記

13 時 5 分から給食室へ食器などの返却が始まる．担当児童は給食室に来た学級の牛乳パックやパンの袋などの返却の手伝いを行う．また，手伝いと同時進行で給食室に掲示されている献立表への表記を行う（図 2.3）．この献立表は低学年が「今日の給食は何かな」とよく見ているので，食材の分類を間違えないように気を付けなくてはならない．そのためには，食材について正しい知識をもつ必要がある．ここでも献立表の表記を通して自然な形で食育を行うことができている．

b.　集会活動

新町小では，フレンズ集会という児童会活動を金曜日の朝活動（8：15～8：35）の時間に行っている．フレンズ集会で年に 1 回，各委員会からお知らせや発表をする担当が回ってくる．

給食委員会は毎年早い時期に担当させてもらっている．それは給食時間の放送で「3 色クイズ」を出すために，「三つの栄養」について話をしたいからである．この発表を終えると，その年度の「3 色クイズ」を始める．1 年生の教室から「赤だ」，「ちがうよ，黄色だよ」，「絶対緑だよ」という元気な声が聞こえてくる．

平成 25 年 5 月 25 日（金）に給食委員会の 7 名（6 年生 3 名，5 年生 4 名）がフレンズ集会で発表した内容を紹介する．

1（A）これから給食委員会の発表を始めます．礼
最初に給食委員会からのお願いが二つあります．
2（B）一つ目，パンのふくろはくくってできるだけペッチャンコにつぶして入れてください．給食室に持ってくるふくろもできるだけペッチャンコにつぶして持ってきてください．
3（C）二つ目，牛乳パックの中にまだ牛乳が残っていることがあります．しっかりと牛乳パックをトントンして，牛乳を残さないようにしてください．どうぞよろしくお願いします．
4（D）次に栄養の三つの色について説明します．
5（E）ぼくたちは，毎日たくさんの食べ物を食べています．一つの食べ物だけでは，生きていけないからです．
6（F）わたしたちの体に必要な栄養素は大きく分けて五つあります．
（A）炭水化物
（B・C）ししつ
（E・D）ビタミン
（F）無機質
（G）タンパク質
7（G）食べ物によって，含まれている栄養素がちがうから，1日になるべくたくさんの種類の食べ物をとるようにしましょう．
8（A）わたしは炭水化物．ごはんやパン・とうもろこしやじゃがいもに含まれているんだ．
9（B・C）ぼくたちはししつ．油ものや甘いものに含まれているんだ．
10（A・B・C）ぼくたちは，体を動かすエネルギーのもとになる黄色のグループだよ．
11（D・E）ぼくたちは，病気に負けない体を作るビタミンさ．
12（F）わたしは，骨や歯を強くする無機質だよ．
13（D・E・F）わたしたちは，野菜やくだもの中にたくさん含まれているから，緑のグループだよ．
14（G）わたしは，血や筋肉を作るタンパク質．肉や魚に含まれているから赤いグループよ．
15（F）ちょっとまって．赤くないけど骨や歯を強くする牛乳や海草の無機質は赤いグループのなかまよ．間違えないでね．
16（全員）三つのなかまがそろうように，食事をとろうね．

17（G）給食は，私たちの健康を考えて，三つのグループが上手にとれるように献立をたててくれています．残さず食べるようにしましょう．
18（E）これで，スクールランチ委員会の発表を終わります．礼

低学年にも親しみやすいように発表には簡単な劇も取り入れている．児童それぞれが各栄養素の役になり，動きを入れて話すのだ．そうすることで低学年の児童も最後まで集中して発表を聞くことができていた．低学年の感想を紹介する．

今日のフレンズしゅうかいはきゅうしょくいいんかいで，きゅうしょくについてです．はじめに5･6年生のおにいさんとおねえさんがたべものには赤・き・みどりのグループがあることをおしえてくれました．わたしは，前から知っていたけれど，いつもよりもっと分かってうれしかったです．

集会活動は全校児童が一堂に集まり，食育を広げるよい機会である．給食委員会の児童を中心に有効に活用していきたい．

2.3 保護者に向けて

a. 給食だよりの配布

新町小では全校児童に「毎月給食だより」を配布している．この原稿は前月末に本市の教育委員会から送られてくる．内容はその月の「小学校給食予定献立表」と「給食や食育に関する記事」である．平成23年度まではその「給食だより」の裏は何も印刷せず，白紙で配布していた．

平成24年度から徳島市の教育委員会から毎月「食育タイム」という食育に関する便りが送られてくるようになった（図2.4）．「食育タイム」には，保護者にも読んでもらいたい内容が掲載されている．そこで，保護者に食育に対して少しでも関心をもってもらえるように「給食だより」の裏に「食育タイム」を印刷して全校児童に配布するように変更した．児童から「今日家でお母さんと一緒に食育タイムを読んだよ．お箸の使い方を注意されちゃった」，「食育タイム，冷蔵庫に貼ってあるよ」などのうれしい報告が届いている．

b. 給食試食会の開催

保護者を対象に，毎年食事の様子を参観してもらったり，給食を味わってもらったりしている．そのときに外部講師を招いて食に関する講演をしてもらってい

図 2.4　「食育タイム」

る．本年度は栄養教諭を招いて，給食を通して子どもたちの健やかな成長や，子どもたちが健康に生活していくためには，いかに食べることが大切であるかを教えてもらった．

ここ2年間は給食試食会に隣接している幼稚園児とその保護者も参加している．小学校の給食を入学前に体験することで，園児と保護者ともども小学校への期待が高まったり，給食への不安解消に役だったりしているようである．

食育リーダーとして，教職員や児童，保護者に向けて取り組んでいるなかで何度も感じたのは食育は食育リーダーが一人で進めていくものではないということである．全教職員の協力のもと，児童・保護者とともに進めていくものである．ただ，食育を進めるための環境整備を整えたり，計画や準備をすることは食育リーダーが中心となって行っていく必要がある．　**[井上和子]**

文　献

1)　ぎょうせい：学校給食必携，第8次改訂版，ぎょうせい，2013.
2)　戸井和彦：「食の文化学習」の授業プラン，明治図書出版，1999.
3)　徳島県小学校体育連盟：わたしたちのけんこう　2年，徳島県教育会，2013.

3
いのちをいただく食育

近年，食生活をめぐる環境が大きく変化し，それとともに，栄養の偏り，不規則な食事，肥満や生活習慣病の増加，食材の海外依存，伝統的な食文化の衰退，食の安全性等，さまざまな問題が生じている．食育基本法が制定されたのも，そういった国内の事情を反映してのことである．

本章では，小学校の現場で実際に取り組んだ食育の授業について報告する．公立小学校に勤務するごく普通の教師たちが，2年間，さまざまに模索した取り組みの報告である．

3.1 子どもたちを通して身近に感じる食の危機

学校の現場には，実にさまざまな環境を抱えた児童が登校してくる．以前に筆者が担任したA君は，帰宅後，机の上に置かれたお金で，適当にコンビニでパンや弁当を買って食べると言っていた．それが夕食だ．母親は夜も働いているから，夕食を作る時間などはないのだろう．子どもたちは夕方になると自分の食べたい物を買いに行き，お腹をふくらませていたようだ．個食（孤食）の毎日である．まだ小学生の子が，自分の好みで買ってきた物を毎晩食べている．お菓子でお腹を膨らませていたかもしれない．バランスのとれた食事をとっているかどうか，はなはだ疑問だったが，それがこの家族の現状だった．

朝食を食べているのかいないのか，はっきりしないBさん．起床したとき，親は家にいないか，在宅していても酔って寝ていることが多かったようである．学校の給食だけが，唯一，栄養バランスのとれた献立だったが，好き嫌いが激しく野菜のおかずはほとんど食べない．いまはよくても，このまま偏った食生活を続けていれば，将来，からだに悪く影響するのではと思ったが，本人の意識を変えなければこの状態のままだ．Bさんのような，朝食抜きの子どもは毎年のように担任してきた.

給食の残りを見ても，子どもたちの食傾向がわかる．ハンバーグ，焼肉，ウィンナー，うどん，スパゲッティー，唐揚げ等のおかずは，滅多に残らない．しかし野菜の煮びたし，筑前煮，煮豆，魚など，和食系で，とくに煮たものは苦手だ.

彼らが大人になったとき，長年の誤った食習慣に起因する問題を少しでも解決するため,「食育」が重要なキーワードになることは,ひしひしと肌で感じられた.

食育基本法が制定され,食の大切さがしきりに取り上げられるようになったが,現場の子どもたちを見ていると，当然の成り行きだと思えた.

3.2 学校全体で，担任が中心になって取り組む食育

筆者が大阪府枚方市立殿山第一小学校に転勤した翌年，近畿小学校家庭科教育研究大会がここで開催されることになっていた．食育＝(イコール) 栄養士による食べ物の話，または，高学年の家庭科授業で行うものというイメージが強かったが，学校では,「全教師」が「さまざまな教科」で取り組む食育授業を課題とした.

a. 家庭科で食育授業

最初の研究授業は，6年生担任の「家庭科」における食育授業で,「朝食にふさわしい食事の条件を知る」を目標とした.

授業の流れ

指示　前の時間にみんなが描いた朝食の絵を，見てみましょう.
※書画カメラを使い，テレビ画面に児童の作品を映し出す.
発問　どうして，朝食を食べるのでしょう？
・お腹がすくから　・エネルギーが必要だから
指示　ではもう一度さっきの絵を映しますから，どんなメニューを考えたかを注目して見てごらん.
・焼いたものが多い　・切るだけのものが多い
発問　どんなおかずが，朝食にふさわしいと思いますか？
・簡単に作ることができる　・食べやすいものがいい
・片付けが簡単にできるものがいい
指示　作る人の立場にもなって考えましょう.

※朝ごはんの役割を確認し，子どもたちも作ることができる朝食にふさわしいおかずを確認した．

この学習を通して，自分の「食」や「生活」を見直し，よりよい生活習慣を身につける姿勢を育みたいと担任は述べた．

このとき，協議会に参加していた講師（枚方市の栄養教諭）が，個々の児童について把握できている担任ならではのよさがあること，小学校なので，給食を一緒に食べていることから，生きた素材を使った話ができる強みがあると，「担任による」食育の重要性をあらためて指摘した．

ところで本校の調査によると，必ず朝食を食べている児童は89%，ときどき食べる児童9%を合わせると全体の98%がほぼ朝食を食べて登校してきている．しかし，そのバランスや内容が不明であり，児童の発言などから，おにぎりやパンのみであることが多いこともわかった．また割合は少ないとはいえ，2%の児童はほとんど何も食べずに登校していた．

この授業が，子どもたちが各家庭で朝食を見直すきっかけとなれば嬉しい．

b. 食育を図工科で授業する

家庭科以外での提案は，11月に行われた3年生の研究授業が最初であった．教科は図工と発表されたが，図工から食育ができるのかと，だれもが疑問を抱いた．

授業者は，テーブルコーディネートを通して，楽しい食事空間をデザインすることに取り組むことにした．食事は味覚だけではなく，環境でも味わうもの（視覚的認知）であると知るためだ．いままでになかった発想の食育の提案であった．

本時の目標は，「楽しみながら食卓づくりをすることで，食事を豊かにする喜びを知り，主体的に食事にかかわろうとする意欲をもつ」である．製作はかなり進んでおり，本時でテーブルコーディネートが完成の予定であった．

授業の流れ

発問　テーブルコーディネートを考えています．完成に向けて，どんな工夫をしようと思っていますか．

指示　必要な物や作り変えたい物などがあれば，発表してください．

発問　作りたい作品のためには，どんな色や素材を使いたいですか．
※班ごとの発表が終わった後，グループごとにテーブルコーディネートの作品作りが進んだ．
指示　今日，がんばったところ，工夫したところ，次回がんばろうと思うことを発表しましょう．
指示　友達の工夫で，よかったところを発表しましょう．

食事には，季節ごとの楽しみ方や味わい方がある．日本ならではの四季をイメージし，食卓に表現する．図工科なので，それを色使いや素材選びの工夫，作品作りに生かすことで食育につなげた．

確かに「食べる」ことだけが食育ではない．日本の四季にあった食事をすることや，食べる環境を整えることは，おもてなしに通じる日本人独特の食のこだわりに触れさせることでもある．

c.　視覚でも味わう日本の食事

日本食は，視覚に訴える美しさも特徴のひとつにあげられる．3年担任は，それを食の環境作り面から提案したのだ．そういえばユネスコの無形文化遺産に登録されたときも，日本食の繊細で美しい面が高く評価されたことを思い出す．

子どもたちは，それぞれの季節を想像しながら，立体的な飾りやテーブルに敷くランチョンマットを作った．

大きな模造紙を敷き，自由に色紙や画用紙を使って，お花やクリスマスツリーを作り，時には本物を模造紙上に貼った．そして，皆で協力して，食事がワクワクするような空間を創っていった．

時には作品が平面から，立体になることもあった．1人のアイディアが，また新しいアイディアを生み，次々と連鎖しながら班で協力して作る楽しいテーブルコーディネートになった．

またそれは，おもてなしの心に通じる活動でもあった．自分たちが考えコーディネートしたテーブルに，お皿が並ぶのを想像し，実際に食事をするのは楽しいに違いない．どの季節を担当した子どもたちも，色々なアイディアを出しあい，テーブルに着いた人たちが食事を楽しめる空間を作ろうとがんばった．

d.　せっかく作ったランチョンマットだからこそ，食事で汚されたら嫌！？

ところが授業後，子どもたちの意見は分かれた．「自分たちが考えたテーブルで食べるのは，楽しい･嬉しい」という子が3分の2．残り3分の1の子は，「せっかく作ったのに，食べることで汚されるのは嫌だ」と言い出した．「せっかく作った」からこそ「汚されるのは嫌」なのだ．苦労して作りあげた作品に対する3年生の素直な反応だ．テーブルを汚さないようにするために，どうすればいいのか．

ここから，食事のマナーを学習する貴重なきっかけが生まれることとなった．

e.　食事のマナーを知ろう

箸の使い方にも日本独特のルールがある．知らない子も多い．箸の持ち方さえきちんと教わっていない子や，直接皿に口をつけて食べるような子もいる．当然，食べ物をこぼす子が出てくる．

この活動は，清潔な食事環境を整えることはもちろん，食事前に手を洗ったり，正しいマナーで食べたり，食べた後も皆が終わるまで静かに待つ等，食事マナーを教える貴重なきっかけとなった．

筆者は，子どもの頃，茶碗にご飯粒を残すと厳しく叱られて育った．最後の一粒まで，きちんといただくことは，米を育ててくれたお百姓さんへの感謝の気持ちにつながると親に教わった．いまになって思えば，「いただく」ということの意味を，わからせてくれたのだと思う．

意識して，教室の子どもたちを見ていると，ご飯粒を残したまま食器を返しに来る子が結構いる．筆者は「最後の一粒まで食べてから食器を返しなさい．」と指導してきたが，根気が要る．なかなか直らない．気がつくと，重ねた食器の間からご飯がはみ出している．平気なのかなと思うが，親と一緒に食べていない子もいるのだから，マナーを知らないのは当然か……と，複雑な思いだ．

あるベテラン教師は，毎年，どの学年を受け持っても，食器に米粒や小さな野菜等を残さないできれいに食べさせているという．最初からできているわけではない．継続的に，根気よく，食器の片付け方，しまい方を躾けるのだそうだ．それは，命をいただくということを教えるのはもちろん，箸使いがうまくなると頭がよくなること，また，人は食べ方によって判断されること，片付けてくれる人など他人への相手意識をもつことは，仕事のできる人につながること等を丁寧に教えていった結果，徐々にできるようになっていくのだという．

このようなことに気遣いのできる人は，頭も心もしっかりと育つのだ．それを授業中だけでなく機会あるごとに子どもたちに趣意説明する．まさに，子どもたちと一緒に一日を過ごす小学校担任ならではの取り組みとなる．

3.3 全校一斉お弁当作りの日を設定する

11 月には，全校お弁当作りの日が実施された．土曜参観を兼ねたこの取り組みは，年に 1 回企画され，全児童が自分でお弁当を作って持ってくる．もちろんお弁当作りといっても学年も違えば，経験も異なるため，自分ができそうなコースをあらかじめ選ぶ．

【低学年向きコース】
1. おかいものにいこう．
2. おべんとうをつめよう．
3. おにぎりをつくろう．
4. あとかたづけをてつだおう．

【高学年向きコース】
1.「お弁当を作ってくれてありがとう」を伝える．
2. いっしょに，買い物に行く．
3. お弁当箱に，作ってもらったものをつめる．
　　（保護者といっしょにつめても OK）
4. 主食の用意をする．（おにぎりを作る．ご飯をつめる．パンなどの用意をする．）
5. おうちの人といっしょに，お弁当を作る．
6. ひとりでお弁当を作る．
7. 自分ひとりでお弁当を作り，後片付けもひとりでする．

高学年になると，6 や 7 を選ぶ児童が増えるが，1, 2 の児童もいる．強制はしない．自分ができそうなコースを設定し，準備を進める．

当日は，食事前に互いの弁当を見せ合う（図 3.1）．保護者も興味津津だ．ほとんどの子どもたちが，年に 1 回のこの行事に向けて計画を立て，できる範囲で自分なりに工夫した弁当を作って持ってくる．

土曜日の早朝から準備が大変だろうが，これを実施することで，お弁当ひとつ作るにも，手間暇がかかることや工夫が必要なことを学ぶ．

図 3.1　全校一斉お弁当作りの日：自分でおにぎりを作った1年生のお弁当

小学校で最低6回は，自分が主体的にお弁当作りにかかわる．保護者も，「危なっかしい手つきではあるが，子どもが包丁をもち真剣に台所に立っている姿を見ると，応援したくなる」と好意的な意見が多い．

お弁当作りの日に向けて，計画カードや振り返りカードを書き，教室内に展示するクラスもある．それぞれ工夫した点や苦労した点，感想などを読み合う．翌年に向けて参考にする子もいる．

3.4　学校園で採れた野菜を子どもたちの食卓へ

殿山第一小学校は，全校児童200名余の小規模校である．時々，校長をはじめとして担任を持っていない教師たちが，学校園で採れた野菜を使って調理し，給食を一品増やすことがある．子どもたち自らが植え，育てた野菜が食卓に登場するのは，楽しいものである．いままでに，ゆで野菜や各種スープ，餃子，大根もち，ジャム，クッキー，きんぴらごぼう，ごぼうご飯など，さまざまなおかずが登場した．

クッキー等，1人1枚でも200枚以上必要だ．小さなオーブンで何度も時間と温度を計りながら，少しずつ焼いていくのは大変な作業だ．それを校長，担任外の教師たち，時には事務職員から校務員まで，総動員で作る．もちろん，筆者もそれに携わった1人だが，食育は教師間のあたたかいコミュニケーションまで生みだしてくれた．

時には休み時間を使って子どもたちから希望者を集め，野菜の皮むきや，餃子の具を詰める作業をさせた（図3.2）．ただ与えられた食事をするのではなく，

図 3.2　学校園で採れた野菜を子どもたちの食卓へ：休み時間に有志が集まり手伝う

自分たちがかかわったおかずが食卓を飾る．一味もふた味も違う身近な存在としての食がそこにあると私たちは考えている．

「今日は，先生たちが作った大根もちがついているからね．しっかり味わって食べてね！」

「皮むきを手伝ってもらった，トマトが入っているよ」

等と言いながら，給食の食缶を配る．食べることへの意識が常にそこにある．

3.5　さつまいもで「お・も・て・な・し」

1年生は幼稚園との連携を視野に入れた研究授業を行った．自分たちが育ててきたさつまいもを使って簡単なおやつを用意し，幼稚園児をもてなす授業であった．

授業の流れ

説明　今日は○○幼稚園のみんなと，おもてなしパーティーをします．

・やったぁ！　・がんばろう！　・緊張するなぁ．

※幼稚園児入場．

・こんにちは！　・よろしくお願いします．

指示　さつまいもについて発表しましょう．幼稚園の皆さんは「大きないも」の劇を見てください．

※1年生が幼稚園児の前で，劇を発表する．

指示　みんなが仲よくなれるじゃんけんゲームをしましょう．

※1年生と幼稚園児が，じゃんけんゲームを行う．指導は小学校側教師が行った．
指示　幼稚園のお友達に，茶巾しぼりをプレゼントしましょう．
※さつまいもをふかして作ったプレゼントを，1人ずつに手渡す．
指示　仲よく一緒に食べましょう．
　・これぼくが作ったんだよ　・私が飾り付けたリースよ
　・学校は楽しいよ
指示　幼稚園のみんなに今日の感想を聞きましょう．
　・楽しかった　・おいもがおいしかった
発問　今日のおもてなしパーティーはどうでしたか．
　・また来てね　・またパーティーをしよう　・さようなら　・元気でね

この取り組みは2年目にさらに発展することとなるが，1年目は，この日が初めての出会いの場であった．そのためか，すぐに打ち解ける子もいた反面，遠慮しあってなかなか会話できない子もいた．その反省点を生かし，2年目は1学期から計画的に連絡を取り合い，幼稚園に行ったり招いたりを繰り返して，幼小連携を深めるとともに，さつまいもを中心に生活科・図工科・音楽科・国語科など，さまざまな教科を使った授業作りに挑戦した．

さつまいもを植え，世話をし，生長していく様子を観察する．収穫は初めての体験となる子もいる．1年生は大歓声を上げる．

「だれかが買ってきたいも」ではなく，「自分たちが育てたさつまいも」を絵に描く．力がこもる．さらに，つるを使ってリースを作り部屋の飾りとする．クリスマスを迎える時期にも合うので取り組みやすい．

お楽しみの試食は，保護者にも手伝ってもらい，小さく切ったさつまいもをご飯に入れて炊いたり，蒸かして茶巾しぼりを作ったりした．親子間の交流はもちろん，保護者どうしの会話もはずみ，自分の子以外の子を知るきっかけともなる．できたさつまいもご飯は，丁寧にラッピングして，午後から学校を訪れる幼稚園児にプレゼントした（図3.3）．

おいもパーティーでは皆で一緒に歌を歌い，寸劇を披露した．この交流のためにお誘いの手紙を書いたり礼状を書いたり等，国語の学習にもなった．

教師側にも変化が生じた．これら行事をこなそうと思うと，必然的に幼稚園側との接触が増える．打ち合わせをする度に，幼稚園の先生たちと顔見知りの関係になり，それが幼小連携のきっかけとなっていった．

図 3.3　さつまいもで「お・も・て・な・し」:
幼稚園児と 1 年生が交流をする

この経験は,「おいもひとつで, ここまでできる!」と 1 年生の担任にいわしめるほどであった.

3.6　いよいよ 2 年目:本校ならではの食育に取り組む

研究のテーマは「知りたい!食べたい!ありがたい!」とし, それぞれ知識・技能・感謝の気持ちをもてるよう指導することとした.

「知りたい!」では, 食事の正しい取り方の基礎となる知識を取り上げる. 食品の種類, 栄養のはたらきによる分類等, 食品に関する知識を身につけ, 健康的な食事の取り方がわかるようにする.

「食べたい!」では, 学年園や食育園で栽培したり, 調理したりする活動を経験させることによって,「食べてみたい」という意欲を高める. 体験に裏打ちされることでより深い理解が得られると考えた.

そして「ありがたい!」で, 食材を作ってくださった方や届けてくださった方, 調理してくださった方にも思いが馳せられるように, そして栽培や調理等の体験を通じて, 自分の命と健康のために食べることが大切だと気付かせ, 命をいただくことについて考えさせたいと計画した.

a.　地元神社で行われてきた枝豆にまつわる神事を授業に取り込め

3 年生は, 社会科で地域の学習をする. この地域学習から「食育」につなげる提案もあった.

もともと枝豆を育てていた学年だが, それを軸に地域連携を目指すとした. ち

図 3.4 地元神社で行われてきた枝豆に……：
秋の収穫を祝う神事

なみに国語科でも『すがたをかえる大豆』で枝豆を扱う．大豆が生長し収穫されてからも，加工の仕方でさまざまな食べ物に変身するという説明文である．この教科書教材を食育に生かそうと考えた．

小学校の校区には御殿山神社という地域に根差した小さな神社がある. 秋には，収穫を祝って枝豆を煮，各家庭で枝豆を使った「包み餅」が作られ，食されてきたという（図 3.4）．包み餅は「くるみもち」と読み，枝豆をつぶした餡で餅をくるむところから，くるみもちといわれるようになった．地域によっては，ずんだ餅と呼ばれている．

この神事を調べていくと，実りを皆で喜び祝う，秋祭りに込められた人びとの思いを学習することができる．食育を進める上で発掘した貴重な地元の行事だ．決して派手ではないけれど，この地域行事の意味（収穫との関係や，秋の実りに感謝する人びとの思いや願い）を教え伝えていくことは，古くからの食に対する思いを，子どもたちに教えられる貴重な教材になる．

早速，3年生は学校に神主さんを招待，秋祭りについて話を聞き，地域学習と関連付けながら，米と枝豆を使った郷土料理に触れさせていくこととなった．

授業の流れ

発問　くるみ餅を作るまでに, これまでどんな活動をしてきたか思い出してみましょう．
・枝豆の栽培をし，観察を続けてきた
・枝豆を使った料理をたくさん調べた

発問　枝豆を使った料理がたくさんあったけれど，どうしてみんなはくるみ餅を選んで作ったのでしたか？

・御殿山神社の神主さんから，秋祭りのお話を聞いたから.

・くるみ餅は郷土料理だったんだ.

発問　くるみ餅はどの時期に食べるの？

・秋　・収穫の季節

発問　御殿山神社の秋祭りでは，どんなことをしていたかな？

・採れた枝豆をゆがいて，くるみ餅を作り神様にお供えするとともに，みんなで食べていた.

発問　どうして秋にお祭りをするのでしょう？

・秋祭りがかかわっている

・くるみ餅は収穫を祝う各家庭でのお祭り料理だったのですね.

説明　枝豆を使ったお餅は他の地域にもあるそうだよ.

・日本全国に，くるみ餅（ずんだ餅）を作る風習があるよ.

・収穫を喜ぶ人びとの気持ちが，そこにあるんだね.

指示　それではお家の人たちと作ったくるみ餅をいまから試食しましょう.

・見た目はどうかな？　・匂いはどうかな？　・食感は？　・味は？

発問　お家の人と作ったくるみ餅の味はどうでしたか？

この単元の活動を通して，食の知識や愛着を深めさせ，「食べ物が私たちの口に届くまでには，色々な努力や苦労がある」ことを実感させた．今度，自分が食べ物を「いただく」ときには，そのことに感謝する気持ちが高まっていることを期待しつつ，授業が進められた.

ところで，給食のとき「いただきます」と言うことに抗議した親がいるそうだ[1,2]．母親の１人が学校に，「給食費をちゃんと払っているのだから，給食時間に「いただきます」と言わせないでほしい」と申し入れたという．ほとんどの人はこれに反対意見だったが，なかにはこの意見に賛同する人もいたというから，時代は変わった.

子どもたちには「いただきます」,「ごちそうさま」の意味を，ぜひ考えさせたい．そうすれば食べ方やマナーなど日本の食文化についても，考えを巡らせることができるだろう．この活動が，知識理解だけでなく，心の育成にもつながる活動になることを願う.

b.　国語で食育：オノマトペを使った鍋料理

２年生は国語で鍋料理作りに挑戦した．オノマトペと食を関連付け，鍋料理のおいしさを言葉で表現するという授業である．

オノマトペとは「にやにや」とか「わんわん」のように日本語独特の擬態語・擬声語のことである．日本語は他国に比べても圧倒的にオノマトペが多いといわれている．私たちは「つるつる」や，「あつあつ」，「ほくほく」，「パリパリ」等，おいしさを表現する方法として，これらを日常的に使っている．

直感的な思考や想像力をかきたてるオノマトペには，日本語特有の豊かな響きがあり，リズミカルに音読することができるので，２年生の児童にとっても表現しやすい．またそれぞれの言葉がもつ微妙なニュアンスの違いや，自分たちが創造した新しいオノマトペによって紹介される「おいしそう！」な食材は，参観した大人たちも「子どもって面白い発想をするのだな」と思わしめたに違いない（図3.5）．

本時は，阪田寛夫『おおきくなあれ』[3] や，中江俊夫『たべもの』[4] を通して，オノマトペ（擬声語）について学習した後，鍋料理に入れる具材を言葉で表現した．豊かな表現力に気づくことができれば，食を通して，日本語のよさを発見することもできる楽しい授業である．

授業の流れ

発問　「しゃきしゃき」に合う食材は何でしょう？
※オノマトペを思い出させる問題をいくつか出し，答えを考えさせる．

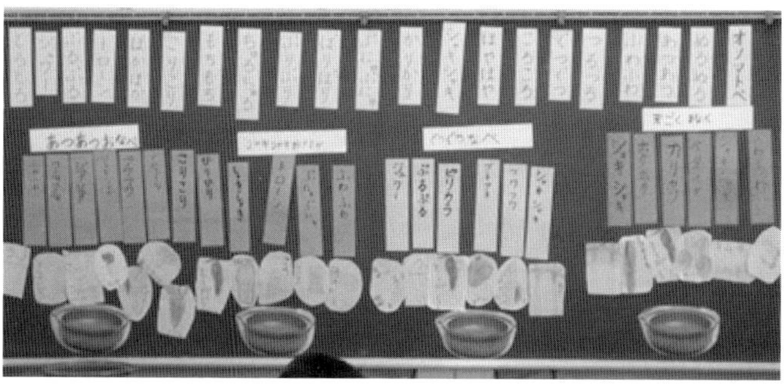

図 3.5　国語で食育，オノマトペを使った鍋料理：鍋に入れる具をオノマトペで表現

指示　今日はグループに分かれて，オノマトペクッキングをしましょう．
　　　作るのは鍋料理です．
指示　おいしそうな鍋になるように，グループでオノマトペを考えましょう．
※鍋に入りそうな野菜の絵をたくさん用意しておき，視覚的にもイメージしやすいようにする．
※オノマトペの後に，食材をつけて発表する．
指示　できたオノマトペ鍋を，グループごとに発表しましょう．
※リズムに乗せて発表させる．

c. 図工科で，カラフルなお弁当作りを楽しむ

2年生は，もうひとつの提案授業を行った．それは紙粘土で作るお弁当(図工科)である．

「五感で感じるおいしさ」をメインテーマに，味覚以外に，触れて（触覚）聞いて（聴覚）におって（嗅覚）見る（視覚）ことを重視した．発泡スチロールや，厚さや素材の違う紙類，緩衝材，紙粘土など，実にさまざまな材料を持ち込み，おかずにふさわしい材料を，ふさわしい色合いで，まるで本物のように見える紙粘土弁当を作った（図3.6）．

彩りがよいということは，栄養のバランスがよいことにつながり，後に5年生で学習する赤・緑・黄・黒・茶など，さまざまなおかずの色をそろえることが大切という家庭科学習の布石になる．本授業では自分が作ったお弁当を，オノマトペを使って発表した．そして表現するために工夫した点について互いに交流し

図3.6　図工科でカラフルなお弁当作りを楽しむ：赤・黄・緑など色彩豊かな紙粘土のお弁当

合った．

d.　昔の道具を持ち込み，社会科で挑戦した食育

社会科で食育に挑戦した4年生は，ちょうど昔の道具について学習する機会があり，これを食育とつなげた．

本授業では，食事の用意の仕方を比べることで，生活の変化を理解する．たとえばおじいさん・おばあさんの時代には，ご飯作りにどのような道具を使っていたのか．いまの自分たちの暮らしと比較することで，道具の違いに迫る．そこには，不便だったけれど家族のためにさまざまな工夫をしながら食事の準備をしてきた昔の人たちの苦労や喜びが，見え隠れする．

担任は，学校にある史料室を子どもたちと一緒に訪れたり，自宅にあった古い釜を持ち込んだり（図3.7），地元に住んでおられるゲストティーチャーを教室に呼び，食事に関するお話を聞いたりして，昔といまの道具の違いに気付かせた．とくに食育にかかわる授業として，「ご飯作り」に焦点を当てた指導を考えた．

授業の流れ

発問　今日の朝ご飯は，何を食べてきましたか？

・パン　・サラダ　・ご飯　・みそ汁　・卵焼き　・ドーナッツ

発問　この前来てくれたゲストティーチャーは，昔，朝ご飯に何を食べていたといっていましたか？

図3.7　昔の道具を持ち込み，社会科で挑戦した食育：担任は自宅にあった古い釜を持ち込んだ

・ご飯 ・みそ汁 ・漬物

発問 みんなのおじいさん・おばあさんが子どもだった頃の，朝食準備について考えましょう．どんな道具を使っていましたか？

・お釜 ・かまど （実際に釜を持ち込んで使い方を紹介する）

発問 昔といまのご飯作りを比べて，何が変わりましたか？

・かかる時間 ・手間 ・燃料 ・自動化 ・道具

発問 ご飯の作り方が変化したことで，よかったと思うことは何ですか？
逆に以前の方がよかったと思うことは何ですか？

指示 今日の勉強で，気付いたことや考えたことをまとめましょう．

e. 米粉を使ったおやつ作りに挑戦

5年生は，社会科で年間通じて稲の栽培にかかわっている．初夏の田植えと秋の稲刈りは，地元の協力のもと，実際に田んぼに入って体験させてもらうことができる．途中の作業は農家の方にお任せだが，ほんの小さな苗を植えただけなのに，半年後，大きく生長してたくさんの米をつけることは驚きである．

ところが近年，米の消費量が減ったことで余った米をどうするかという問題に突き当たった子どもたちは，米をつぶして米粉にし，団子にすることを思いついた．米粉団子である．石臼，すり鉢，すりこぎ等，昔の調理器具を実際に使ったことで，先人の苦労や食べ物に対するありがたみを，身にしみて感じる児童が多かったという（図3.8）．

それにしても一番苦労したのは担任かもしれない．米粉団子を作ってみると，天候や季節によって毎回微調整が必要で，担任は試作に明けくれた．

図3.8 米粉を使ったおやつ作りに挑戦：ミニ臼を使って米粉を作る

しかし，授業後の感想のなかに次のような内容のものがあり，このような感想を書く子が１人でもいる限り，私たちの挑戦は続くのだとあらためて思う．

私は，人以上に好き嫌いが激しく，食べ物はあって当たり前みたいな考え方で，食育についてあまり考えたことがなかったけど，今回こうして学んで，嫌いな物も１回食べてみようという考えをもつようになりました．あと，「いただきます」，「ごちそうさま」を，いつもより感謝をこめていっています．食育の授業があって本当によかったと思っています．

授業の流れ

発問　いままでお米作りについて学んできました．米作りにはどんな工夫がありましたか？

発問　米は足りているのですか？

・余っている

指示　余った米を使って，今日は班ごとに米粉団子を作ることになっていました．
さっそく，手順を確認して作業に入りましょう．

・米を石臼でする　・すり鉢で細かくする　・団子を作る
・盛りつける

指示　できたら試食して，学習カードに感想を書き，発表しましょう．

・あまり味がしないなぁ．

指示　きな粉等，味付けをして食べてみましょう．

・おいしい！

指示　味付けをした米粉団子について，感想を発表してください．

発問　皆で協力して，実習することができましたか？

3.7　まだまだ続く食育の授業作り

学校では毎年４月に教職員の異動がある．せっかく築いた食育授業も，異動とともに消えてしまってはもったいない．また短い期間で生みだした食育の取り組みなので，今後の修正が必要なものもたくさんあるだろう．「食」について全職員で取り組んだ２年間は，忙しかったけれど，とても充実した楽しい２年間であった．

これからも全国における食育の実践に学びながら，子どもたちが「知りたい！」，「食べたい！」，「ありがたい！」と思える食育授業を生み出していきたい．

［大國佐智代］

文　献

1) 内田　樹：街場のメディア論，光文社新書，2010.
2) 佐藤　弘編：食卓の向こう側 8，西日本新聞ブックレット，2006.
3) 阪田寛夫：おおきくなあれ，こくご（小学校 2 年生教科書），光村図書，2016.
4) 中江俊夫文，伊藤秀男絵：たべもの，福音館書店，1994.

4
うま味の授業に取り組んで

4.1 「うま味」に驚く子どもたち

5年生では家庭科でご飯と味噌汁の調理実習を行う．味噌汁作りを通して「うま味」についての授業を行った．さらに，「和食」についての授業を行った．「うま味」や「和食」のすごさに子どもたちは驚いていた．普段子どもたちは「うま味」について考えたことがほとんどない．さらに，「うま味」を発見したのが日本人であることをだれも知らなかった．

「うま味」の授業を通して日本の伝統食「和食」のすばらしさ，先人の偉業について学ぶことができる単元計画作りを実践した．

4.2 指導計画

表4.1参照.

4.3 実際の授業

「うま味」の授業をするにあたり，味の素株式会社から提供されている資料[1]を活用した．授業をする前に，ウェブサイト上からテキストの申込みをすると児

表4.1 単元名「バランスのとれた食事をしよう」

時数	テーマ	学習内容
1時間目（家庭科）	日常の食事	普段の自分の食事について考える.
2時間目（家庭科）	食事の役割	食事の意味，栄養バランスについて考える.
3時間目（家庭科）	和食について	バランスのよい食事「和食」について知る.
4時間目（家庭科）	うま味・出汁	うま味テキストを使ってうま味・出汁について知る.
5~6時間目（家庭科）	ごはんと味噌汁	ごはんと味噌汁の作り方を知り，実践する.
7~8時間目（総合）	和食について	世界から注目される「和食」について考える. 日本での和食の普及．世界への発信を考える.

童全員分のテキストを送付してもらえる．テキストには，指導案もついているので，すぐに「うま味」の授業をすることができる．

また，テキストは低学年用・中学年用・高学年用の3種類があるので，発達段階に応じたテキストを使用することができる（1.3節参照）．今回は，高学年用テキストを使用して授業を行った．4時間目のうま味テキストを使った授業である．

4.4 授業内容

a. 学習のねらい

①自分の食生活に関心をもたせ，甘い，すっぱい，しょっぱい，苦いの四味の他にうま味があること，うま味は池田菊苗博士が発見したことを知る．

②だしにはうま味があり，昆布，かつお節，干し椎茸，煮干しからだしを取っていることを知る．

b. 準備するもの

テキスト（児童人数分），手鏡，筆記用具，色鉛筆，指導案1部．

c. 授業の展開

指示:『世界中に広がるうま味』について勉強します．テキストに名前を書きなさい．

①味を感じる仕組み

指示：1ページを開きます．ポテトチップスの写真があります．ポテトチップスのおいしい所はどんな所ですか？　聞いていきます．

・ぱりぱりしている．・しょっぱくておいしい．・においがよい．など

説明：おいしいと感じるには理由があります．味はもちろん，においやパリパリっという音や，舌や歯触り，いろいろな理由があわさって，私たちはおいしいと感じています．

指示：人間は生きていくために，大切な「感覚」を五つもっています．これを五感といいます．どれがどの感覚か，線で結びましょう．

> 指示：私たちは食べものを味だけでなく，目で見たり，においをかいだり，触ったり，かんだときの音を聞いたりと五感を通してこれは「おいしい」と判断します．その中でも「おいしい」と思う一番の決め手は味です．これを味覚といいます．うすい字をなぞりましょう．

児童は，なぞりながら「味覚」を覚える．

> 説明：「おいしい」と感じるには，五感のほかに身体の調子や気持ち，だれと食べるかなどの雰囲気が関係しています．たとえば,風邪を引いたときに食べるごはん．一人で食べるごはんと，みんなで食べるごはん．悲しいことがあったときと嬉しい事があったときなど，同じ食べ物でも，味の感じ方が違うときがあります．

> 発問：鏡で自分の舌を見て，分かったこと，気づいたこと，思ったことを箇条書きで書きましょう．（手鏡で自分の舌を見ながら）

・ざらざらしている．
・白いところがある．
・くぼみがある．

> 説明：舌を見ると，上の図のように小さいつぶつぶが舌全体についているのが分かります．このつぶつぶの中に「味蕾」という器官を通じて味の情報が脳に伝わって，私たちは「甘い」，「苦い」などの味を認知することができるのです．

②うま味とは何か

> 発問：味を表す言葉にはどんなものがありますか？　思いつくだけ，下の吹き出しに書いてみましょう．

・あまい　・にがい　・しょっぱい　・うまい
・すっぱい　・からい　・あまずっぱい　・まずい
・うすい味　・こい味

> 説明：あまい味を「甘味」，しおからい味を「塩味」……と言います．この5つは基本味といいます．これらは他の味を混ぜ合わせて作ることのできない味です．
> 指示：5つの基本味をなぞりなさい．

> 指示：五つの基本味を暗記しましょう．

「あまいのは？」，「甘味」，「すっぱいのは？」，「酸味」というように二人一組で問題を出し合う．数分後に，数名の児童に挑戦させた．子どもたちは暗記が大好きである．

指示：それぞれの味で思いつく食べ物を書いてみましょう．

甘味：アイス，チョコ，クリーム，大学いも，果物など
酸味：レモン，梅干し，みかん，キウイフルーツ，グレープフルーツなど
塩味：塩，せんべい，ステーキ，焼き肉，漬け物など
苦味：ゴーヤ，ピーマン，抹茶，魚の内臓など
うま味：かつお節，昆布，椎茸，煮干し

③うま味の発見

説明：うま味とは「だしの味」です．また「うま味」とは「おいしさ」とは違い，味を表す言葉の一つです．「うま味」は料理のおいしさを生み出す，大切な働きをしています．

指示：うま味を発見したのはどこの国の人でしょう？　□の中に，国名を書きなさい．

説明：なんと日本人でした．発見した人は，池田菊苗博士です．「うま味」は100年くらい前に日本で発見されました．

発問：ドイツに留学していた池田博士が日本に帰ってきて，ある食べ物から「うま味」を発見しました．その食べ物は，何でしょうか？

・こんぶ

説明：池田菊苗博士は，ドイツへ化学の勉強をしに行きました．博士は生まれて初めてドイツでトマト，チーズ，お肉などの食べものを食べました．どれも大変おいしかったのです．これらの味は「甘味，酸味，塩味，苦味」の四つの味と違う味だと思いました．実は，うま味が発見される前はこの 4 つが基本味でした．日本に帰った博士は，ある日，家族で「湯豆腐」を食べたときに，ドイツで食べたおいしい味を思いだしました．博士は「湯豆腐」の「昆布だし」からおいしい味を探すために研究を続けました．そして，1908 年，昆布からグルタミン酸を取り出すことに成功しました．そして，その味を「うま味」と名づけたのです．

日本人がだしに使う材料は何ですか？　下の写真を見て，ひらがなで 4 つ書きましょう．

・こんぶ　　・かつおぶし　　・にぼし　　・ほししいたけ

4 種類の「だしを取る材料の実物」を，グループごとに観察しましょう．

事前に四つの実物を準備しておいて観察させる．気づいたことを発表させる．

説明：池田菊苗博士以外にも，うま味を発見した人がいます．すべて日本人です．だしを活用してきた日本の食文化が生み出したといえます．
指示：「調べてみよう」の問題に挑戦しましょう．

干ししいたけ＝グアニル酸　　昆布＝グルタミン酸
かつお節・煮干し＝イノシン酸

④うま味の秘密

発問：うま味物質のグルタミン酸を含む食品はどれでしょう．◯をつけなさい．

昆布　チーズ　トマト　煎茶　のり

発問:昆布，かつお節，干ししいたけ，煮干しの中で，「グルタミン酸＋イノシン酸」の組み合わせになるのは，どれとどれを選んだときですか？

昆布とかつお節

説明：だしはそれぞれ単独でとるよりも，2 種類を組み合わせてとることで，いっそうおいしくなります．たとえば昆布とかつお節を合わせるとうま味の感じ方が強くなります．しかし，昔の人は，グルタミン酸やイノシン酸などを知らなかったので，料理の経験から，「これらを組み合わせるとおいしい料理になる」と知ったのです．

⑤うま味は世界共通

指示：世界各国にはうま味を多く含む料理がたくさんあります．料理名と国の大まかな位置を，線で結びましょう（図 4.1）．

説明：図 4.1 のように，うま味は世界各地の料理にさまざまな形で取り入れられています．アジアでは大豆，米，麦，魚を原料にした発酵食品のうま味が中心です．ヨーロッパでは牛乳，肉を原料にした，うま味を多く含むチーズや生ハムなどの発酵食品が使われています．世界の料理に含まれる「うま味」は「umami」として国際語になっています．日本の料理人による「だし・うま味」を伝える活動が世界各地で行われています．
　だしやうま味について，もっと知りたいと思ったことを本やインターネットを使って調べてみましょう．

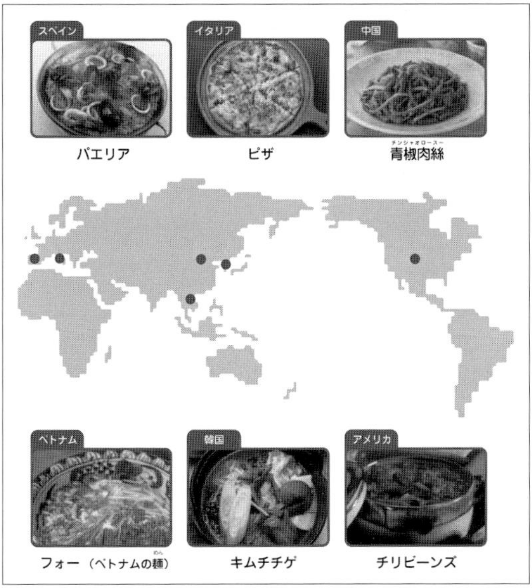

図 4.1　料理名と大まかな位置を線で結びましょう（味の素のテキスト）[1]

4.5　児童の感想

○うま味を発見したのが日本人である池田菊苗さんというのを初めて知って驚きました．昆布にグルタミン酸が入っているとはおもいもしなかった．それに，昆布の他にもチーズ・トマト・煎茶・のりにも入っているとは考えもつかなかった．前に，家庭科でかつおのだしだけの汁と味噌だけの汁を飲みました．結果，かつおだしはあまり味がしなくて，味噌だけの方はしょっぱかったです．だが，その二つを合わせたらとってもおいしかったです．もっといろいろ味のことを知りたいと思いました．

○うま味は池田菊苗さんが発見したなんてとてもすごいと思った．辛味は，基本味に入っていないなんてびっくりした．自分は，辛味は入っていると思っていた．うま味は世界共通していることがわかってすごいと思った．アメリカに「umami バーガー」があると知って，とても驚きました．「基本味」をちゃんと覚えていこうと思いました．

○舌に小さなつぶつぶ（味蕾）がないと甘い，苦いなどがわからないことが分かった．うま味を発見した人が日本人で凄いと思った．うま味を発見した食べ物が湯豆腐に入っていた昆布というのがすごいと思った．

○うま味はものによって味が違うということを知らなかったが，この本で新しく知ることができた．世界共通の umami は，日本人の池田菊苗さんが初めて発見したもので，亡くなって100年後にやっと通じるようになった．グルタミン酸，グアニル酸，イノシン酸は，二つの食品を組み合わせることでうまさが倍増する．なぜだろうかはわからないがすごいと思う．うま味について関心をもった．

○池田菊苗さんが「うま味」を見つけたことはすごいと思った．池田菊苗さんがいたから「うま味」が知られ，世界中に広がったと思う．これをお母さんに伝えて「すごいねぇー」と語り合おうと思った．とても感動した．お姉ちゃんにも言おうと思った．

○「うま味」といっているのに味はまずいのはおもしろかった．他にもトマト，チーズ，にもうま味があることに驚いた．味噌汁は，かつお節と煮干しのどらちがいいのか気になる．また，うま味＋うま味はどうなるのか気になる．私の予想はうま味はそれだけではまずいので，うま味＋うま味は味はしてもおいしくないと思う．

○うま味は，グルタミン酸，イノシン酸，グアニル酸などいろいろな種類があり，それを合わせることですごいうま味ができたりするのはおもしろいと思いました．でも，辛味が基本味には入らないことにはびっくりしました．日本人がうま味を発見していたことにもびっくりしました．日本人が基本味を発見してくれたなんてうれしいです．湯豆腐から，うま味を発見することができるのは，すごいと思います．身近な食べ物から大発見へ．湯豆腐で気づいたことがあり，それに打ち込めるのもすごいと思いました．

○だしだけだとあまりうまくない．和食・洋食・中華は，グルタミン酸とイノシン酸だとすっごくうまくなる．グルタミン酸が入っているのは，トマトやチーズやのりや煎茶でびっくりした．池田菊苗が「うま味」を何回も研究して見つけたのはすごいと思った．「うま味」は日本人が見つけたけど，「苦味」，「酸味」，「甘味」，「塩味」は，だれが見つけたのだろうかと疑問に思った．

4.6 「和食」の授業

日本の伝統的な食事である「和食」が世界から注目されている．しかし，一方で現在の日本では「和食」離れが進行し，経済面・社会面・健康面等でさまざまな問題が生じている．日本の伝統的な食事「和食」についてもう一度見直し，日本の食文化のよさに気づかせ，自国に誇りをもち，それを世界に発信していけるグローバルな人材を育成する教育が必要であると考えた．

a. 半数が日本に誇りをもっていない若者たち

日本青少年研究所が日本・アメリカ・中国の高校生を対象に行った「高校生の学習意識と日常生活」(2004年)という調査がある(竹田，2010)[33]．そのなかの「国に対して誇りをもっているか」という問いに対して，「もっている」と答えた生徒が，日本は50.9%，アメリカは70.9%，中国は79.9%であった．自国に誇りをもっている若者が半分しかいない．日本に誇りをもつ子どもたちを育てていく教育が今求められている．

b.　家庭教育の崩壊がもたらす日本の食文化の崩壊

向山洋一氏（TOSS代表）は戦後の教育の問題点として，以下の三つをあげている．

①占領軍（GHQ）が日本の教師養成制度を壊したこと

②日本の伝統的な「家庭教育」を崩壊させたこと．

③日本の伝統をきちんと教えないこと．

②の「家庭教育」の崩壊により，いままで家庭で出されていた食事が変わってきた．日本の伝統的な食事がどの家庭でも出されていた時代は終わり，家庭の食文化の崩壊が進んでいる．

社団法人 Luvtelli Tokyo & New York 代表理事・細川モモ氏は以下の検証を行った．板橋区の小学校5･6年生74名（男子42名，女子32名）を対象にインスタントカメラを支給し，1週間の食事写真を分析し，食生活の実態調査を実施した（図4.2）（農林水産省：日本食文化ナビ）[28]．

実態調査から見えてきたこと

①魚介類，果物，乾物，海藻，キノコ類，発酵食品などの食材の登場頻度が少ない傾向にあり，とくに日本の伝統食材である味噌，納豆，漬物といった食材が少なくなっている．

②味噌や醤油の消費が落ち込み，マヨネーズなどの消費量が大幅に伸びていることは統計庁の年次調査からも明らかとなった（農林水産省）[27]．

③便秘を訴える子どもが増えた．

④日本人は，いままで高い海藻摂取率を保ってきたが，今回の調査集団の1日あたりの海藻摂取量の平均は，男子10.3±8.2 g/日，女子7.6±7.5 g/日であり，女子で有意に低い傾向があった．国民栄養調査の結果と比較すると，今回の調査集団の摂取量は，男子99.4%，女子64.8%（同年代の国民栄養調査集団における海藻摂取量は，男子10.4±12.2 g/日，女子11.7±17.8 g/日）である．今回の調査集団において1日あたりの海藻摂取量が5 g/日未満の割合は，男子38.1%，

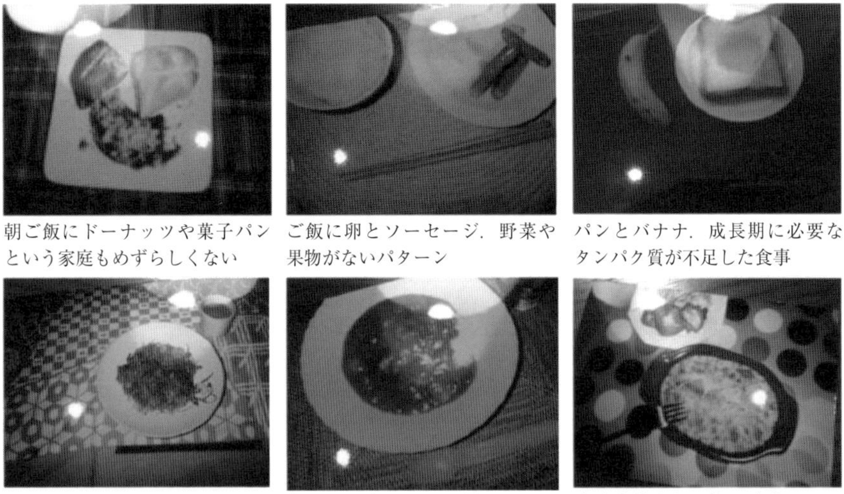

朝ご飯にドーナッツや菓子パンという家庭もめずらしくない

ご飯に卵とソーセージ．野菜や果物がないパターン

パンとバナナ．成長期に必要なタンパク質が不足した食事

焼きそばのみといったメイン一品の食卓

左と同じくメイン一品で，サラダなどの副菜がない食卓

冷凍食品などの加工食品がメインの食卓も目立つ

図 4.2 食事写真による食生活の実態調査（農林水産省）

女子 53.1% と女子の海藻摂取量がかなり低い傾向が認められた．

⑤昭和の世代に比べて品目が少ない．焼きそばであれば焼きそばだけ，パンならソーセージや卵だけといったバランスの欠如がある．

⑥成長期であるのにもかかわらず，男女ともに 1 日の摂取エネルギー量 100 kcal のマイナスという結果．これは親の世代に食事の大切さ，バランスの重要性などが十分に理解されていないことを意味しているだけでなく，子どもの成長に従った適正な食事量・必要カロリーを母親が認識できていないことがわかる．

⑦農林中央金庫による「東京郊外の 20 代独身男女 400 名の食生活調べ」によると，独身女性の 66.5% がダイエット意識からカロリーを気にする傾向にあることがわかっている．そうした女性たちが母親になった後も食卓の食事量やカロリーが大人基準になってしまっている可能性がある．実際に子どもたちの体重が年々低下している事態を危惧している（図 4.3）．

⑧20 代の独身男性は，値段の安さを重視する．女性は味を重視する傾向にある．好きな食事はカレーライス，ラーメンと，ひと昔前の肉じゃがなどは減少した．

⑨日本女性のダイエット意識が拍車をかけ，食事全体のボリュームも減っている．10 年間で約 10% もカロリー摂取量が低下し，終戦直後の女性よりも摂取カ

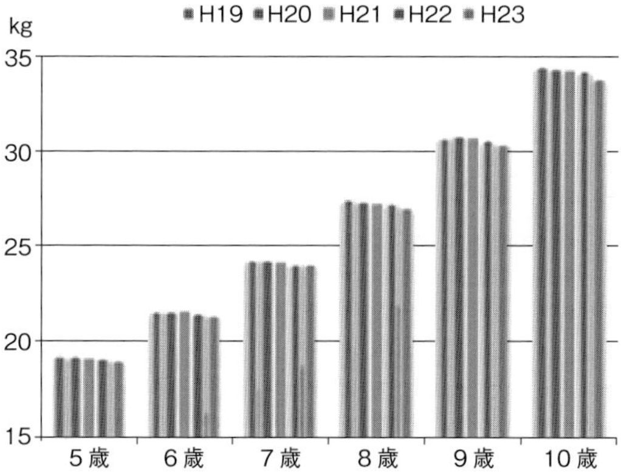

図 4.3　子どもの体重減少の推移（内閣府）

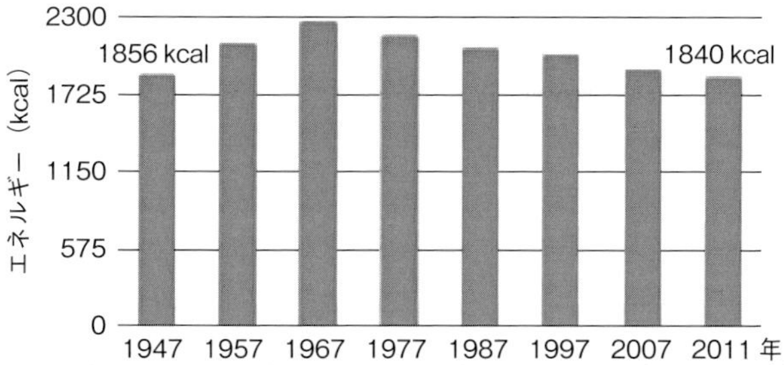

図 4.4　エネルギー摂取量の推移（1 日あたり平均，男女計）（厚生労働省）

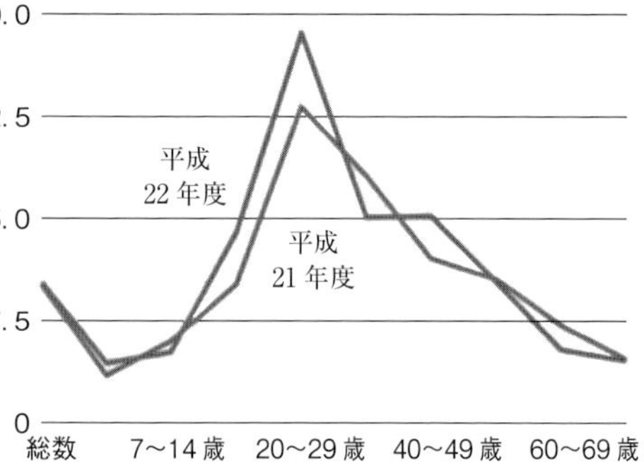

図 4.5　日本人の朝食欠食率（厚生労働省）

ロリーが低下する深刻な事態に直面している（図 4.4）.

⑩ 18〜25 歳の女性たち約 50 名の 1〜3 カ月に及ぶ食事記録の結果では，一汁三菜の日本食スタイルはまれであり，パンやパスタといった洋食が定番であることがわかった．また，朝食の欠食率が非常に高く，お菓子が食事がわりというケースも少なからず見受けられる（図 4.5）.

このような崩壊しつつある日本の食文化を変えていく必要がある.

c. 世界で日本の「食」が注目されている.

2013 年に訪日外国人旅行者数が 1000 万人を超えた．観光客のうち，訪日の楽しみの第 1 位が和食である．日本の食事を楽しみにしている．これは，日本の食事がおいしいという理由ももちろんあるが，それだけではない．日本料理がもつ見た目の美しさ，季節感，そして，日本人の「おもてなしの心」が外国人の心に響いている（表 4.2）.

世界中に「和食店」が広がりを見せている．しかしながら，その和食店を経営している 9 割が中国人や韓国人であるという．「和食」が世界中に広まっていくことは大切であるが，日本人として，「和食」について深く学び世界中の人びとに日本人が発信していくことが大切であると考える.

表 4.2 訪日外国人へのアンケート

●外国人観光客が「訪日前に期待すること」
第 1 位「食事」（62.5%）
（出典：JNTO 訪日外客訪問時調査，2010 年）

●外国人観光客が好きな外国料理
第 1 位「日本料理」（83.8%）
（出典：日本貿易振興機構調査，2013 年 3 月，
複数回答可，回答者数に対する回答個数の割合，
自国料理は選択肢から除外）

●海外の日本食レストランの数
2013 年　約 5 万 5 千店
（外務省調べ，農林水産統計）

d. 2012年3月にユネスコの無形文化遺産に和食を登録申請

1) 外国人から高く評価される和食

四季折々の食材を活かす知恵や工夫，年中行事との結びつきなど，日本人が「食」に対して抱く自然に対する畏敬の念を，未来に伝えるべき文化であるとして申請された．この取組は，日本人一人ひとりが「日本の食文化」，「地域の食文化」についてあらためて考える機運の盛り上がりを期待して動き出した．日本食文化に注目する動きは，国内よりもむしろ海外で盛んであるといえる．日本食は，見た目に美しく，健康的であるとして世界から注目を浴びており，日本を訪れる外国人の多くは日本で日本食を食べることを楽しみにしている．また，日本の食文化は「丁寧さ」，「繊細さ」，「真面目さ」といった点で本来の日本人らしさが表れており，それが外国人からも高く評価されている（農林水産省：日本食文化ナビ）[28]．

2) 海外における食文化の無形文化遺産登録の動向

和食以外に四つの食文化が無形文化遺産として現在登録されている．

①フランスの美食術（フランス，2010年）

②メキシコの伝統料理（メキシコ，2010年）

③地中海の健康的な食事（スペイン，ギリシャ，イタリア，モロッコ，2010年）

④ケシケキの儀式的な伝統料理（トルコ，2011年）

①フランスの美食術：　フランスの美食術は出産，結婚，誕生日等の生活における最も重要なときを祝うための社会的慣習であるとし，フランスの食事をその慣習や関連するノウハウ等と併せて，無形文化遺産として登録している．この場合の食事は，ノルマンディー料理であり，プロヴァンス料理でもあり，ブルゴーニュ料理でもあり，さらには他国からの影響を柔軟に受け入れ，そこから生まれる新しい味も含まれうる．

②メキシコの伝統料理：　7000年前より代々口伝されている伝統が色濃く反映されている料理である．環境に調和した伝統農法により栽培された，とくに，トウモロコシ，マメ，トウガラシの三つを基本とした多様な国土にもとづいた多様な農産物を使用する料理である．本料理は，環境との共生，地域社会のつながり，自国のアイデンティティー等において非常に大きな意味をもち，誕生や死などの人生のできごと，伝統的な祭礼，儀式などにおける核としての役割を果たす．

③地中海の健康的な食事：　穀類，魚類，その保全・加工・消費にかかわる風

景から食事に至る技術，知識，習慣および伝統にもとづく社会的慣習である．魚介類，穀類，乳製品，野菜，果物類等をバランスよくとり，油脂分は肉類を少量，オリーブオイルを中心として摂取する．本料理には，コミュニティの健康，生活の質，よりよい生活に資するもので，適量のワインを交えながら，ゆっくりとコミュニケーションする食事スタイルを含む．

④ケシケキの儀式的な伝統料理：「ケシケキの伝統」とは結婚式や割礼式，祝日，雨乞いなどの儀式において連帯感を強めるために行われる社会的・文化的慣習であり，儀式の主催者が「ケシケキ」と呼ばれる料理（麦粥のようなもの）をふるまう．小麦の脱穀やすりつぶす際に一定のリズムに乗って調理する方法は伝統的な慣習である．

3) 日本の和食の定義

<u>特徴 1. 多様で新鮮な食材と素材の味わいを活用</u>

日本の国土は南北に長く，海，山，里と表情豊かな自然が広がっているため，各地で地域に根差した多様な食材が用いられている．また，素材の味わいを活かす調理技術・調理道具が発達している．

<u>特徴 2. 栄養バランスがよく，健康的な食生活</u>

一汁三菜を基本とする日本の食事スタイルは理想的な栄養バランスといわれている．また，「うま味」を上手に使うことによって動物性油脂の少ない食生活を実現しており，日本人の長寿，肥満防止に役立っている．

<u>特徴 3. 自然の美しさの表現</u>

食事の場で，自然の美しさや四季の移ろいを表現することも特徴のひとつである．季節の花や葉などで料理を飾りつけたり，季節に合った調度品や器を利用したりして，季節感を楽しむ．

<u>特徴 4. 年中行事とのかかわり</u>

日本の食文化は，年中行事と密接にかかわって育まれてきた．自然の恵みである「食」を分け合い，食の時間をともにすることで，家族や地域の絆を深めてきた．

e. なぜ，いま「和食」が人気なのか

1) 和食の特徴（農林水産省）[27]（図 4.6）

①多様で新鮮な食材とその持ち味の尊重

②栄養バランスに優れた健康的な食生活

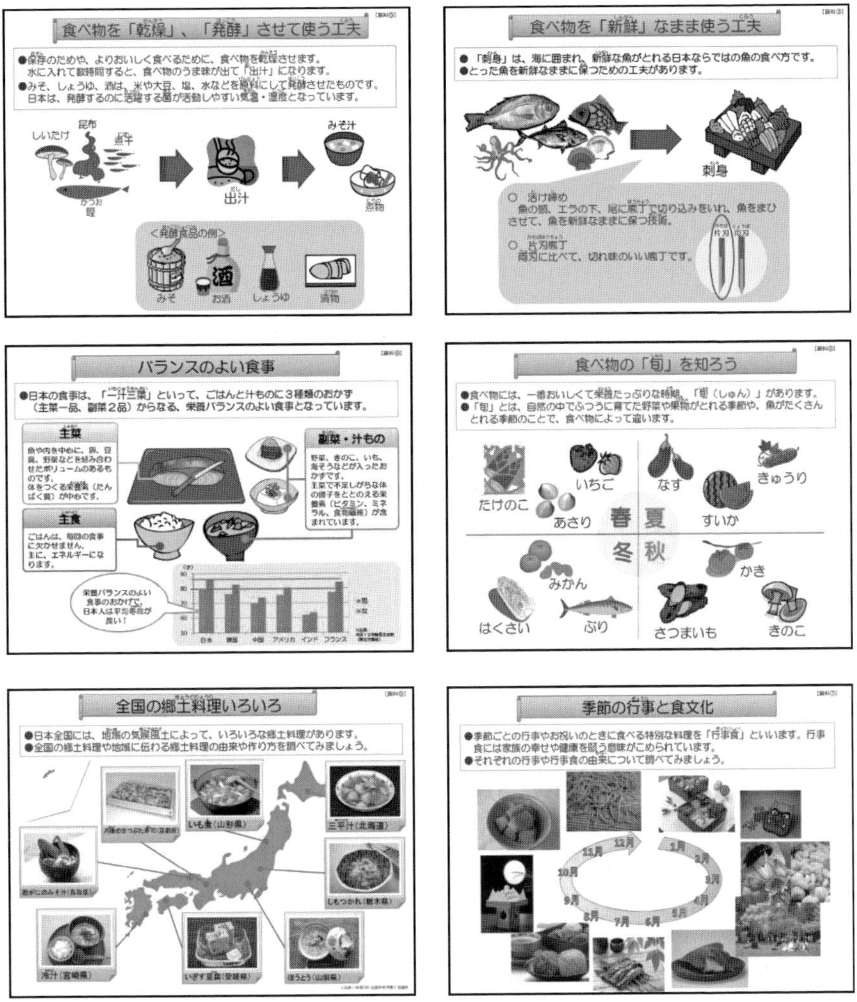

図 4.6　和食の特徴（農林水産省）

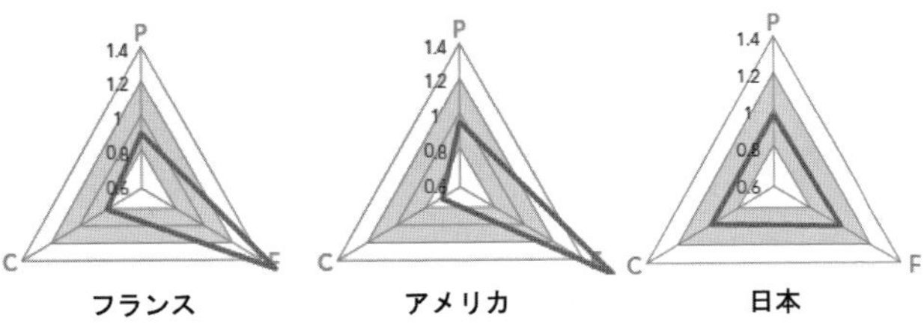

図 4.7　PFC バランスの比較（農林水産省）

③自然の美しさや季節の移ろいの表現

④正月などの年中行事との密接なかかわり

2) 日本が誇る「一汁三菜」という食文化

「和食」の主役はご飯である．ご飯が中心であり，ご飯をおいしく味わうための献立が「一汁三菜」である．一汁は味噌汁や吸い物，三菜は「主菜」と「副菜」，さらに「副々菜」である．図 4.7 は PFC バランスを 3 カ国で比較したものである．タンパク質・脂質・炭水化物は，人間にとってとくに不可欠な三大栄養素である．PFC は protein（タンパク質），fat（脂質），carbohydrate（炭水化物）の頭文字で，PFC バランスとは食事のなかでのタンパク質，脂質，炭水化物のそれぞれの摂取カロリーの比率である．健康的な生活をおくるためには，PFC バランスがタンパク質 15%，脂質 25%，炭水化物 60% が理想的とされている．つまり，日本の一汁三菜の和食は，理想的な栄養バランスであるといえる．

3) 人間の歯の構造から利にかなっている「和食」

生き物はすべて長い進化の過程をへて，種の保存に最も都合のよい，生きのびるための形を形成してきた．

肉食のライオン……肉を引き裂く鋭い牙を獲得した．

草食のウサギ……草を噛み切る前歯を発達させた．

人間……32 本．臼歯が 20 本，前歯が 8 本，犬歯が 4 本．すべての歯を発達させた．

臼歯は堅い穀物をすりつぶして食べるための歯で歯全体の 60%，前歯は野菜や果物を食べる歯で 25%，犬歯は肉などを食べる歯で 15% である．この歯の構造は，人間が長い時間をかけて身につけた機能であり，人間は何をどのように食べれば元気になれるかを示す「食べる法則」のようなものである．人間は，1 日のカロリーを穀物から 60% とり，野菜などの植物から 25%，肉や魚などから 15% とるのが，歯の構造から見る限り理想的といっていいと永山久夫（2012）[25] は主張している．つまり，「和食」は利にかなった，人類の理想的な食事といえる．

4) 「和食」から学ぶ日本人のおもてなしの心

和食には独自の作法がある．たとえば膳に向かって食べはじめるのに，まず最初に「いただきます」という挨拶を全員でする．これは自然の恵みによってわれわれが生かされているという思いから出たものである．次に何をどのように食べるか，箸をどのように使うかの心得がある．和食を食べるときの作法は，ご飯とお菜，あるいはご飯と汁というように交互に食べ，いつもご飯を間にはさんでお菜や汁をとるのが基本であった．これに反することは，古くは「移り箸」として箸のタブーの一つとされ，お菜からお菜に箸を移してはいけないとする箸の作法の一つであった．比較的味の淡薄なご飯と味の濃いお菜が口の中で適宜咀嚼されておいしく食べられると考えられてきた．近年はお菜が豊富となり，お菜だけを食べる習慣が強くなっているが，逆にもっとご飯を食べてバランスのよい食事をするためには，この方法がよいと見直され，三角食べ（お菜－ご飯－別のお菜）と称して給食で勧められている．箸と器の作法もしだいに消えつつある．先の「移り箸」をはじめ，箸で器を寄せる「寄せ箸」や，料理を箸で刺して取る「刺し箸」のほかいくつもの「嫌い箸」といわれる箸のタブーがある．箸の正しい持ち方とともにこうした箸の作法も教えていく必要がある．

f.　日本の食文化の課題

①気候・風土の多様性の上に築かれ，長年受け継がれてきた地域固有の伝統的な食文化は，高度成長期から続いた食の大量生産・大量消費による物質的な豊かさと引き換えに，農村部の高齢化や食の洋風化･簡便化等の影響により，ひとつ，またひとつと失われつつある．

全国各地にある郷土料理や，お正月におせち料理を食べる人の割合が徐々に低くなっている．このままでは，地域での郷土料理や日本の伝統料理を食べない日本人が増加していってしまう．

1000年以上続く日本の大切な食文化を後世に伝えていく教育が必要となる．
日本人は，行事食・郷土料理を通して家族との絆，地域との絆を強くしてきた．現在，そのような絆も生まれにくくなっている．

②食文化の継承以前に，栄養バランスを無視した食事構成や朝食の欠食等，基本的な食生活の乱れがある．

③急激な食生活の変化：「高タンパク，低脂肪，低カロリー」の食事をしていた日本人が，「高タンパク，高脂肪，高カロリー」になってしまった．そのことによりいままでなかったような病気がどんどん出てきている．

日本人のPFCバランスは1965年当時は炭水化物に偏っていたが，1980年には非常に理想的な配分になっていた．しかし，その後の日本人の食生活では肉や油脂類を多く摂り，主食の米を食べる量が減り，2010年には欧米型に近づきつつある（図4.8）．

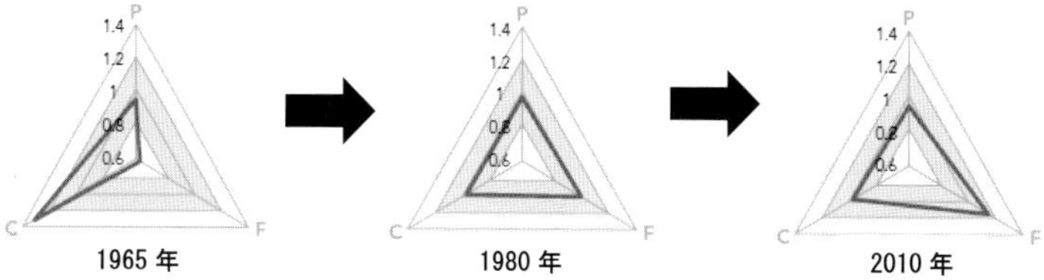

図 4.8　日本人の PFC バランスの推移（農林水産省）

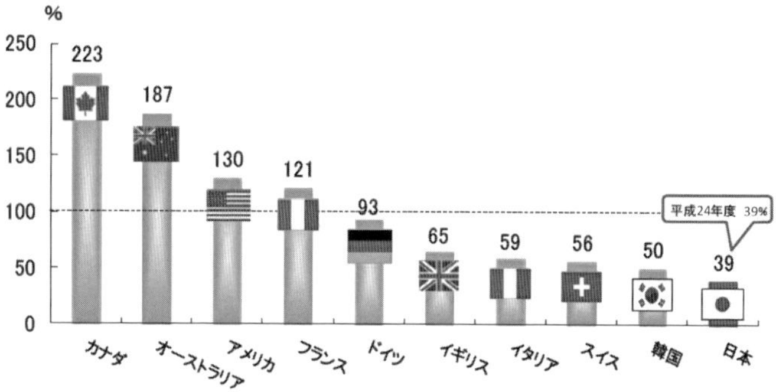

図 4.9　世界の食糧自給率（農林水産省）

④深刻なミネラル不足：　日本人のミネラル摂取量は，1965 年に比べて 1/4 に減った．ミネラルが不足すると衝動を抑えられなくなる傾向がある．

⑤日本の食糧自給率の低下：　現在日本の食糧自給率は 39% で，先進国のなかでとくに低い数値である．「和食離れ」が大きな要因となっており，食の欧米化が進む（図 4.9）．

日本の伝統的な食文化である「和食」の衰退により，「和食」から学ぶべき大切なことが忘れられつつある．

g.　実際の「和食」の授業

> 発問：日本を訪れる外国人が楽しみにしていることのランキング．第 1 位は何だと思いますか．

和食です．

今日は，和食について考えていきます．

> 発問：外国人が好きな和食ランキング第 1 位は何だと思いますか．

寿司です．魚は生で食べてもおいしい．和食の特徴です．

日本料理の名店「菊乃井」三代目当主の村田吉弘さんは次のようにいっています（永山，2012）[25]．

> 僕は世界各地でいろんな食材を食べてますけど，日本ほど素材そのもののおいしさに徹底的にこだわる国はありません．

つまり，日本の食材は素材そのものが「おいしい」ということです．

素材がおいしい理由を日本の地理的・自然的条件から考えます．

> 発問：日本は，海に囲まれています．だから，たくさんのあるものが取れます．何だと思いますか．

魚です．

> 発問：では，何種類くらいの魚介類がとれるでしょうか．

約4200種類です．

> 発問：海に囲まれている以外にどんな地理的自然的条件があると思いますか．

四季がある．山が多い．水が豊富．

> 発問：条件の一つに雨の多さがあります．雨がたくさん降るから「豊富な水」があります．豊富な水によってどんな材料が手に入れられますか．

川魚，米，野菜，山菜など．

> 発問：さらに，日本は世界の国々と比べて湿度がとても高い国です．湿度が高いことによって生まれた食品があります．何だと思いますか．

発酵食品です．日本には，世界でもまれに見るほど多くの発酵食品があります．とくに，かつお節は「和食」を支える大事な食材です．

> 説明：つまり，和食は「多様で新鮮な食材」を使った料理といえます．

> 発問：和食の基本の形はこのようにご飯と汁物とおかずがあります（図4.10）．このような形を何と言いますか．

一汁三菜です．

> 発問：一汁三菜の形は何時代から始まったのでしょうか．

平安時代からあったのです．1000年以上続く日本の伝統的な食事の形なのです．

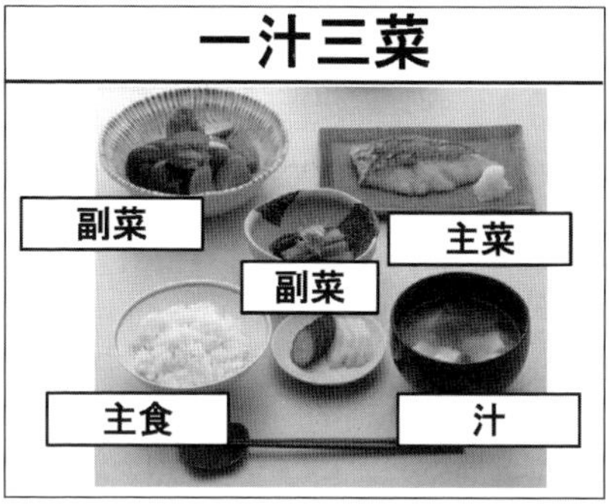

図 4.10　一汁三菜（農林水産省）

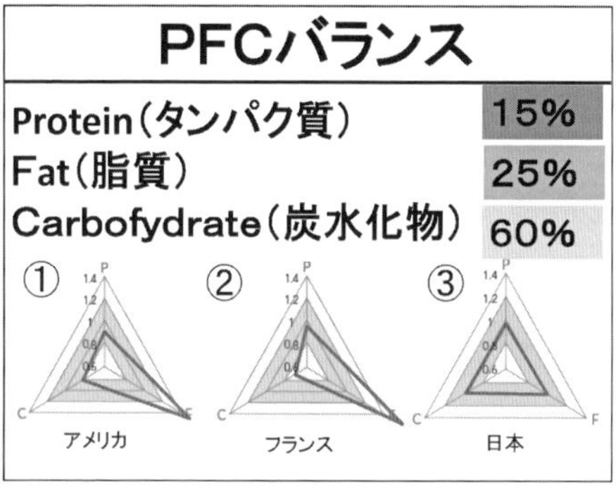

図 4.11　PFC バランス（農林水産省）

発問：現在，世界中が日本の一汁三菜に注目しています．どうしてでしょうか．

身体によい．バランスがとれた食事．これは，PFC バランスといいます（図 4.11）．健康によい理想的な栄養のバランスです．

発問：①～③の中で日本の和食はどれだと思いますか．

③です．

日本の「和食」は理想的な栄養バランスの料理であることがわかります．

このことを別の角度から見てみます．

発問：ライオンは何を食べますか．

肉ですね．だから，犬歯が進化しました．

発問：うさぎは何を食べますか．

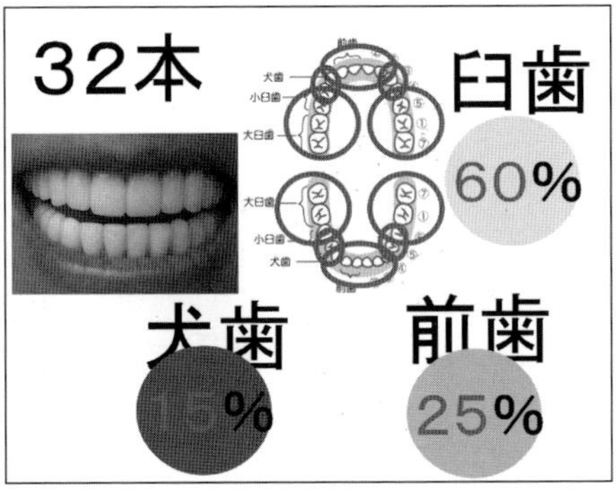

図 4.12 人の歯の構成（永山，2012）[25]

草です．だから，前歯が進化しました．

では，人です．人は，穀類をすりつぶす歯である臼歯が 20 本．野菜を食べるための前歯が 8 本．肉を食べるための犬歯が 4 本です（図 4.12）．

発問：これらを割合にして見てみます．何か気づいたことはないですか．

PFC バランスの割合と同じです．

和食は，人類の進化に合った料理といえるのかもしれません．

発問：このような栄養バランスのよい料理である「和食」を食べてきた日本は長寿大国となっています（図 4.13）．都道府県別の平均寿命ランキングベスト 5 です（図 4.14）．何か気づいたことはありませんか．

長野県が 1 位．それと，20 年前は 1 位だった沖縄県が一気に順位を下げている．

発問：どうして沖縄県の平均寿命の順位は下がってしまったのでしょうか．

理由はさまざまあるといわれていますが，その一つがアメリカ軍基地がたくさんあり，沖縄の人びとの食生活に大きな変化がもたらされたことです．「和食」から肉中心の食生活になったのです．

説明：つまり和食とは「健康的な料理」といえます．

発問：お正月にはみんなは何を食べますか．

おせち料理，お雑煮，おもちなど．このように，特別な料理を食べる日を「ハレの日」といいます．日本には「ハレの日」がたくさんあります．そして，その際に食べるものすべてに願いや意味が込められています（図 4.15）．

図 4.13 長寿大国日本（厚生労働省）

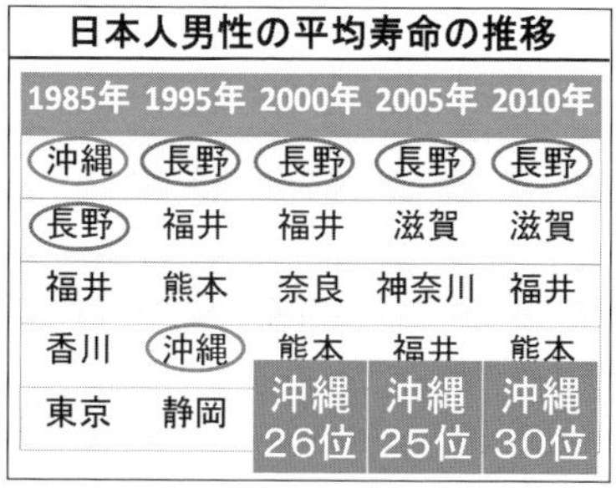

図 4.14 日本人男性の平均寿命の推移（厚生労働省）

図 4.15 日本の「ハレの日」（農林水産省）

> 発問：七福神がもっているものは何ですか．

鯛です．

> 発問：どうして鯛をもっているのでしょうか．

めでたいから．

> 発問：実は他にも意味があります．

日本には，昔から縁起がよい色がありました．赤色です．日本では，赤色は邪気を払う色だとされてきました．だから，鯛を食べるのですね．

> 発問：では，他に赤色の食べ物は何がありますか．

海老，いくら，かになど．

> 発問：赤飯もあります．では，赤飯はどのようなときに食べますか．

成人式，結婚式など．人生の大切な節目に願いが込められた食べ物を食べるのです．「ハ

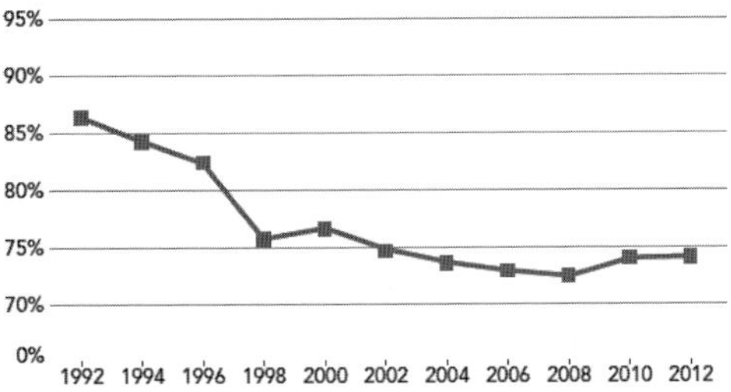

図 4.16　お正月におせち料理を食べた人の割合（博報堂生活総合研究所）[8)]

レの日」に一人ではなく家族が集まり，和食を囲んできたのです．

説明：つまり，和食とは家族の絆を深める料理といえます．

発問：日本人が1000年以上前から作り上げてきた日本の文化である「和食」．昨年，あるものに登録されました．何でしょうか．

無形文化遺産です．さらに世界から注目されることになった「和食」です．

発問：現在，おせち料理を食べる人の割合は増えていると思いますか．減っていると思いますか．

年々減っています（図 4.16）．つまり，和食を食べる日本人が減少しているのです．その結果，栄養バランスがよかった日本人の食事も最近バランスが崩れ始めているのです（図 4.8 右図）．日本の大切な食文化である「和食」について，これからもっと勉強し考えていきましょう．

指示：授業の感想を書きなさい．

4.7　「和食」の授業に対する児童の感想

今回の授業を筆者のクラスの子どもたちに行った．子どもたちは，「和食」についてとても興味・関心をもったようである．授業後に数名の児童に「楽しかったか」聞くと，「とても楽しかった」と答えていた．子どもたちに「和食」について楽しく授業をすることができた．授業では，日本近海でとれる魚の種類の多さに驚き，また，「和食」が健康食であることにも驚いていた．

また，4時間目に本授業を行った．授業直後は給食であり，やんちゃ児童がすぐに献立表を見に行き「先生，今日は和食ではありません．パンなので洋食です．」

と言い，教室が大爆笑となった．

以下，児童の感想である．

○日本は，他の国からも好かれているのにうれしくなりました．私はとても和食を好きになり，これからは和食も好き嫌いせず，バランスのよい和食をたくさん食べたいです．一汁三菜を中心とした和食が無形文化遺産になってすごいし，洋食よりあれほどバランスがよいのはなぜなのか，気になりました．とくに生で食べるお刺身やお寿司などはめずらしくて外国の方々に気に入られていることが分かりました．

○和食で気になる点やいまの食文化についてよくわかりました．とくに驚いたのは，和食を作っているのに日本人があまり食べていなかったということでした．僕たちも，いいときや祝日，他の日に「和食」を食べていきたいです．

○洋食ばかり食べていたけど，動画を見て PFC バランスを考えながら和食を食べようと思った．あと，和食の大切さが分かった．

○和食はあまり好きではないが，今日の授業で大切さや，栄養が入っていることを知った．自分でもインターネットや本で調べていきたいと思った．

○今日和食について知ったことは，三つあります．一つ目は，栄養のバランスがいいということ．日本の方が PFC バランスがいいです．二つ目は，魚は生でもおいしいこと．日本以外で生で食べる国はそんなにありません．三つ目は，めでたいということ．お正月などめでたい日に和食を食べるのがほとんどです．これらのことを知って，和食は無形文化遺産に選ばれたのに，日本人が食べないのにはがっかりでした．なので，私はちゃんと和食を食べようと思いました．それと和食は，家族の絆を深めることを知ったので，ますます食べようと思いました．

○きれいな正三角だったバランスが一気に崩れてしまっていて，外国人がいろんな料理を気にするようになってきてくれていてありがたいんだけど，この和食づくりや和食を食べる人が日本から消えたら，だれが続けていくんだということと，外国人の人に申しわけないと思ったし，せっかく，無形文化遺産になっていたのに，これが幻の無形文化遺産で辞書に和食という言葉がのらないなんて少し悲しくなった．和食は，「ハレの日」だけ食べればいいやなんて思って，「ハレの日」以外は食べないで洋食を食べようという話になってしまうのは，ぼくは嫌だと思った．この日本独自の料理があるんだから，一週間の半分以上は和食を食べて，バランスのよい食事をしようと思う．

○日本は食べ物に恵まれていて，和食だっていろいろあるのに，和食を食べないなんてもったいないと思った．

○おせちは苦手で，あまり食べないけれど，今年は黒豆を食べられたから少しずつ好きになっていこうと思う．また，これからも和食を食べようと思う．日本は，和食が無形文化遺産になっているのに，食べなくなってきているからもったいないと思う．和食は好きだからもっと食べたいなと思う．

[松島博昭]

文　献

1）味の素株式会社，出前授業だし・うま味の味覚教室，テキスト・指導案・情報集・紙芝居のダウンロード　https://www.ajinomoto.co.jp/kfb/demaejugyo/download.html
2）渥美育子：世界で戦える人材の条件」，PHP 新書，2013.
3）伏木　亨：グルメの話　おいしさの科学，恒星出版，2001.
4）伏木　亨：うまさ究める，かもがわ出版，2002.
5）伏木　亨：人間は脳で食べている，ちくま新書，2005.
6）伏木　亨：コクと旨味の秘密，新潮新書，2005.
7）伏木　亨：おいしさを科学する，ちくまプリマー新書，2006.
8）博報堂生活総合研究所：「生活定点」調査，博報堂ウェブサイト．http://seikatsusoken.jp/teiten2014/
9）サミュエル・P・ハンチントン：文明の衝突と 21 世紀の日本，集英社新書，2000.
10）原田信男：和食と日本文化，小学館，2005.
11）原田信男：食べるって何？　食育の原点，ちくまプリマー新書，2008.
12）原田信男：日本人は何を食べてきたのか，青春出版社，2010.
13）マーヴィン・ハリス：食と文化と謎，岩波現代文庫，2001.
14）服部幸應，三國清三：味覚を磨く，角川 one テーマ 21，2006.
15）井上幸子，江口敏幸：たべもの・食育図鑑，群羊社，2009.
16）加藤直美：コンビニ食と脳科学，祥伝社，新書 ,2009.
17）小泉武夫：食と日本人の知恵，岩波現代文庫，2002.
18）小泉武夫：食の堕落と日本人，プレミア健康選書，東洋経済新報社，2004.
19）小泉武夫：すごい和食，ベスト新書，2011.
20）熊倉功夫：日本料理の歴史，吉川弘文館，2007.
21）松下幸子：江戸料理読本，ちくま学芸文庫，2012.
22）宮内泰介，藤林　泰：かつお節と日本人，岩波新書，2013.
23）宮崎正勝：知っておきたい食の歴史，角川ソフィア文庫，2009.
24）森枝卓士，南　直人：新・食文化入門，弘文堂，2004.
25）永山久夫：なぜ和食は世界一なのか，朝日新書，2012.
26）21 世紀研究会：食の世界地図，文春新書，2004.
27）農林水産省：日本の伝統的な食文化，農林水産省ウェブサイト．http://www.maff.go.jp/j/keikaku/syokubunka/culture/pdf/guide_all.pdf
28）農林水産省：日本食文化ナビー食文化で地域が元気になるために，農林水産省ウェブサイト．http://www.maff.go.jp/j/keikaku/syokubunka/vitalization/pdf/bookall.pdf
29）奥井　隆：昆布と日本人，日系プレミアシリーズ，2012.
30）柴田書店編：だしの基本と日本料理ーうま味のもとを解き明かす，柴田書店，2013.
31）高平鳴海：図解食の歴史，新紀元社，2012.
32）竹田恒泰：日本はなぜ世界で一番人気があるのか，PHP 新書，2010.
33）竹田恒泰：日本人はいつ日本が好きになったのか，PHP 新書，2013.
34）武光　誠：食の進化から日本の歴史を読む方法，河出書房新社，2009.
35）辻　芳樹：和食の知られざる世界，新潮新書，2013.
36）上山明博：「うま味」を発見した男，PHP 研究所，2011.

5
「日本の優れた発酵食品」の授業

5.1　授業までの経緯

2010年2月20日（土）．千葉市立高浜第一小学校の4年1組で，筆者は飛び込み授業を実施した．日本教育技術学会の発表を兼ねた研究大会である．

児童が担任の先生と学習してきた「野田の醤油工場」の単元を扱ってほしい．

これが筆者への要望だった．筆者は「野田の醤油工場から日本の発酵技術へ」のテーマで授業をすることにした．授業は体育館で実施され，非常に多くの先生方が参観された．授業は映像にも記録されている．そのDVDと授業記録，参観者の分析・批判等はすべて入手することができる（谷，2012）．

5.2　授業の構想にあたって

1）　単元名

野田の醤油工場から日本の発酵技術へ（「わたしたちの県」からの発展単元）

2）　本単元で学ばせたい知識

①発酵食品が人類の食生活を安定させる上で担ってきた役割とそれが成立した歴史

②発酵食品が現在の人類にもたらしているさまざまな恩恵

③発酵食品の中で日本の醤油の独自な発展と外国への影響

④発酵技術が食品以外の分野で果たしている役割

3）　単元の指導計画（飛び込み授業のため1時間のみ）

①野田のしょうゆ工場を調べよう（担任のクラスで実施済）

②発酵についてさらに知ろう（本時）

③発酵についてさらに調べよう

4) 授業で扱いたいおもな内容

第一に，発酵食品が人類の食生活を安定させる上でどのように登場してきたのか，その大きな歴史の流れを教えたい．醤油を含む発酵食品は，人類が食生活を安定させてきた文明の歴史と深いかかわりがある．狩猟や漁労ではなく自ら育てるという生産活動によってその安定はもたられた．それが動物であれば牧畜であり，植物であれば農耕である．牧畜文明はおもに小麦の文化と結びつき「パンと肉とミルク」主体の食生活を形成する．したがって発酵による食品の保存は「チーズとヨーグルト」の方向へ向かう．これに対して農耕文明はおもに米の文化と結びついた．水田や河川の漁撈による「米と魚」が主体の食生活を形成する．したがって，発酵による食品の保存は魚醤から始まり，やがて大豆等による穀醤へと展開する．日本の味噌・醤油はこの穀醤であり，発酵を促すのに米麹等が用いられている．

第二に，発酵が人類にもたらしたさまざまな恩恵を教えたい．発酵とは，要約していえば「微生物等の働きによって人間にとって有益な物質をつくりだすこと」である．食品に微生物が繁殖してその成分が変化することであり，仕組みは腐敗と同じだが，人間にとって有用な場合に発酵と呼ぶ．食材を発酵させることにより作られる食品が発酵食品である．人類は数千年以上前から発酵食品を取り入れてきた．現在の発酵食品も，もともとは偶然からできた産物であり，その国の気候や風土，嗜好性等を大きく反映している．発酵が食品の味や風味を向上させることはもちろん，その成分は健康にも有益であることが確かめられている．香りをよくするフラノン類は体液の酸化を防ぐ抗酸化作用が強い．色素成分であるメラノイジンは肝ガン抑制作用や血圧降下作用等，さまざまな効用がある．他にもコレステロール低減作用，ミネラル吸収促進作用，便秘改善作用，動脈硬化抑制作用等，多くの研究成果が報告されている．

第三に，そうした発酵食品のなかで，日本の醤油が果たしてきた役割を教えたい．日本における醤油の年間消費量は1人当たり8.4リットル（2000年）といわれる．ビールの消費量56.4リットル（1999年）の約15%で，瓶ビール約10本を飲むと，1リットルペットボトル醤油を1本使う計算になる．醤油の原型である醤は中国から伝わったといわれているが，日本の醤油はきわめて独自性の強い発展をとげており，現在では海外にまで広く影響を与えている．中国から伝わったものが完全に消化吸収され，日本独自のものになっているのである．現在，世界的に影響を与えている「和食」のスタイルは醤油という調味料を抜きにしては成立しない．また,「うま味」として知られるグルタミン酸ナトリウム等の科学物質を抽出し，日本酒，味噌，醤油等の伝統的な発酵技術がつくりだすうま味と健康促進作用の秘密を明らかにし,工業的に成功させたのも日本の化学者たちであった．

第四に，こうした発酵食品は，発酵産業全体のなかでは２割程度を占めるにすぎないという事実も，できれば教えたい．他の８割はまったく異なる分野で発展をしている．たとえば，医薬品の分野では抗生物質，抗ガン剤，抗潰瘍剤等に．アミノ酸や糖類などの化学製品も発酵で生産されている．洗剤や練り歯磨き等に添加されている酵素も発酵で生産されているし，各家庭から出る生活廃水をきれいにして河川に放流できるのも発酵の作用である．

このような点のなかからいくつかを取り上げ，子どもにとって身近な事例を通して，醤油と発酵についての授業をする．

まず，児童が初めて触れるであろう知識を，パソコンの画面等の効果的な提示によって習得させたい．次に，それらの知識をどのように活用したいかを話し合わせたい．その上で，どんなことを，どのような方法で探求していけばよいかを考えさせたいと考えた．

5)　準　備

教師：スマートボード　パソコン　プロジェクター

児童：教科書　ノート　鉛筆　赤鉛筆

6)　本時の目標

醤油をはじめとする日本の発酵食品の歴史と効用を知り，さらに調べてみたいことを考えることができるようにする．

7)　指導過程

学習活動・内容	指導上の留意点
1　身近な発酵食品をあげ，その効用について知る． 2　発酵について，資料から考える． ①牧畜文明と発酵	○児童にとって身近な事例を取り上げ，できるだけ多くの経験を発表させる．それによって，醤油や発酵食品についての情報を交流し，その後の授業の中で必要に応じて取り上げる．

②農耕文明と発酵 ③醤油の成分とその効用 ④醤油料理と「うま味」 ⑤発酵とは何か	○教師が準備した資料をパソコンによって効果的に投影する．スマートボード等の機器やスマートノートブック等のソフトウェアを有効に活用する．
3　資料をもとに，これから研究してみたいことをグループで話し合う．	○書かせる，話し合わせる，発表させるなど，児童の活動を多く取り入れながら進める．
4　調べるための方法や，調べるために必要な資料等を考える．	○学んだことをもとに，どのようなことを，どのような方法で調べていけばよいかを，考えさせ，発表させる．難しい場合にはフォーマットを提示する．

5.3　授業の実際（授業記録の抜粋）

授業記録をもとに，実際の授業の流れを紹介する．

↑枠囲みは教師の重要な発言．

↑点線の枠囲みは子どもたちのおもな発言．

1)　麹って知ってる？

みんなは野田の醤油工場の勉強をしてきたんですよね．
工場にも行きましたね？

麹を知っていますか？
知っている人？（挙手多数）
見たことある人？（挙手なし）

今日は，麹持ってきました．
配ります．（袋を配る）
1人2個もらってください．
もらったら，袋を開けていいです．

中から出したり，触ったり，においをかいでみたり，内緒で食べたりしていいです．

錯　視　入　門

北岡明佳著

B5変判　248頁　定価（本体3500円+税）（10226-0）

錯視研究の第一人者が書き下ろす最適の入門書。オリジナル図版を満載し，読者を不可思議な世界へ誘う。〔内容〕幾何学的錯視／明るさの錯視／色の錯視／動く錯視／視覚的補完／消える錯視／立体視と空間視／隠し絵／顔の錯視／錯視の分類

シリーズ現代博物館学1 博物館の理論と教育

浜田弘明編

B5判　196頁　定価（本体3500円+税）（10567-4）

改正博物館法施行規則による新しい学芸員養成課程に対応した博物館学の教科書。〔内容〕博物館の定義と機能／博物館の発展と方法／博物館の歴史と現在／博物館の関連法令／博物館と学芸員の社会的役割／博物館の設置と課題／関連法令／他

大工道具物語 —竹中大工道具館収蔵品—

安田泰幸画・竹中大工道具館文

A5判　144頁　定価（本体1600円+税）（68020-1）

大工道具の水彩カラースケッチ約200点に，大工道具の歴史・役割，道具を使う職人のものづくりの精神などエッセイ風の文章を添えて，道具の魅力を印象的に伝える。〔内容〕大工道具の歴史／さまざまな大工道具／建築と木のはなし／他

つなぐ 環境デザインがわかる

日本デザイン学会環境デザイン部会著

B5変型判　164頁　定価（本体2800円+税）（10255-0）

デザインと工学を「つなぐ」新しい教科書〔内容〕人でつなぐデザイン（こころ・感覚・行為）／モノ（要素・様相・価値）／場（風土・景色・内外）／時（継承・季節・時間）／コト（物語・情報・価値）／つなぎ方（取組み方・考え方・行い方）

世界自然環境大百科〈全11巻〉

大澤雅彦総監訳　地球の生命の姿を美しい写真で詳しく解説

1. 生きている星・地球

大原　隆・大塚柳太郎監訳

A4変判　436頁　定価（本体28000円+税）（18511-9）

地球の進化に伴う生物圏の歴史・働き（物質，エネルギー，組織化），生物圏における人間の発展や関わりなどを多数のカラーの写真や図表で解説。本シリーズのテーマ全般にわたる基本となる記述が各地域へ誘う。ユネスコMAB計画の共同出版。

3. サ　バ　ン　ナ

大澤雅彦・岩城英夫監訳

A4変判　500頁　定価（本体28000円+税）（18513-3）

ライオン・ゾウ・サイなどの野生動物の宝庫であるとともに環境の危機に直面するサバンナの姿を多数のカラー図版で紹介．さらに人類起源の地サバンナに住む多様な人々の暮らし，動植物との関わり，環境問題，保護地域と生物圏保存を解説。

6. 亜熱帯・暖温帯多雨林

大澤雅彦監訳

A4変判　436頁　定価（本体28000円+税）（18516-4）

日本の気候にも近い世界の温帯多雨林地域のバイオーム，土壌などを紹介し，動植物の生活などをカラー図版で解説．そして世界各地における人間の定住，動植物資源の利用を管理や環境問題をからめながら保護区と生物圏保存地域までを詳述。

7. 温　帯　落　葉　樹　林

奥富　清監訳

A4変判　456頁　定価（本体28000円+税）（18517-1）

世界に分布する落葉樹林の温暖な環境，気候・植物・動物・河川や湖沼の生命などについてカラー図版を用いてくわしく解説．またヨーロッパ大陸の人類集団を中心に紹介しながら動植物との関わりや環境問題，生物圏保存地域などについて詳述。

9. 北極・南極・高山・孤立系

柴田　治・大澤雅彦・伊藤秀三監訳

A4変判　512頁　定価（本体28000円+税）（18519-5）

極地のツンドラ，高山と島嶼（湖沼，洞窟を含む）の孤立系の三つの異なる編から構成されており，それぞれにおける自然環境，生物圏，人間の生活などについて多数のカラー図版で解説。さらに環境問題，生物圏保存地域についても詳しく記述。

10. 海　洋　と　海　岸

有賀祐勝監訳

A4変判　564頁　定価（本体28000円+税）（18520-1）

外洋および海岸を含む海洋環境におけるさまざまな生態系（漂泳生物，海底の生物，海岸線の生物など）や人間とのかかわり，また沿岸部における人間の生活，保護区と生物圏保存地域などについて，多数のカラー写真・図表を用いて詳細に解説

いろいろ調べてごらん．
1分だけです．

「醤油のにおいする．」
「先生！これって食べれるの？」

2)　気づいたことを言い合う

気がついたこととか，思ったこととか何でもいいから，近くの人と相談してごらん．

「まずい……」
「においは同じ．」
「醤油のにおいと同じ！」

「この袋の中に入ってる米と玄米のにおいは醤油のにおいがしました．」

「私も二つとも醤油のにおいがしました．」

「米は堅くて，麦はやわらかい．」

「醤油のにおいはするけど，食べてみると醤油の味はしないで何の味もしないです．」

「食べたらまずかった．」

「米のほうは1粒が大きくて，麦のほうは1粒が小さかったです．」

「餅米はやわらかかったです．」

「餅米の色と玄米の色は，玄米の色は茶色だったけど，餅米の色は白かったです．」

たぶんお醤油工場でみんなが見せてもらったりした麹は，このようなものだと思います．
（写真資料を提示）

3)　ブドウを腐らせると

話を変えます．

ブドウ知ってる？
ブドウを，ずっと食べないで，冷蔵庫から出したままずっと置きっぱなしにしておくとどうなるか知ってる？

「腐る.」

腐ったブドウ見たい？　見せるよ.（写真資料を提示）
腐っているように見えますが，これは実は，上手に人間が作っている様子です. これをこのまま上手に発酵させていくと，どうなるか知っていますか？

どんな食品になるでしょう？
みんなで言ってごらん.

「ワイン」

先生も大好きな，ワインになるんだね.
そのまま置いといて，腐ってしまうとごみになってしまいます.
でも，人間が上手に発酵させると，ワインになって，とってもおいしくなる. 栄養もある.

4）発酵の実例：何が何に変わるか探そう

これを発酵と言います.

（「発酵」の文字を提示）
ブドウを発酵させるとワインになります.
ブドウ→（矢印）ワインだね.
ブドウ以外で，こういうのを発酵させるとこういうのになるっていうのを，知ってる人はいますか？

「醤油のもろみは発酵すると，醤油になります.」
「乳酸菌を発酵させると，ヨーグルトになります.」

なるほど. すごいですね！
醤油とヨーグルトはあっています. 矢印の前が違うんだね.

いまから相談したり，会場に来られている先生方に聞いたりしながら，
「何が何に変わる」っていうのを調べてノートに書きます.

一つでも書けたら，谷先生に言いに来ます.
はい，スタート.
（子どもの活動がスタート）

(40 秒後，1 人目の子が見せに来る）よし．ここに書いて．縦書きで．
(2 人目）これは出た．同じだった．
(3 人目）同じだ．
(4 人目）よし．書いて．
(中略)
(39 人目）OK！　それはもう出た．
自分がノートに書いていないのがあったら，できるだけたくさん写しておきなさい．

5)　子どもたちの発表

黒板に書いてくれた人，発表していきます．
次々立って言ってください．大きい声で．

「大豆を発酵させると納豆になります.」
「牛乳を発酵するとヨーグルトになります.」
「米を発酵するとお酒になります.」
「いもを発酵させると焼酎になります.」
「牛乳を発酵させるとチーズになります.」
「魚を発酵させるとくさやになります.」
「麦を発酵させるとビールになります.」
「豆を発酵させると，味噌になります.」
「鮒を発酵させると鮒寿司になります.」
「きゅうりを発酵させると，漬け物になります.」
「魚を発酵させるとしょっつるになります.」
「砂糖を発酵させると飴にあります.」
「魚を発酵させると醤油になります.」
「生ゴミを発酵させると生ゴミ退治になります.」

生ゴミを発酵させると，生ゴミ退治になるのね．

「そばを発酵させると焼酎になります.」
「麦を発酵すると，パンになります.」
「豆腐を発酵すると豆腐羊になります.」
「頭を発酵させると，キレます.」

頭を発酵させるとキレます．先生もそう思います．（笑）発酵させない方がいいかもしれませんね．でも腐らせるよりましかもしれませんね．

6) 日本生まれの発酵食品

みんなが書いた中で「日本のもの」はどれだろう.
日本で生まれた食品.
日本で生まれた食品に丸をつけていきなさい.

(子どもたちが丸をつけていく.)

味噌, 魚, くさや, いも, 米, お酒, 大豆, 納豆, 鮒, 漬け物, しょっつる, 醤油, 豆腐, ……

日本で生まれた発酵食品と外国のものとがあります.

(地図を提示)

ここが日本です.

7000年くらい前に, 人類の文明が始まりました.

原始人みたいな生活をしていたんだ.

動物を捕ったり, たまたま木の実を拾ったりしてくらしてたのが, 育てたり, それから栽培したりして, 自分たちで食べ物を作るようになりました.

それが, メソポタミアというところで始まりました.

この知恵が世界中に東と西へ伝わっていきます.

西へ伝わると, それは, 麦とパンになりました.
これが東に伝わると, 何になったでしょう.

「米」

稲と米ですね.

西に伝わると, 家畜のお肉を食べるようになりました.
お肉の文化です.
これに対して, 東に伝わると, これは何の文化になったと思う?

「魚だと思う.」

その通り, 魚です.

そして, 牛さんは, ミルクの文化です.

これに対して, 東に伝わったのは何になったでしょう.

「大豆だと思います.」

その通りです．

大豆が発酵すると，どんなものになるのでしょう．

「納豆.」
「醤油.」
「味噌.」

そのようなものになっていったんですね．

味噌や醤油は，日本を代表する発酵食品です． いまでは，世界中に広まっています． アメリカの辞書にも，醤油ってそのまま出てくるんだよ．

「えーっ」

本当はソイソースっていうんだけど，いまでは醤油で出ています．

「うわー」

7)　日本の鳥って何？

ところで，世の中にはたくさんのお花がありますね．
花の中で「日本の花」って何か知ってる？

「桜.」

その，桜です．菊だという意見もあります．
では，日本の鳥は？　キジですね．
日本のお魚は？　鮎です．
日本の蝶はオオムラサキ．
たくさんの生きものの中から，日本を代表する生きものを選んでいるのですね．

8)　働き者の微生物

いま言った生きものよりも，もっともっともっといっぱいいる生きものがいます．どんな生きものでしょうか．
こういうものです．（写真を提示）

「微生物.」

微生物や細菌，バクテリアですね．
悪い細菌ばっかりじゃないんだよ．いい細菌も世の中にはある．

「乳酸菌！」

そう，よく知ってるね．人びとは細菌と一緒に生きているんです．

それでは，日本の菌，「国菌」は何でしょうか．

「乳酸菌！」

乳酸菌じゃありません．

「酵母菌.」

おしいなぁ．

「麹菌.」

うん．
これは日本酒と味噌と醤油をつくるときのコツを表した言葉です．

〈日本酒をつくるコツ〉	一，麹／二，酛／三，造（いちきく，にもと，さんつくり）
〈味噌をつくるコツ〉	一，麹／二，焚／三，仕込（いちきく，にたき，さんしこみ）
〈醤油をつくるコツ〉	一，麹／二，櫂／三，火入（いちきく，にかい，さんひいれ）

最初は全部同じ「麹」ですね．

9)　日本の国菌

これが日本の国菌です．国の菌．（資料を提示）
本当に指定されています．読んでごらん．

「麹菌を我が国の国菌に認定する.」

「日本人の食生活は，麹菌に支えられている.」

味噌も醤油も，全部なければ日本のお食事というのはできません．
麹菌は，日本の食生活を支えている細菌なのです．

10)　お醤油を使った料理

みんなはお醤油のことを調べてきました．麹菌からできる代表的な食品がお醤油です．

お醤油を使ったお料理，いくつぐらいあると思いますか？

これは日本で一番たくさんのお料理が載っているページです．（ウェブサイトの画面を提示）
70万個のお料理が載っています．

> 「醤油」というキーワードで検索すると，どのくらい出てくるでしょうか．

これは，おうちで調べてみてください．

> 教室に帰ったら，今日の勉強からもうちょっと調べてみたいなとか，分からないことがあったなとか，おもしろかったなと思うことを何でもいいから短く感想に書いて下さいね．その感想を後で見せてくれるとうれしいです．

授業を終わります．

5.4　参観者による意見

当日，筆者の授業について，後のシンポジウムで意見をいただいた．手元のメモによるので正確ではないが，そのいくつかを紹介する．

「花まる学習会」代表の高濱正伸氏．谷の授業を100点満点で80点の点数と評定し，「学校の先生らしい授業」とコメントされた．ただし「ショーアップ」されていたので，一般にはどれくらい使えるのかわからないとの疑問も述べられた．「ショーアップ」されていたかどうか，筆者には意図しなかったことなのでわからない．またかりに「ショーアップ」されていたとして，それがどのように問題なのかもわからない．したがって上手くコメントできない．ただ,「ショーアップ」されていたという雰囲気を感じて苦々しく感じた方は，他にもおられたらしい．

植草学園大学教授の野口芳宏氏．谷の授業を100点満点で100点と評定した．光栄だが，これは誉めすぎだろう．野口先生の評価基準は一点だけ．「学力を形成したか否か」である．1時間のなかで「向上的な変容」があったかどうか，ということである．野口先生のコメントを手元のメモでみると「整然とした論理」,「会場の先生方を使った立体的な展開」,「集約したときの変化」などがよかったとのことであった．

もちろん，厳しい評価もある．

長岡造形大学教授の大森修氏．「質の高い授業」と評価しながらも，筆者が子どもに対してかけた「言葉」や「態度」に「子どもをバカにしているかのような」ニュアンスが感じられたと発言された．谷が小学校教師だった時代には見られなかったことだといわれ「大学の先生になりかけているのではないか」と評していただいた．子どもに対する言葉かけ等も含め，授業のスタイルはさまざまであり，その時どきの環境によっても異なる．大森氏の評価が正しいかどうかはわからない．しかし,それにしても貴重な意見である．筆者のどこかにそうした「不遜さ」を感じさせる要素があったに違いない．この大森氏の意見の後，筆者は授業での「柔らかさ」をかなり意識するようになった．

そして，日本教育技術学会会長の向山洋一氏．向山氏は「自分が発酵の授業をするなら」として，代案を示した．参観者中，具体的な代案を示してコメントしたのは，向山氏だけである．後日行われた「授業解説介入セミナー」でも，向山氏はさらに詳しい代案授業を実演した．筆者は，おもに「ある物質からある物質への変化」という枠組みで発酵を扱った．これに対して向山氏は「人類の歴史」という枠組みを提示した．狩猟・採集から牧畜・農耕への変化，冷蔵庫としての牧場,食料を保存する方法の獲得など,いくつもの視点を組み合わせての代案だった．

5.5 発酵やうま味を子どもたちにどう教えるか

前述の向山氏の代案を，筆者は実際に広島の別の小学校で子どもたちに授業してみた．45分間ピッタリの，熱中した展開となった．体系だった知識を教科書的に教えることはできる．しかし，子どもたちにより興味をもたせ，より意欲的に学ばせ，もっと調べてみたいと思うような知の世界に誘うには，それなりに工夫も必要である．

筆者たちの研究会では，本章で紹介したように「実際の授業」の形を通して，子どもたちへの教育のあり方を検討してきた．今後も「うま味」,「発酵」等を代表とする和食のすばらしさを，多くの子どもたちに伝えていけるような授業を開発していきたい．

［谷　和樹］

文　　献

1) 谷　和樹：映像＆活字で“プロの授業”をひも解く〈1〉谷和樹：4年社会科「野田の醤油工場から日本の発酵技術へ」の授業，明治図書出版，2012.

II

食育で伝えていきたい
和食の魅力

6 家庭における食の変遷

「家庭」ということばは，明治時代以降に使われるようになったと思われるが，その意味として「家の内，家内」，夫婦親子を中心にした血縁者が生活する最も小さな社会集団．また，その生活の場所としている．このような「家庭」で子どもたちを含めた家族が食べてきた食の変遷を通して，私たちが忘れていたものを見出し，これからの食育につながるヒントを得たい．

6.1 日常（ケ）と特別な日（ハレ）の食事の差が大きかった時代

現在の日本人の家庭の食は，日常と特別な食事との差が小さく，日常でも肉や魚を好きなだけ食べることは普通のことであるが，その様な食生活が定着したのは，50 年程度前のことである．

江戸時代は，日常食と行事食など特別な日の差が大きかった．江戸に暮らす大名でも日常食は，一汁一菜か二菜であるが，特別な日は，二汁五菜以上の食事に加えて，前後に酒と酒肴が何品も用意された．また，農村などでも鯛や海老を多用した武士以上の豪華な婚礼も見られる[1)]．

ここでは，子どものいる「家庭」の記録として，桑名藩下級武士渡部平太夫政道と養子勝之助との子育てにかかわる交換日記を例に，江戸後期の家庭の食を見てみよう．勝之助一家が越後柏崎陣屋に赴任した際，長男鐐之助一人は，祖父平太夫に預けられ桑名に残った．

柏崎では，安価な鰯を焼き干しにして，高価なかつお節のかわりとし，干し鱈も利用している．また，桑名でも柏崎でも大根の漬物用にそれぞれ 200 本以上を塩漬けとし，味噌を仕込んでいる．桑名では味噌玉を拵え，柏崎ではこうじを購入しており，米味噌と豆味噌などの地域的違いがみられる．保存食は，どちらの「家庭」でも大事な仕事であった様子がうかがえる．日常食の具体例はないが，ご飯，汁，野菜や芋類，干物を戻した煮物などに漬物といった食事が推察できる．一方，行事食は比較的細かく記述され，正月，3月の雛祭りには雑煮を食べるほか，鐐之助が疱瘡にかかった際にも雑煮を食べさせている．

このなかで長男鐐之助の誕生日12月8日には，祝いの食が用意されている[2]．

> 新屋敷おばばさま朝の内においでなさる．おせんのところでおこわを蒸してもらう．昼は子ども客．となりの子どもふたり，よこむらの勝，大寺のはる，長谷川のゑつ，金山の鉄，しんちしげ，等なり．（天保10年，1839）

子どもたちが集まり，おこわを蒸してもらうことがわかる．また，扇子，草履，半紙などお祝いをもらうのだが，食品には黒豆，みかん，串柿，おこしなどをもらっている．親はいないが，祖父母のもとで子ども中心の楽しそうな誕生祝いが伝わってくる．2年後の誕生日には，「あかのまんま，川魚とゆき大根あらめの煮つけ，豆腐に海老の煮しめなり」とある．いっぽう，柏崎には，長女ろくのお食い初め（1839）として，「小豆ご飯，豆腐の汁，はたはた，のっぺい」に酒肴として大根とはたはたの煮つけ，かぼちゃ一鉢，香の物が用意されている[3]．このような行事や通過儀礼などは，年間を通して案外多く，日常の食生活にリズムをつける役割を担っていた．

幕末に喜田川守貞が書き残した『守貞謾稿』をみると，江戸の町における庶民の日常食の概要を知ることができる．ご飯は一日に一度炊き，江戸は朝温かい白飯，味噌汁，漬物が一般的で，昼は野菜の煮物か魚の煮物または焼き物，夕は茶漬けに香の物であるという[4]．いずれにしても日常の食事は「飯（麦や雑穀も含む）・汁・菜・漬物」という基本形で，菜の中心は野菜，いも類であった．

6.2　長く続いた主食中心の家庭の食事

a.　明治時代後期の食生活の変化

伝統的な日常食では，ご飯をどのくらい摂取していたのであろう．江戸時代，それを数量的に明確にできる資料は少ない．随筆『柳庵随筆』（1848）には，夫婦と小児一人の大工の家庭の経済について記され，飯米3石5斗4升を購入している．3人家族で，2.3～2.5人分として成人1人1日分を算出すると，3.9～4.2合となる．1合144 gとすると，560～600 gである．現在の食品成分表から算出すると約2200～2500 kcalとなり，当時でも1日の摂取エネルギーのほとんどを主食に依存していたと推察される（江原ら，2009，pp. 182-183）[1]．このような食生活は，その後も長く続いた．

明治時代，日本は西洋文化を積極的に導入したが，日常食がすぐに変わることはなかった．人びとが食生活の変化を感じるようになるのは，1900年（明治33）以降のことであろう．明治後期，日本は産業革命期に入り，絹糸，絹織物などの生産のために農村では養蚕が盛んになった．桑畑の栽培面積が急増し，雑穀の畑が減少した[5]．また，年間1人当たりの米消費量は，1868～1879年の7斗から1899～1914年には10斗まで増加した[6]．すなわち，1人1日あたり2合程度から2.7合と増加したことになる．主食の摂取量が4合程度と考えればその約7割が米となる．ただし，これは平均で，地域差が大きかった．

b. 大正から昭和初期の主食

大正時代の食料消費状況を調査した森本厚吉（1920）は，米の輸出入量，酒・種子による消費米などを調整して国民の飯米用量を算出した．それによると，1人1日当たりの白米は2.64合，大麦・裸麦の飯米用，その他の穀類を加えると約4合となる．これらのことから，大正時代になっても穀類中心の日常食は継続していたと推察される[7]．

6.3 日常食を重視する視点と新しい食への啓発

明治後期には，米食率が増加するだけでなく，使用人に頼っていた中流以上の家庭で，一家の主婦が食事作りにかかわる必要性が説かれるようになる．それは，料理書，料理雑誌などを媒体として都市部の家庭に影響を与えた．

a. 家庭向け料理書の出版

家庭向けの料理書が急増するのは，1900年代になってからである[8]（図6.1）．日常食を扱った家庭料理は，それまでにはなかった多様な菜（おかず）を紹介し，和洋折衷料理を組み込んだ内容を特徴としていた．

1882年（明治15）に女性のための料理教場を開設した赤堀峯吉『和洋家庭料理法』（1904）は，料理教場で教授した日本料理と西洋料理を紹介している．日本料理には，「豚のチャップ味噌つけ焼」，「豚肉汁」などは，明治後期から生産量が急増する豚肉に味噌を使った新しい和食である[9]（図6.2）．

簗山順子『家庭実用最新和漢洋料理法』(1903)，横井玉子『家庭料理法』[10] (1903)

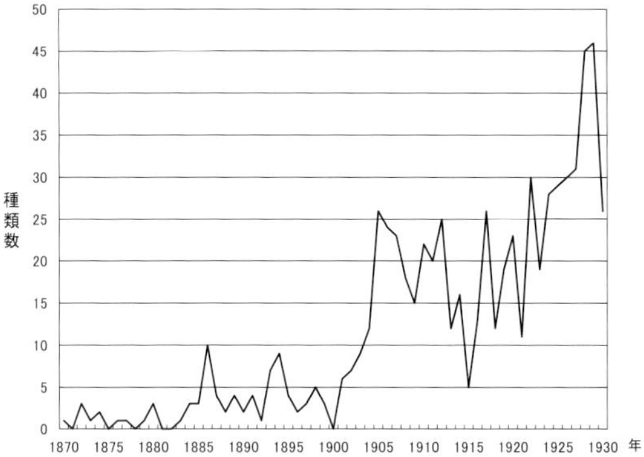

図 6.1　料理書の出版種類数（江原・東四柳（2008）[8] をもとに作成）

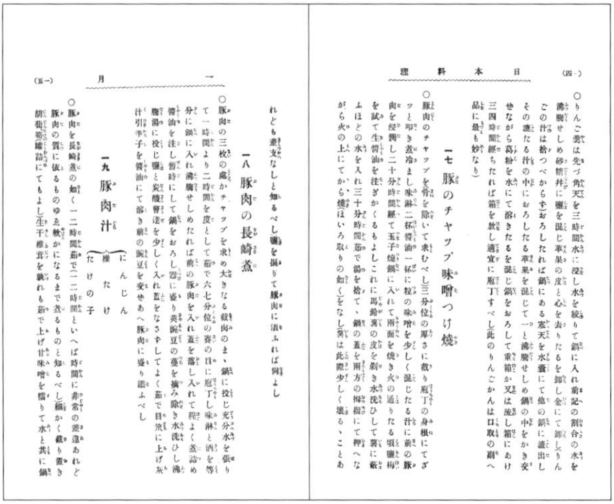

（四一）　日本料理

○りんご羹は先づ角天を三時間水に浸し水を絞りて鍋に入れ前記の割合の水を沸騰せしめ砂糖并に鹽を混じ苹果の皮と心を去りたるを卸し金にて卸し（りんごの汁は捨つべからず）おろしたれば鍋にある寒天を水嚢にて他の鍋に漉出しその漉たる汁の中におろしたる苹果を混じて一と沸騰せしめ鍋の中をかき交せながら葛粉を水にて溶きたるを混じ鍋をおろして重箱か又は流し箱にあけ三四時間経ちたれば箱を放し適宜に庖丁すべし（此のりんごかんは口取の副へ品に最も妙なり）

一七　豚のチャップ味噌つけ焼

○豚肉のチャップを骨を除いて求むべし（三分位の厚さに截り庖丁の身根にてざッと叩き煮冷まし味淋二杯醤油一杯に粒の味噌を少しく混じたる汁に前の豚肉を浸潤し二十分時間経て玉子焼鍋に入れて兩面を焼き火の通りたる頃鹽梅を試て生醤油を注ぎかくるもよしこれに馬鈴薯の皮を剥き水洗ひして薯に蔽ふほどの水を入れ三十分時間茹で湯を捨て、鍋の蓋を兩方の拇指にて押へながら火の上にてから焼（はいろ取りの如く）をなし（薯は此際少しく壊る、ことあ

（五一）　一月

れども差支なしと知るべし）鹽を振りて豚肉に添ふれば倘よし

一八　豚肉の長崎煮

○豚肉の三枚の處かチャップを求め大きなる儘肉のまゝ鍋に投じ充分水を張りて一時間より二時間を度として茹で六七分位の賽の目に庖丁し味淋と酒を等分に鍋に入れ沸騰せしめたれば前の豚肉を入れ蓋を落し入れて程よく煮詰め醤油を注し暫時にして鍋をおろし器に盛り莢豌豆の蔕を摘み除き水洗ひし沸騰湯に投じ鹽と炭酸曹達を少しく入れ蓋をなさずしてよく茹で目笊に上げ灰汁引辛子を醤油にて溶き前の豌豆を交せあへ豚肉に盛り添ふべし

一九　豚肉汁　（にんじん　椎たけ　たけの子）

○豚肉を長崎煮の如く一二時間茹で（一二時間といへば時間に非常の差違あれど豚肉の質に依るものゆゑ軟かになるまで煮るものと知るべし）細かく截り置き胡蘿蔔（罐詰にてもよし）生干椎茸を孰れも茹で上げ甘味噌を擂りて水と共に鍋

図 6.2　家庭料理書の豚肉汁（赤堀，1904）[9]

は，いずれも女性の執筆者である（図 6.3）．当時の女性による料理書が増加するのは，明治後期以降で多くが家庭向け料理書である．これらの料理書にも馬鈴薯ようかん，牛肉の煎り豆腐，牛肉の胡麻煮など洋風食材を用いた和食が紹介されている．

b.　主婦の料理作りへの啓発

雑誌『月刊食道楽』（第 1 期 1905～1907 年）は，料理屋の紹介など一種のグルメ雑誌ともいえるが，主婦も読者対象としていた．同雑誌の「飯と香の物」の記事（齊籐編，1907，pp. 48–49）[11]では，家庭の台所が「下女」まかせにして放任しないで，主婦もひととおりの知識を持ち合わせるべきと述べている．また，食事の中心はご飯なので，炊き加減を熟練しなければならないこと，香の物は食事の最後に味を引き締める大事なものだとしており，当時の食事の基本形がわかるとともに，中流以上の主婦には料理技能がなかった．さらに同時期に，江戸時代の料理書には少なかった砂糖やみりんを使った甘い煮物の和食が，東京およびその周辺を中心に家庭料理にも定着しつつあった．

c. 和食の基本形に提案された洋風料理

『家庭和洋保健食料　三食献立及料理法』（1917）[12]には，食事献立とその料理が紹介されているが，いずれも一汁二菜の形式に図示してある（図 6.4）．菜の一つに，フライやシチューなど洋風料理が入った紹介がみられ，和食の基本形のなかに新しい料理を加える提言は，飯を中心とした食事が人びとの暮らしに定着していたことを示しているともいえよう．

図 6.3　横井玉子（横井，1903）[10]

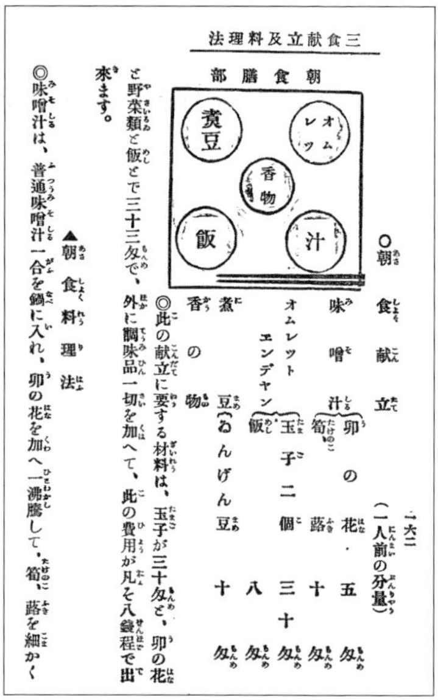

三食献立及料理法　一六二

○朝食献立（一人前の分量）

味噌汁｛卯の花・五匁／筍 蕗 十匁｝

オムレット エンデャン｛玉子二個三十匁／飯 八匁｝

煮豆（ゐんげん豆 十匁

香の物

朝食膳部

◎此の献立に要する材料は、玉子が三十匁と、卯の花と野菜類と飯とで三十三匁で、外に調味品一切を加へて、此の費用が凡そ八錢程で出來ます。

▲朝食料理法

◎味噌汁は、普通味噌汁一合を鍋に入れ、卯の花を加へ一沸騰して、筍、蕗を細かく

図 6.4　一汁二菜の菜に洋風料理を組み込む（秋穂，1917）[12]

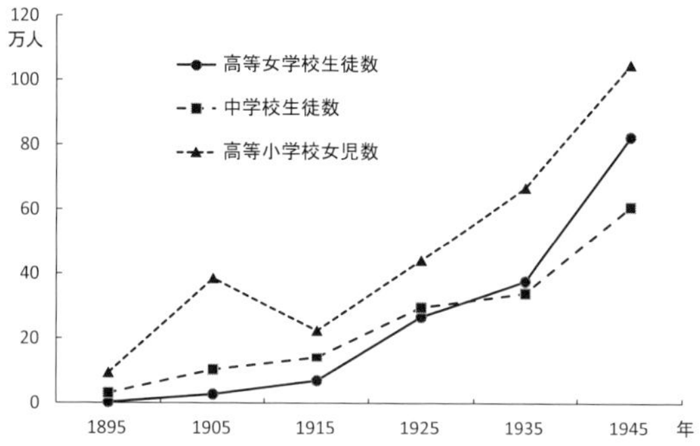

図 6.5 高等女学校の生徒数の変化（文部省（1982）[14] より作成）

この料理書の著者は，1907 年（明治 40）に東京割烹女学校を開設した秋穂益実である．秋穂は，開設理由として，最近 10 年間で女学生の数が急増し，家庭は大きく変化していると指摘し，調理教育は，主婦になってからでは遅く，女学生のうちに学ぶことが必要だと述べている[13]．高等女学校で学ぶ生徒数が 1900 年以降増加していく様子がうかがえる（図 6.5）．

d. 家庭料理を発信し続けた女性向け雑誌

家庭向け料理書が刊行されるようになる明治後期には，『婦人画報』（1905 年創刊），『婦人之友』（1908 年創刊），大正期には，『主婦之友』（1917 年創刊），『婦人倶楽部』（1920 年創刊）などが刊行され，その一部に家庭向け料理が掲載されるようになった．

『料理の友』（1913 年創刊）は，中流家庭を対象とした食の専門誌で，その多くが料理の作り方の紹介である．洋風料理を加えた華やかな内容が多いが，当時の食生活に即して，経済的な料理も提案している（図 6.6）．

大正期の記事（1919 年 10 月号）を例にみると，「子供を中心にした月見のご馳走」，「家族携帯遠足のお弁当」，「七銭前後の子供登校用弁当」などの記事がみられる[15]．子ども向けの月見の献立は，「鶏肉だんごの椀，うさぎ玉子などの口取り，千種焼き鶏卵・干しぶどう甘煮，鯵の酢蒸し，シュークリーム」と，和洋折衷料理で，作り方がていねいに説明されている．子ども向けのご馳走は，誕生日，クリスマスパーティーなどでの特集もあり，子ども中心の家庭料理が多い．また，家族の遠足用弁当は，東京の玉川電車で「二子の渡し」を訪れ，家族が川辺で楽

図 6.6　『料理の友』

しむ弁当を想定したもので,「肉だんご, 蓮根などの含め煮, 鮭のみしょう焼（照焼), しそ, ごまのおにぎり, 香の物」を紹介している. さらに, 子どもの登校用弁当の記事は, 月曜日から土曜日までの献立と作り方が紹介され, パン食もみられる.

このように, これらの雑誌には, 新しい食生活を提案する一方で, 現実の生活の対処法を示すなどの記事がみられる.

e.　子ども連れの外食

昭和初期, 都市部に増加したデパートは, 子ども連れの主婦が買物をしやすく, そこに設置された食堂は, お子さま用メニューなど親子連れや家族をも対象とした和洋食を提供した.『料理の友』(1929 年 8 月）でも, デパートの食堂として大阪大丸の訪問記を掲載している. 次のようなメニューと価格が示されている.

　中食［ちゅうじき］(80 銭), うなぎ御飯（40 銭), 親子御飯（40 銭), 江戸寿司（45 銭), ちらしずし（40 銭), ビーフステーキ（50 銭), チキンライス（40 銭), カレーライス（40 銭), サンドウイッチ（40 銭）

翌年の『料理の友』(1930 年 11 月号）には,「料理屋の半額で済む家庭料理」として,「40 銭の親子丼を 20 銭で, 30 銭のにぎり鮨を 15 銭で, 40 銭の天丼を 20 銭で, 11 銭でできるライスカレーなどを載せ, 家庭に外食を取り入れるための記事にしている. このような記事により, 新しい料理が少しずつ都市部の家庭に広がることになった.

f.　女学校の食教育

学校における食の教育は，高等女学校などを中心とした女子の中等学校で行われた．食の教育は，女子に必修の科目「家事」のなかで，栄養に関する内容が中心となった理論と「割烹」と呼ばれた調理実習が実施された．「割烹」の一部を生徒のノートからみてみる[16]．

①明治後期の調理実習例：広島県立高等女学校（1910 年）

○筍飯・清し汁・甘煮

○変わり飯，魚の塩（焼），寄せ物

○変わり飯，ビフテキ，汁，二色かん

○ご飯，魚のフライ，馬鈴薯のコフキ，清汁

②大正期の調理実習例：群馬県立前橋高等女学校（1917 年）

○ご飯・味噌汁・皿（豚の味噌焼）・粉吹馬鈴薯・青さやえんどう・葱油煎り

○オムレツ（和風），蓮根更紗和へ，馬鈴薯寄せ物，菓子（磯松風）

○桜飯・皿（馬鈴薯のオムレツ）

○コロッケー・林檎・菓子（ドーナッツケーク）

○正月料理　重詰・雑煮・汁粉・数の子・照田作・寄せ蜜柑

○ビーフシチュー・ライスカレー・アップルフリッタース・ハードソース

以上のように，洋風料理のみの場合もあるが，ビフテキ，フライ，コロッケなど洋風料理を和食の基本形に組み込んだ実習が明治後期から実施されている．この傾向は，昭和になっても大きくは変わらなかったが，しだいに計量など客観的な数値を重視し，栄養価などにも視点をおいて実習されるようになり，戦時下ではさらに強化された．

g.　国立栄養研究所の開所と栄養教育

1920 年（大正 9），国立栄養研究所が設立され，初代所長となった佐伯矩は，栄養学の研究をすすめ，栄養教育の実践につとめた．佐伯は，安価でも栄養が摂取できることを強調し，とくに朝食の味噌汁の推奨，牛乳と卵を子どもにできるだけ摂取させること，大根の青い葉を重視すること，夕食は栄養豊かに温かなものとすることなどをすすめている．そして，毎日具体的な「経済栄養献立」が各新聞に掲載された．その献立例を現在の食品成分表をもとに算出してみると，動物性食品からのタンパク質の割合が比較的高いのが特徴で，主食，とくに米に依存した食生活を改善する指導が重視されたといえよう．

6.4　明治・大正時代の子どもと家庭の食育

a.　明治時代の家庭の食生活と食育

ここでは，統計的な見方ではわかりにくい各家庭の具体的な食について見てみたい．明治 20〜30 年代に京都や大阪の都市部および周辺の農村部で子ども時代を送った人への聞き書き書[17] のなかから食に関する部分を紹介しながら，現代では忘れられがちなところを見てみたい．

○大学教授の家庭に育った京都の O（女性）さんは，長男は両親と一緒に食事を摂るが，彼女は別室において一人で食べたというが，高等女学校生になると両親とともに食べた．箸の上げ下ろしなどマナーを厳しくしつけられた．父親の指図でご飯炊きやおにぎりの握り方を教わり，帰宅が遅くても夕食を作った．

○父親が亡くなり大阪の紡績工場に勤務する母親のいる母子家庭 O さん（女性）は，子守，ご飯炊きなど弟や妹たちの母代わりとなり家事をこなした．米 2 合に麦 3 合の飯を炊き，釜や櫃についたご飯はザルにあけてホシリ（干し飯）にしておくと，母親がほうろくで炒って砂糖で固めたお菓子を作ってくれたという．また，娘が数えで 12, 13 歳になると女親は，ものの炊き方から漬物の漬け方まで教え始めたという．

最初の例は，父親が炊飯も教えている．子どもが自分で食事管理ができるように教えることは親の役割でもあったので，経済的に恵まれた家庭でも子どもたちをしつけようとした例であり，二つ目の例は，忙しい親も残り物からお菓子を作るなどの細やかさを示す一方で一人前になるよう厳しくしつけた様子がうかがえる．

○農村の I さん（男性）：　明治時代の村の小学校では，昼は家に食べに帰っていたが，雨や雪の日は食べに戻るのが大変で，母親が弁当を届けてくれることがあった．ほとんどの家には弁当箱もなく，日頃の茶碗にご飯をギュウギュウに詰め，たくあんか梅干しがのせてあるだけの弁当．先生に「お母ちゃんが弁当持ってきてくれたよ」といわれたときの嬉しさは，生涯忘れられない心に残る食事でもあった．

この例は，忙しい母親が自分のために作って持ってきてくれた，その気持ちに強く心を動かされたもので，お弁当の内容は問題ではなかった．食は心を育み，絆を深めるとするユネスコ無形文化遺産に登録された「和食」の精神にもつながる．

b.　大正時代の家庭の食生活と食育

大正期も各地で食への記憶が残されている．東京の例[18]と長野県の農村の例[19]を紹介しよう．

○指物師に弟子入りしたWさん（男性）は，師匠が江戸っ子で，休みの日は，うなぎ，すし，トンカツを外からとってご馳走してくれた[14]．

○東京の尋常小学校卒業生についてみると，朝は味噌汁，おしんこ，夜は魚や肉，スキヤキ，ライスカレーも作ったというが，関東大震災後は，トンカツ，コロッケはコロッケ屋というのができてキャベツを山盛りにしてくれたという．てんぷらや精進揚げなども売る店ができ，隣近所のやりとりもしだいに薄れてきたという．

上の例でみると，大正期になると東京など都市部では，洋風の料理をアレンジした食べものが惣菜や外食として庶民に浸透していく様子がうかがえる．しかし，同じ大正期でも地方の食生活はかなり異なるが，下記の例は，子どもたちに飽きないように遊びを通しながら親たちがうまく子どもたちを導いている例といえる．

○農村の子どもHさん（男性）は，漬物つくりの準備で，大人たちが蕪菜を洗い，子どもたちはそれを洗い場に運んだことについて次のように記している．親たちは，蕪の根元を切り落とし，「ホイ，叩きコマだ」と子どもたちに渡してくれた．小さな竹に紐をつけ，叩いて回すコマを子どもたちが夢中になって回している．そのうち洗い終わった蕪菜を運ぶ仕事に再び呼ばれる．親たちは，子どもたちが飽きないよう，遊びを上手に盛り込みながら手伝わせている様子がみえる．

また，父とともに行った柿の皮むきも，子どもたちは最初はうまく剥けなくても，競争して夢中で剥いているうちに，薄くきれいに剥けるようになったという．漬物用ウリの種とりの手伝いも同様であった．

仕事でもあり，遊びでもあるこのような経験を通して，子どもたちは知らず知らずのうちに同じ作業を繰り返し，「訓練」の結果，技能が身についていくとともに，知恵を働かせ，心を育むことになった．

6.5　戦時体制期の食生活

関東大震災後の復興により，昭和初期の都市部では鉄道が次々と開設され，外食文化が広がり，都市に人口が集中した．しかし，1931年（昭和6）満州事変が勃発し，日本はしだいに戦時体制へ突き進むことになる．家庭で食料不足が各地で顕在化するのは，1940年以降のことであろう．

a.　配給制度の開始と拡大

食料が不足してくると，政府は次々と食料管理体制の強化を図る政策を打ち出した．1939 年（昭和 14）には，砂糖・清酒の公定価格，米穀配給統制法，白米禁止令と続き，正月用の餅の精白も制限された．主食である米については，さらに 1941 年，米穀割当配給制により成人 1 人 1 日当たり 2 合 3 勺（約 330 g）と定められた．当時，1 人 1 日 3 合（約 430 g）程度を食べていたので，配給のみでは不足していたといえる．また，前年，砂糖，牛乳・乳製品の切符配給制が始まり，その後，調味料，芋，卵，魚などほとんどすべての食料品が切符の点数の範囲内で購入するよう定められた．

厳しい食料状況ではあったが，それまで米を日常には食べていない家庭も米の配給によって，戦後の米常食の習慣につながったともいわれている（江原ら，2009，p. 279）[1]．それはやがて玄米の配給になり，1945 年には，配給量は 1 割減少しただけでなく，米で配給することも困難となった．厳しい食料難は，戦後しばらくは続いた．

b.　食料不足時代の栄養状態と食教育

1942 年の調査「戦時下ニ於ケル国民栄養ノ現況ニ関スル調査報告」[20] では，前年に比べ，動物性食品は，8.8 種から 2.2 種，副食品は 24.8 種から 9.5 種と激減しており，そのままでは栄養障害になると警告されている．また，同じ資料の 1945 年の調査では，配給食料だけでは，1 人 1 日当たりのエネルギーが東京で 1437 kcal，前橋では 1221 kcal で，自由販売などの食料を加えなければ生きていけない「飢餓」状態に近いところも多くなった．

1943 年（昭和 18）以降の高等女学校用家事教科書では，食料不足を反映して理論よりも実践を重視している．たとえば，ほうれん草では，蒸し湯を使用せず，鍋で直接加熱することで燃料の消費を防ぎ，栄養分の損失を防ぐことを学んだ．

このように，食材が整わないやむをえない状況下で通常とは異なる教育が行われたが，米以外の主食に目を向けることや栄養学と調理とを科学的，合理的立場から結びつけようとする視点は，戦後の食教育にも引き継がれた[21]．

6.6　第二次世界大戦後の食生活の変化

a.　ミルクとパンで始まった学校給食

学校給食は，明治時代以降貧困児の救済を目的として行われてきたが，全国の子どもたちを対象に給食制度が整備されたのは，第二次世界大戦後のことである．GHQ（連合国軍最高指令官総司令部）の要請によって始められるが，パンとおかずをともなう完全給食は，1950年，八大都市から開始された．食料難のため，アメリカから脱脂粉乳，小麦粉の支給を受けて全国的な規模に発展した学校給食は，それまでのご飯を中心とした日本の伝統的食事とは異なり，家庭にはなじみのなかった料理が考案された[22]．

b.　1960年代からの食生活の変化

1955年以降，米の生産量も増加しており，多くの家庭ではご飯を中心とした和食が日常食であったが，この頃から生活改善の一環として栄養指導車（キッチンカー）と呼ばれた車で，小麦粉の普及と動物性食品を使用した料理の講習による食事指導が，各地で行われた．

米と麦の穀類エネルギーの摂取熱量は，図6.7に示すとおり，70%以上と主食偏重であったが，1960年代になると米の摂取量が減少し始め，以後急激に減少する．穀類からの摂取エネルギーは，1974年には総エネルギーの約50%となり，その後も減少を続けた．一方，副食からのエネルギーの割合が増加し，肉類・脂

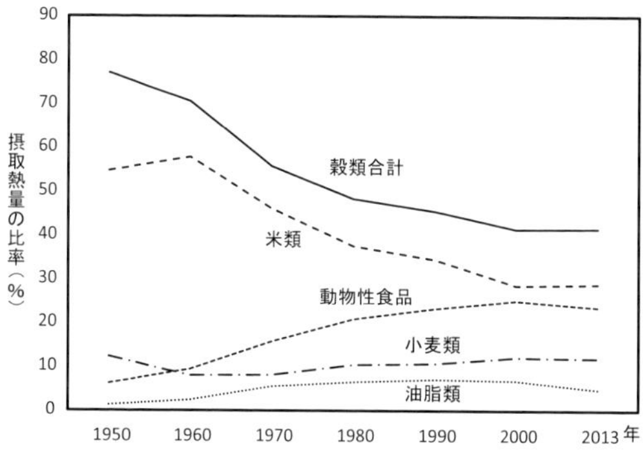

図6.7　食品の摂取エネルギーの変化（厚生労働省資料[23]より作成）

質の摂取が急増していくことになる．

1955 年頃から，スーパーマーケット（以下スーパーと略）が誕生・発展した．大量生産，大量消費を目ざし，人手を最小限にして，セルフサービス部分を増やし，大量販売するスーパーは，広告宣伝などを積極的に行い消費者の購買意欲をかき立てた．また，コンビニエンスストア（以下コンビニと略）は，1975 年以降急増する．さらに，1970 年代には，ファストフード，ファミリーレストランが開店し，店舗を増やしていった．同じ頃電気冷蔵庫普及率は約 90% になり，家庭用冷凍食品の生産量も増加し，電子レンジの普及率は 1980 年には 33% 以上となるなど，食の外部化は急速に進展した．

c.　1980 年代の食生活と日本型食生活の提言

1)　家庭の食の洋風化・孤食化

1980 年に，「カアチャンヤスメ」と「ハハキトク」が家庭料理の簡便化を皮肉った言葉として話題となった．前者は，カレー，チャーハン，ヤキソバ，スパゲッティー，メダマヤキの頭文字，後者は，ハンバーグ，ハムエッグ，ギョウザ，トースト，クリームシチューを示す．ほとんどが洋風料理で，肉，卵，油脂が多く，野菜の少ない料理である．

また，NHK テレビで放映された「なぜ一人で食べるの」は，1981～1982 年の小学生が描く家庭の食卓を調査したもので，大人不在の食事が意外に多いことが指摘され，その後，個食，孤食などのことばが頻繁に使われるようになった．

2)　米離れと日本型食生活の提唱

1980 年には，米の摂取量が急激に減少し，穀類から摂取する熱量は 5 割を割るまでになり，動物性食品からの摂取エネルギー比率は増加し，和食より肉類や油脂を多く含む洋風料理に傾いてきた．

しかし，同年の摂取エネルギーの比率は，タンパク質から約 13%，脂質から 26%，炭水化物から 61% であり，適正比率（タンパク質から 12～13%，脂質から 20～30%，炭水化物から 57～68%）と比較すると，適正な比率である．農政審議会は，従来の主食に依存した食生活から脱却し，ご飯を中心としながらも肉や乳・乳製品を適度に含む当時の日本人の食事を「日本型食生活」と呼び，望ましい食生活として推奨した．

1981 年に実施された全国を対象とした「日本人の食生活」調査をみると，朝

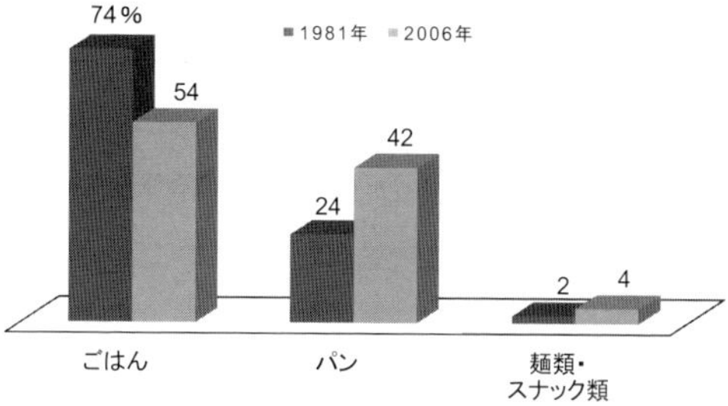

図 6.8　朝食での主食の変化（NHK 世論調査[24,25] より作成）

食は，90% 以上が自宅でとり，ご飯に味噌汁，卵焼き，野菜，漬物などの和食を基本とする人が 70% 以上みられた．また，夕食は，ご飯に生野菜・果物，焼き魚，野菜の煮物，さしみ，焼肉，煮魚などを副食にしたものが多く，全体的には和食の基本形が中心になっているが，2006 年の調査ではご飯の比率は下がっている（図 6.8）．

しかし，その後，外食が日常化し，中食の比率が増加し，肉食，油脂の摂取など洋風料理の増加により脂質からの摂取エネルギーはさらに増加していき，脂質エネルギー比率はより高くなった．

6.7　家庭の調理法と食育の歴史的変化

これまで，江戸時代から現代までの家庭を中心とした食生活の変化を概観してきた．そのなかで，現代の私たちが忘れてきたことはなかったであろうか．

近代以降の西洋文化の移入により，それまでの伝統的な食生活が変化してきたことはすでに見てきたとおりである．学校教育や料理書，雑誌などを通して，家庭に浸透していく栄養学，衛生学とその啓発運動などにより，主食に偏した食生活は，少しずつ改善され，おかずにバラエティーをもたらした食生活の内容は，日常食を多様にしていった．

また，高度経済成長期には，食の外部化，家庭内の便利な加工食品，調理器具の発達により，家庭の食事作りの負担は激減した．料理に必要な材料も自由に求められ，自動調整できる魚焼きにより，火加減に気を遣う必要がなくなった．もちろん炊飯も同様である．また，数値や作り方が写真入りで紹介される料理のレシピは，マニュアル通りに作ればほとんどの料理は，まずまずのでき上がりにもなる．しかし，いまでも和食はハードルが高いと思う人びとは多い．作ったことのない料理は，簡単でも作る気が起こらないかもしれないし，食べ慣れていなければなおさらである．

現在，包丁で果物や芋などの皮をむけないだけではなく，杓子で汁を椀に盛る動作がうまくできない子どもや，台ふきんを絞ることができない子どもが増えているという．さまざまな道具が便利になり，包丁を使う機会や汁を盛る機会がほとんどなくなってきたからか，家庭での子どもの技能は退化するばかりなのではないか．炎を見ることもなべの水が沸騰する様子を観察する機会も少なくなっている．

大正時代の事例で見たように，ウリの種とりなどが子どもの「仕事」になっていると，子どもたちは，家庭のなかで役立つ自分に誇りを感じ，繰り返しの訓練によって上達する技能を磨く場があったといえる．便利さと引き替えに，繰り返して技能を磨く場がなくなっているとしたら，子どもたちにとって不幸なことである．失敗が許される家庭で何度も繰り返し同じ行為を行うことで技能が磨かれることは，自信にもつながる．

家庭生活を営む上に必要な人材として子どもたちが仕事に加わる機会は減少した．おいしく栄養のある食事を大人が提供する以上に，その過程のなかに子どもたちを引き入れ，たくさんのことを繰り返し経験させる機会を意図的に与えることが必要とされる．使っていない技能は，失われるからである．手や目や思いを駆使して知恵と技能を磨く場の提供が必要である．

また，そうした経験をしてみると，食を作ってくれる人への思いが理解できるのではないかと思う．子どもの頃，特別な「食」の思い出が残るのは，家庭の食が，そこにこめられた作り手の思いを食べる人もまた感じることができる「心を充たす食」だからといえる．このような食の背景にある思いを育くむことは，和食文化の保護・継承にもつながる．

[江原絢子]

文　献

1) 江原絢子，石川尚子，東四柳祥子：日本食物史，吉川弘文館，pp. 170–190，2009.
2) 渡部平太夫：桑名日記 1（澤下春男，同能親校訂），私家版，pp. 115–116，1983.
3) 渡部勝之助：柏崎日記上（澤下春男，同能親校訂），私家版，p. 11，1984.
4) 喜田川守貞：近世風俗志　五（宇佐美英機校訂），岩波書店，p. 76，2002.
5) 野本京子，木槻哲夫他：日本村落史講座 8　生活 III（日本村落史講座編集委員会），雄山閣出版，1991.

6）渋沢敬三ほか：明治文化史第12巻生活，原書房，p. 139，1979.
7）森本厚吉：生活問題，同文館，pp. 119-123，1920.
8）江原絢子，東四柳祥子：近代料理書の世界，ドメス出版，pp. 14-15，2008.
9）赤堀峯吉：和洋家庭料理，自省堂，pp. 14-15，1904.
10）横井玉子：家庭料理法，冨山房，口絵，1903.
11）齊藤鹿山編集：月刊食道楽（有楽社），第3巻第9号，18-20，1907.
12）秋穂益実：家庭和洋保健食料　三食献立及料理法，岡村書店，p. 162，1917.
13）秋穂益実：家庭宝典和洋割烹法，有斐閣，pp. 9-11，1906.
14）文部省：学制百年史　資料編，帝国地方行政学会，pp. 484-493，1982.
15）久萬芳編集：料理の友（料理の友社），第7巻第10号，1919，第17巻第8号，1929，第18巻第11号，1930.
16）江原絢子：家庭料理の近代，吉川弘文館，pp. 118-124，2012.
17）藤本浩之輔：聞き書き　明治の子ども　遊びと暮らし，SBB出版会，pp. 3-516，1986.
18）台東区立下町風俗資料館編：古老がつづる下谷・浅草の明治，大正，昭和I，台東区立下町風俗資料館，pp. 17-22，1981.
19）古島敏雄：子どもたちの大正時代ー田舎町の生活誌，平凡社，pp. 98-117，1982.
20）清水勝嘉解説：十五年戦争極秘資料集　戦時下国民栄養の現況調査報告書，不二出版，p. 188，1990.
21）江原絢子：高等女学校における食物教育の形成と展開，雄山閣出版，pp. 246-247，1998.
22）江原絢子：1960年代の学校給食と食生活，*Vesta* **91**：22-27，2013.
23）厚生労働省：国民健康・栄養調査．http://www.mhlw.go.jp/bunya/kenkou/kenkou_eiyou_chousa.html
24）NHK放送世論調査所：日本人の食生活，日本放送出版協会，1983.
25）NHK放送文化研究所世論調査部：崩食と放食ーNHK日本人の食生活調査から（生活人新書），日本放送出版協会，2006.

7
和食の特徴

筆者は，近年，本業である料亭「菊乃井」の経営のかたわら，特定非営利活動法人「日本料理アカデミー」の理事長として，京都の小学生を対象とした食事についての意識調査を実施している．「朝食に何を食べたか」，「どんな家庭料理が好きか」などさまざまな質問項目があるが，結果を読んでいると驚きを隠せない．

家族がばらばらなものをばらばらな時間に食べていたり，好きな料理の項目の上位には，「ハンバーグ」や「カレー」，「スパゲッティ」といった洋食ばかりが並んでいる．いわゆる「肉じゃが」や京都のおばんざいを代表する「菜っぱの炊いたん」といった和食が一品も登場しないのである．お母さんが作ってくれる一番のお気に入りの料理についての問いには，「レトルトの商品を温めたミートボール」と答えた生徒がいた．逆に子どもたちからは「和食の料理とは何なのか」と尋ねられる始末．こぶ茶を飲ませてみても，昆布のうま味を感じられると答えた子どもたちはクラス全体の約5割ほどだった．こうした調査はこれまで実験的に京都のみで行われているものだが，全国レベルではもっと深刻な状況かもしれない．

このような日本での食事事情，とくに和食の現状に対して，筆者は非常に危機感を覚えている．和食をユネスコの無形文化遺産に登録するための運動を進めてきたのは，ただ単に和食がおいしいからとか，和食のすばらしさを世界に向けてアピールしたいという理由からだけではない．私たちの慣れ親しんできた和食がいままさに目の前で私たちの食卓から失われつつあり，それをなんとか食い止め，私たちの伝統と知恵にもとづき成立してきたすばらしい和食文化を次世代に正しく継承していきたいという切なる思いからである．

そうはいっても，和食とはそもそも何なのだろうか．その定義や判断基準についての感覚は，日本に生まれ育った人ならば何となくぼんやりと自然に備わって

福岡での講演（2012年）

いるような気になるが，それを実際に言葉で明確に表現するのは意外と難しいのかもしれない．本章では，和食に日々実践的にかかわる料理人として，和食には他国の食文化と比べてどのような特徴があるのか，和食を提供する料理店や料理人の最近の動向を紹介しつつ，家庭での日常生活における和食の現状とこれからの食育のあり方について考える．

7.1 和食とは何か

a. 地域とコミュニティ

和食は他の国々や民族の料理と比べて，「季節感がある」とか「素材の持ち味を引き出す」などとしばしばいわれるが，これらの特徴は必ずしも和食だけに限られたことではない．たとえばフランス料理やイタリア料理においても，旬の食材を用いて季節を愛でる料理はいくらでも存在するからである．それでは他に和食を和食たらしてしめている要素は何だろうか．筆者が最も重要だと考えるのは，第一に，和食が特定の地域や地元の共同体（コミュニティ）において，人びとの生活様式や行事，儀礼との密接な関係のなかで成立してきたという点，また第二点目として，地域間の交流を通じた全国への浸透の過程およびその多様性である．

京都市の例を見てみると，次のような毎月の献立がある．

1, 15日　お赤飯を炊く

8日　あらめを炊く

23日　天神さんのおつゆを食べる（短冊状の野菜が入る，冷蔵庫を整理する意味も）

31日　きらずを食べる（おからのこと，月末において，縁起をかついで包丁を使わず調理ができることから）

これに年中行事が加わる．1月には，正月のお節料理，七草粥，あずき粥を食べ，2月の節分には豆を撒く．3月のひな祭りのちらし寿司，4月のお彼岸にはあんころ餅をつくり，5月の端午の節句には柏餅とちまき，6月には水無月のお菓子，7月の土用丑の日にはうなぎを食べ，……と続いていき，従っていけばたちどころに毎日の献立ができあがっていくわけだが，忠実に守っていこうとすると，それはそれでけっこう忙しい．

そもそもこのような食べ方の習慣ができあがってきたのは，京都の庶民たちが御所に住まう公家たちの年中行事や祭りを模倣して，あるいはそれらに対抗して，自分たちなりに実践してきたことに端を発するようである．たとえば，宮中の年中行事である陰暦10月の亥の日に「玄緒（げんちょ）」が祝われることから，庶民が「亥の子餅」を食すようになった．また，本来は祝いの料理がお膳に並んでいた正月のお節料理が，入れ子になった箱に詰められ「重詰め」となったのも，庶民の生活の知恵と工夫によるものだった．こうした風習は京都から他の地方へ，他の地域から京都へと伝播していくことによって全国へと伝わり，さまざまに多様化し，しだいに和食が成立してきたのである．

b.　和食と精神性

日本には古来より自分たちの存在を含めて，この世のすべてのものは神様によって作られ与えられた完璧なものであるという思想が存在する．大根一つをとっても，まずは聖なる水で清めた後，丁寧に皮を剥き，灰汁を抜くために聖なる火を用いて湯を沸かし，湯がいていく．こうすることで，神からもともと授かった本来の味を引き出すことができる．そのため，その本来備わったありがたい味を味わうための味付けは少量の味噌と柚子で十分なのである．西洋の調理様式が，肉の臭みなどを香草やスパイスで打ち消していく「足し算」の調理法であるのに対して，この余計なものを取り除いていくという考え方が和食が「引き算」の調理法といわれるゆえんでもある．

こうしてできあがった料理を前に私たちは，神に対する感謝を述べる言葉ではなく，「いただきます」といって手を合わせる．これは自分たちと「同等の」命を他からいただき，自分に取り込みますという決意表明なのであり，自分たちのために命を落としたものへの敬意の表れなのである．それゆえ食事はひとつの儀式であり，食事は静かに行儀よく行い，またせっかくいただいた命が「もったいない」ので残さずいただくという考え方が定着した．

さらに和食においては，皿や茶碗，箸といった配膳や部屋のしつらえにも気を配ることが肝要となる．筆者の店で出している杉を手で削ってつくる両細りの箸には，食事は自分の先祖たちとともに供するという考え方があり，一期一会の気持ちをもって，客人を心からもてなすという精神が背後にある．また客間の掛け軸や花などにはとくに細心の注意が払われ，料亭を切り盛りするうえでの力量が問われる重要な要素ともなる．料理屋の主人が花を生ける名人だったりするのは偶然ではない．

c. 和食の寸法と体積

さていよいよ主役である食べ物に目を移してみよう．普段はなかなか気にしていないかもしれないが，実は食べ物を食べる際に一番おいしく感じる分量というものがある．だれでも口のなかの体積はだいたい同じで，口を開いたとき，たてとよこにそれぞれ一寸ずつ（約 3.3 cm）の広がりとすると，これが一口となる．重さにするとだいたい 12～15 g であり，料理のレシピでの「一口大に切る」とはこの寸法を目安としている．和食の世界では，人間工学の考え方により，あるいは経験的に，この一口の大きさを基本として，食べ物から器までのあらゆる寸法が決まっている．

たとえば，おいしいといわれる「目の下一尺の鯛（1.8～2 kg の重さがある）」をお造りにするとき，半身にし，さらに二つに切り，へぎ造りに切っていき 1/3 を折り曲げると，一切れがほぼ 3×2 cm，12～15 g の寸法となる．切り身が 5 枚で一人分とすると 60 g となり，これを盛って美しいと思う向付けの皿の寸法がおのずと決まる．それに添える醤油皿は一寸よりほんの少し大きめの寸法となる．次に，お茶会でいただく主菓子はたいてい一つが 45 g と決まっている．手で握ると適当な長さに削られている黒文字で四つに切り分けると一切れがだいたい 12 g．これで 90 cc のお茶を飲む．必然的に菓子を載せる茶器は向付けの皿より一回り小さいものが適当な大きさとなるわけである．

こうしたものに普段から見慣れていると，どの器が何の料理のために仕立てられたかということが一目でわかる．この感覚は日本文化のなかで生まれ育っていない人にはなかなか理解が難しいものかもしれない．海外の日本料理屋に立ち寄ったときに感ずる違和感はこのような寸法についての違和感によるところも大きいように思われる．

また，日本では床に正座して食事をするという習慣から，器を持ち上げて食事をするという習慣が生まれ，手で持ち上げやすい器が作られるようになった．快適に食事を進めるためには，あらかじめ量を見きわめておきたいとだれでも願うものであるが，適量に入った中身を見た目からきちんと判断できる適当な器の寸法として，茶碗は男用が 4 寸，女用 3.8 寸と決まる．一方でメインの椀の寸法は 4 寸 2 分で，この椀に汁を 150 cc，身を 50 g 入れると，身が沈みもせず飛び出しもせず，汁とのバランスがちょうどよくなる．湯のみ茶碗では，男用が 2 寸 6 分，女用が 2 寸 4 分で，これが握りの寸法ということになり茶筒も同じ寸法である．それより大きい寸法の茶筒には取手がついている．寿司屋の湯のみ茶碗が少々大きめなのはそれだけお客の注意を引きたいという願いからかもしれない．さらに畳や戸の大きさ，茶室全体に至るまですべてこうした寸法に則って作られている．

このように，日本料理や日本建築，いわば日本文化全般において，すべて寸法が定められているわけだが，食べ物が一番おいしい状態，つまり一番適当な寸法で料理を出すのが和食といえる．これほど多種多様な器を使いこなして食事をするのは日本特有ということができるし，季節によってそれらを使い分けるという点では，他の食文化に比べて，季節をより大切にし，自然とより密接な関係にあるということもできるだろう．さらに，こうした寸法は，日本文化のなかで生活するうちに，自ずと経験的にわかっているから，それだけ定義が曖昧になっていくわけだが，この曖昧さこそが，和食を特徴づける重要な要素といえるかもしれない．

ちなみに人間はだいたい一度の食事につき 800 cc ほどの分量を取ると，満足を感じ，腹一杯食べると 1000 cc ほどということになるようだが，茶懐石のコースは全体でまさにその分量に相当する．丼やラーメンの鉢の容量も 800 cc である．この限られた分量で，食事の冒頭でできるだけ満腹中枢を刺激せず，多くの食事を摂ることができるようにコースが考案されるが，おおまかにどの国や民族の料理についてもだいたい類似した構成が見られる．和食の椀ものに共通するのは西洋料理のスープであり，イタリアンではパスタということになるだろうか．

7.2 和食の調理法

a. だしとうま味

次に調理法に注目してみよう．日本料理の調理法として，最も重要な基本となるのは，だしに代表されるうま味を食品に添加して調理するという点である．カロリーのない，複数のうま味成分を組み合わせることによって6倍から8倍もの相乗効果を得るという調理方法は，もともと御所の公家文化において誕生したといわれているが，現在でも家庭のおばんざいから料亭の料理にいたるまで，あらゆる種類の和食に共通する最大の特徴である．

日本が仏教国であり，四つ足動物が忌避されたこと，また長年の鎖国政策によって油脂などの外国の製品が庶民の手には行き届きにくかったことにより，こうした日本独特のだしによる調理の文化が発達したといえる．夏には野菜と川魚しか手に入らない200年前の京都の地において，北海道より献上された昆布が北前船によって駿河に着き，陸路で京都に入る．また土佐からは陸路を渡ってかつお節がやってくる．こうして集められた乾物食材からとっただしをさまざまに組み合わせ，試行錯誤の末，煮含める，含めるといった独特の調理法が完成することとなった．京都の公家たちは芸能をたしなみ，労働をせずに，楽しみとして何時間もかけて少量の軽い食事を摂ることを好んだので，こうした調理法が考案されたと考えられている．

かつお，昆布のみならずさまざまな食材からも出汁を引く．おばんざいで使われる食材として一般的なだしじゃこ（いりこのこと）は，京都でその昔，鰯がよく手に入ったということが背景にある．そこに菜っぱを刻んで入れると菜から出る水もだしとなって相乗効果をうみ，さらに刻んだ油揚げも加えて作る炊いたんができた．京都の一汁一菜の考え方がこうしてうまれた．また，身欠きにしんの臭みをなすと一緒に炊くことによりその灰汁で打ち消す調理法，棒だらと芋を一緒に料理するとたらのゼラチン質が芋の煮崩れをふせぐ，などの組合せも見いだされた．他にもうなぎやどじょう，精力がつくとされたスッポンなどが食され，限られた食材でおいしく味わう工夫がこらされてきた．

b. うま味を世界に

京都の今出川に住み，昆布だしの味に親しんでいた池田菊苗博士が，5番目の基本味であるうま味を発見することになったのは偶然ではないだろう．うま味は日本人にとってはなじみ深いものではあるものの，その概念はまだまだ世界的に浸透しているとはいいがたい．2002 年にその受容体が発見されながらも，世界では未だ「甘い」，「塩辛い」，「酸っぱい」，「苦い」の四つの基本味に続く付属的なイメージがあるようである．

西洋料理の調理法は，前述したようにハーブやスパイスを複雑に足し合わせていく調理法であることから，繊細なうま味そのものの味のみに単体で接する機会が少ないという理由のほかに，小さい頃からうま味の味に親しむことが少なかったことが要因であるように思われる．そのためにも，うま味を世界中の子どもたちや大人たちに正しく教え伝えていきたいとの願いから，「日本料理アカデミー」として日本国内だけでなく世界中でも活動を行ってきた．活動の一貫として，シェフたちを対象に講演を行い，うま味を利用した調理法の実演などを行ってきたわけだが，その甲斐あってか，近年世界のセレブリティシェフたちが新しいアプローチ方法を日本料理に見いだすようになってきたのは喜ばしい限りである．

確かにだしは日本料理の最大の特徴としてあげられるものの，うま味とはもともと肉や魚，発酵食品など，世界のどこにでも存在しているから，身近な食材からだしを引けばよい．たとえば，デンマークの著名なレストラン「ノーマ」のレネ・レッゼピ氏が鹿の肉で節をつくったり，アメリカ合衆国のデイビット・チャン氏は豚肉から節をつくり，ニューヨーク発のうま味として活用することを提案

アメリカ合衆国での講演（2010 年）

している．だしやうま味を調理に上手く活用すると，料理に必要以上に油脂を使わなくてもすみ，カロリーが少なくなり，料理が軽く胃もたれのしないものとなる．また素材の味をそのまま活かしているので，新しい味や料理の可能性をぐっと広げることができるのである．

このように和食のうま味やだしの考え方が彼らの新しい料理構成に活かされるようになってきた．世界のシェフたちは「うま味をコントロールすることが料理を作ることである」として，新しい料理の構成を模索している状態であり，料理界における革命がまさに起こりつつあるが，世界中の人びとはまだまだうま味に対しての理解や経験も少なく，いわばうま味に対して「生まれたての赤ん坊」と同じ状態である．うま味の受容についての正しいトレーニングの近道を見つけて効率よく導いていくことが課題だろう．

7.3 料理屋の和食の将来

a. 和食の感覚

上述のように世界のシェフたちがうま味の攻略とその応用へと向かうなか，日本の料理人たちはどのように和食を学び，和食の将来を担っていけばよいのだろうか．

うま味やだしの知識について現在の若手の日本料理人たちは，すでに一定の正しい理解をしていると思う．ただし，日本料理界にある，修行を行っていくうちに感覚として知るのだという考え方，さまざまな経験を通じて学ぶうちに全体的に理解すること，理屈ではなく知覚したものを伝統的に受け継ぐという，いわば神話に近いような感覚的な考え方——これこそ，京都の料理人のもっている伝承すべき知識と技術であり，その曖昧さこそが和食の特徴ともいえるのだが——こうした感覚的な論理思考が日本料理の将来の脆弱さを示しているようにも思われる．

たとえば和食では，塩加減は薄塩とか，濃い塩をするといういい方をするが，人間の血中の塩分量はだいたいみな同じ１％なので，塩加減は人類共通な数値で示すことが可能なはずである．すなわち，吸い物は身体に負担のかからない１％の塩にすることが望ましい．塩分が4～5％の漬け物は海水より濃度が濃いことになる．何度か述べたとおり，こうした明快なことをあいまいにしていることが和食を和食たらしめる要素ではあるが，今後和食を伝承し，世界に紹介していくためには，これらの伝統や知識を論理的に体系化して，文字に起こしていく必要があるだろう．

b. 和食の精神性

日本文化は，表と裏，ハレとケ，内と外，実と虚など，いわゆる二重構造の概念思想から成り立っているところが多いように思う．わび茶を考案した千利休にとって，武家たちの黄金の茶室という権力への抵抗と客人へのもてなしの心が一体とならなくては，わび茶の大成はなしえなかったとも考えられる．一方で，だれもが美しいと思う絶対美という概念がある．黄金の花瓶に入った1000本の赤いバラを見ればだれもが美しいと思うが，いまだ降りしきる雪のなかで咲きかけた一輪の椿にもやはり，哀しさに裏打ちされた美しさを感じる．これこそがわびさびの美の世界であり，知り合いの外国人シェフたちもこうした感覚を理解しているようであるのには感心する．この絶対美の考え方は小堀遠州の「綺麗さび」のような，だれもが明快に理解できる美の世界に引き継がれる．さらにこれが写実されたものとデフォルメされたものが一体となったような尾形光琳に代表される琳派の世界につながるわけだが，これこそが現在の日本料理人が目指している美の概念といってよい．

また，京都には質素でみやびな様子を指す「はんなり」という言葉がある．すべてを言わずともちょっと言っただけでわかるという微妙な感覚だが，目の前の造形の美とそこから連想される想像の世界が合わさった瞬間は何とも美しく感動を覚えるものである．茶席で出される白い薯蕷(じょうよ)饅頭の表面に紅色の点がぽんと押してある和菓子を見て，それが「吉野山」という名であると聞いて，吉野山の満開の桜の情景を思い浮かべるとき，それを一番のご馳走としたのが日本人であり，「四畳半に宇宙をみる」とはまさにこの過程を描写した表現である．

食べ物は直接人間の生命にかかわるので，哲学的な世界に入っていくのは必然だが，精神性と非常に密接にかかわるというのは和食の重要な特徴であろう．近年は日本人に限らず，こうした精神的感覚を食の世界に求める人びとが世界各国でも増えてきているように思われる．1パウンドのステーキを食べたいという感覚より，完璧な調理法により一切れの肉の味を一番に引き出す最高のソースで味わうことによって，満足を得たいという考え方が出てきている．これは日本料理の影響だと考える料理人もいるが，筆者は人間のもつ素性に起因しているように思われる．しかしながら日本料理は他の食文化と比べ，より精神文化に近く，哲学性に非常に長けていて，こうした素性を引き出すのに一役買っているとも考えられる．

c.　和食の料理人が目指すべき道

若い頃，「残心な（心に残るような）料理を作るよう心がけよ」と父親からアドバイスを受けた．日本料理ではフランス料理のようにぎりぎりまでではなく，寸止めで塩加減をし，ちょっと薄いかなという程度で止めるのが好ましい．その場で満足してしまう完璧な料理を作るより，3日後にまたあの料理はおいしかったなと思い出してもらえるような料理，その人の心に一生とどまる料理を作るようにといわれたのである．

料理は，食べるとそこからなくなってしまうことが最大の長所であり，また最大の短所でもある．うまい料理を作ることができる料理人は大勢いるが，瞬間的にそこから消えてなくなってしまう料理がどれだけ長くその人の心にとどまるかどうかが料理人にとって真価を問われる重要な点なのである．若い頃はよくわからなかったが，いまではその心意気をもって，お客様よりいただくお金に見合う料理を提供することこそが料理人の仕事だと思っている．

d.　料理屋＝レストランとは

「おいしい」という言葉は実は非常に難しい言葉である．料理屋の主人の多くはおいしいものをつくって提供しているのが仕事だと思っているが，やってくるお客様のほうは，気のおけない友人といかに楽しい時間を過ごすかが最も重要なことだと考えている．その点で筆者はレストラン業というのは楽しむ場を提供するレジャー産業だと思っている．お客様に「おいしかった」といっていただいたときには，「楽しい時間を過ごさせてもらった．リフレッシュできたから明日からまた頑張ろう」という言葉が集約されているのだと理解している．

西洋ではどのように人生を楽しむとか，食事をいかに楽しむかという考え方が古くから浸透しているようで，そのためにレストランでは，皿を出すタイミングや人を楽しませるための話法やサービスがどのようにあるべきかをソムリエやサービスの人が常に考えるシステムとして存在している．その意味で食事についての文化的水準がより高いといえるかもしれない．

レストランで提供される料理は，明日の労働を支える糧となる「実の料理」とは異なり，毎日は食べることのできない「虚の料理」である．奇麗に面取りして白く炊いてよく冷やされて出される芋は，家庭で作られる黒い素朴な熱々の芋とは，見た目や味わいの他に，その意味合いが異なるのである．特別な時間を楽しむための夢幻の料理をいかに作るかがレストランの仕事である．その夢幻がどのようなものかは料理人や主人自身の考え方しだいである．日常の喧騒から離れ，海外旅行で異文化に触れたり，芝居を観たり音楽を聴いたりするのと同じで，上級化した料理はエンターテイメントのための装置である．いわば，大人の「アミューズメントパーク」なのである．

そのために料理はおいしいのは当たり前であって，一品一品感動のある料理を作らなくてはいけない．またお客様を常に引きつけ楽しんでもらうために，料理人はアトラクション（出し物）を随時変えていかなくてはいかない．そうでなくては料理屋は廃れてしまうと思う．しかし，実際にはその「虚と実」の境界線というのは曖昧であり，懐石のコースのなかでも「虚と実」の世界は入り交じる．この曖昧さ自体が和食の特徴そのもので，おもしろみでもある．

また，料理人はお客様を店に引き寄せるためのきっかけ（取手）を作らなくてはいけない．それは時に名物料理であったり，料理人の存在であったりする．料理屋では，家庭での食事と違って，与えられた環境下で食事を食べようという精神状態にお客様をもっていくことが必要となる．これを食べたいという目的がはっきりしているそばや寿司のケースと異なり，料亭ではお客様は何の献立が出されるかもわからず，あらかじめ予算と相談してコースを決め，予約を取る．そして実際に店に出かけるまでに，適切な服装やら交通手段，店側では玄関に水を打ち，仲居さんが出迎えるといった文化的アプローチがなされてはじめて，お客様が食事を楽しめる環境が整う．その精神状態まで持ち込まなければ，懐石の料理を出すことはできないし，料理を楽しんでもらったことの対価を得ることもできないのである．

その点を考慮して，筆者の店でもいくつか工夫をこらしてきた．本来，懐石ではコースの終わりに水菓子として，茶のための主菓子を邪魔しないよう，控えめに切った果物を出す．しかし，お茶の風習から料理が一人歩きしはじめ，割烹となったのだから，フランス料理の考え方である夢のために食べるデセールのように水菓子をもっと楽しんでもらってもいいのではないかという考えに至り，果物以外にさまざまなものを出すようにした．また，フランス料理店で最も大切なのはパンであり，どの店でもだいたい独自に店で焼いて，焼きたてのものを提供すると聞いた．日本料理ではいままで，これだけのご馳走を食べたから最後は白いご飯と赤出しでしめるのがよいという考え方であったが，ご飯にこだわってもいいだろうと一人一人の釜を用意し，炊きたての一番おいしい状態のご飯を出すようにした．こうした方法はいまでは他の店にも一般的に広まってきている．お客様には特別な時間を手を掛けた特別な料理で心行くまで楽しんでもらいたい．かといって，ひと握りの人しか入れないような敷居の高い店ではあまり意味がない．普通の人が気軽に来られるような店．筆者が目指すのはそのような店である．

7.4　家庭での和食と食育

a.　家庭と社会の変化と和食

レストランで出される食事が「虚」の料理ならば，家族の健康や栄養を考え，家庭でお母さんが作ってくれる料理が「実」の料理である．どちらも和食の重要な形態であり，和食がこれだけのバラエティに対応しているのは，食べる人びとや状況の要求にどれだけ応じられるかという柔軟性を重視するからであろう．また家庭料理には，食事を通じて家族に安心感や思いやりをもたらす役割もある．

ただし，日本における家庭料理は，戦後の経済成長にともなう社会や家族形態の著しい変化によって．急激に変容してしまった．西洋食文化の流入にともなうファストフードの流行や肉食化にとどまらず，食の安全や伝統的な郷土料理の消滅の危機など，現在の食の問題は複雑化をきわめている．世界のどの国を見ても，これだけの短い期間に長年培われてきた独自の食文化をいとも簡単に変化させてしまったのは日本だけである．

2004 年に設立された特定非営利活動法人「日本料理アカデミー」は，教育や技術研究を通じて日本料理の発展およびその普及活動に取り組んできた．筆者が理事長として活動にかかわるのは，日本古来の風土のなかで培われてきた伝統的な和食がこのままでは日本から消えてしまうという危機感からであり，さらに，だしとうま味を中心とした低カロリーで身体によい日本料理を世界にむけて啓蒙していくことは全人類の将来にとって有効であるという信念からである．

b. 食　育

日本社会の構造的変化に対する警鐘から，和食を保存するため，また何より子どもたちの食を守るために，近年食育の必要性がさかんに叫ばれるようになってきた．食事を通じて日本の風土を理解し，郷土愛を高めるのが食育の大きな目的である．地域に密着した活動として，京都市教育委員会や京都大学と連携して，京都市内の17校の小学校でこれまで2000人以上の子どもたちに対して食育授業を実施し実演等を行ってきた．

食育活動を進めるうち，子どもたちだけではなく，実際に子どもたちに食べさせている親に対しても行う必要があることもわかってきた．しかし一方で，いわゆる団塊の世代の子どもたちの時代となって，核家族化し，共働きの家庭が増え，以前のように家庭でだしをとり，和食を時間と手間をかけて作ることが難しくなってきたのも現実である．親たちも危機的な状況については認識しているものの，実際にどのように実践していいのか模索しているというのが現状だと思う．そのため，時代の変化に合わせた柔軟な対応が必要となる．すなわち料理に携わる料理人たちが一丸となって，現在子育てを行っている世代の大人たちにもっと積極的に働きかけていくことが必要なのである．

今後は食育基本法を軸として法律を整備し，実際に現場で実践し，早急に行動に移していくことが肝要となる．政府主導の政策のみならず，食品企業などにも働きかけ，家庭消費者と食品生産者とを料理人たちがつなぐような活動を継続していくことが重要となる．具体的には，おいしい和食を現実的な方法で，簡便に調理できるような料理法の教授，消費者のニーズにこたえる商品開発や教育啓蒙活動を積極的に行っていく必要があるだろう．京都のモデル校では少しずつ結果が出てきている．今後は京都から発信する全国規模での食育活動を一層強化していくことが当面の目標である．子どもたちのためにも，和食の将来のためにも，この食育革命を近い将来必ず起こさなくてはいけないと，ますます気を引き締める日々である．

[村田吉弘]

8
和食における「だし・うま味」
―科学的知見からの考察―

2006年に日本で制定された食育基本法の基本理念では，21世紀における日本の発展のためには，子どもたちが健全な心と身体を培い，未来や国際社会に向かって羽ばたくことができるようにするとともに，すべての国民が心身の健康を確保し，生涯にわたって生き生きと暮らすことができるようにすることが大切であると述べられている．

子どもたちが豊かな人間性をはぐくみ，生きる力を身に付けていくためには，何よりも「食」が重要である．子どもたちが成長の過程で，さまざまな経験を通じて「食」に関する知識と「食」を選択する力を習得し，健全な食生活を実践することができる人間に育てることが求められている．食育とは子どもたちのみが対象ではなく，あらゆる世代の人びとが「食」について関心をもつことが求められているが，とりわけ子どもたちに対する食育は心身の成長および人格の形成に大きな影響を及ぼし，生涯にわたって健全な心と身体を培い豊かな人間性をはぐくんでいく基礎となるものである．

フランスの美食術，地中海料理，メキシコの伝統料理，トルコのケシケキ（麦かゆ）の伝統についで，2013年12月に「和食：日本人の伝統的な食文化」がユネスコの無形文化遺産に登録された．ユネスコに提出された申請書には「和食」の特徴として下記の4点があげられている．

○多様で新鮮な食材とその持ち味の尊重：各地で地域に根ざした多様な食材が用いられ，その味わいを生かす調理技術・調理道具が発達している．

○栄養バランスに優れた健康的な食生活：一汁三菜を基本とする食事は理想的な栄養バランスであり，「うま味」を上手に使うことによって動物性油脂の少ない食生活を実現し日本人の長寿，肥満防止に役立っている．

○自然の美しさや季節の移ろいの表現：食事の場で自然の美や四季の移ろいを表現し季

節にあった調度品や器を利用して季節感を楽しむ.

○正月などの年中行事との密接なかかわり：年中行事と密接にかかわって育まれてきた食文化があり,「食」を通じて家族や地域の絆を深めてきた.

社会経済情勢がめまぐるしく変化し，日々忙しい生活を送るなかで，われわれは毎日の「食」の大切さを忘れがちである．栄養の偏り，不規則な食事，肥満や生活習慣病の増加，過度の痩身志向などの問題に加え，新たな「食」の安全上の問題や,「食」の海外への依存の問題も生じている.「食」に関する情報が社会に氾濫するなかで，食生活の改善の面からも,「食」の安全の確保の面からも，自ら「食」のあり方を学ぶことが求められている．また，豊かな緑と水に恵まれた自然の下で先人らがはぐくんできた日本の「食」が失われる危機にある．このような環境のなかで,「和食」がユネスコの無形文化遺産に登録されたことをきっかけにわれわれ自身が「食」について見直す時期が来ているのではないだろうか.

本章では,「食」に関する考え方をもう一度見直し意識を高めていくことを目的に，和食の特徴そして真髄ともいえる「だし」と「うま味」を取り上げ，科学的知見から解説する.

8.1　‘だし’とは何か

食育基本法が制定されたのをきっかけに，多くの食品企業が小学校で「食」に関連する授業の実施を開始した．食品企業の一員である筆者もその責務を果たすべく「だしとうま味の味覚教室」の授業コンテンツを小学校の先生方と一緒に作り，実際に小学校での授業を 2007 年から実施している．家庭で昆布やかつお節，煮干しなどを使って‘だし’を引くことがなくなり,‘だし’といわれても何のことかぴんとこない子どもたちも多くいる．授業のなかでは味噌をお湯でといた味噌湯と昆布とかつお節で引いた一番だしを別々の小さなカップにいれて子どもたちに配布する．まずは，味噌湯を一口飲んでみる．‘だし’の入っていない味噌湯でも「おいしい」と答える子どもたちもいるが，味噌湯に子どもたちの手で自ら一番だしを少しだけいれてもう一度味わってもらう．今度は間違いなく，全員が「おいしくなった」という．こうやって‘だし’について知ってもらい，どんな役割をしているのかを体験を通して理解してもらう．和食においてはあらゆる料理に‘だし’が使われている．自宅で‘だし’を取ることがなくなったこと，そして,‘だし’は決して料理の主役ではないことなどから子どもたちの意識から‘だし’が消え去りそうになっている．

‘だし’とは一体何なのか．‘だし’とは動物性や植物性の素材からうま味成分を中心とした呈味物質を抽出した液体である．西洋料理のフォンやブイヨン（一般的にフォンはソースの原料となるもので，ブイヨンはスープの原料となるもの），中国料理の湯（たん）といったスープのベースになる液体も広い意味での‘だし’的な存在と考えられる．

日本の‘だし’の最も大きな特徴は‘だし’の素材が乾燥食材であること，そして，それらの乾燥食材にはうま味物質であるグルタミン酸（アミノ酸の一つ）やイノシン酸，グアニル酸（いずれも核酸関連物質）が豊富に含まれていることにある．‘だし’はこれらのうま味物質を短時間で抽出した液体である．‘だし’のうま味を他の素材に浸透させることで，野菜等の本来もっている味をより引き立てるという料理法は，日本独特の調理方法といえる．日本料理の発展の歴史は2000年に亘るうま味追求の歴史といっても過言ではない．‘だし’は味噌汁，吸い物などの汁物にはもちろんのこと，野菜の煮炊き，おひたし，茶碗蒸し等，さまざまな料理のベースとなる重要な素材であり，見えないところで料理を支えている．音楽にたとえるならば，ベースと同様の役割を担っている．ベースの部分のみを聞いても音楽の全体像を把握することは困難であるが，音楽にベースがあることで楽曲の響きに広がりと深みが増すとともに余韻を残すのである．これと同じような役割をしているのが和食における‘だし’であり，その重要な呈味成分がうま味である．

次節では，‘だし’の理解を深めるためにうま味とは何かについて述べる．

8.2　うま味とは何か

「うまみ」，「旨み」，「旨味」，「うま味」といくつかの表記がある．多くの日本人が「うまみ」という言葉から想像するのは，食材や料理の「おいしさ」の程度，あるいはそれらがおいしいことを意味する言葉である．本章で取り上げるのはおいしさを意味する‘うまみ’や‘旨み’ではなく，ある特定の物質の味質を示すもの，すなわち，アミノ酸の一つであるグルタミン酸，核酸関連物質であるイノシン酸，グアニル酸の塩（えん）類，代表的な物質は，それぞれの物質のナトリウム塩（グルタミン酸ナトリウム，イノシン酸ナトリウム，グアニル酸ナトリウム）の味質のことを指している．砂糖の主成分である蔗糖（スクロース），ブドウ糖（グルコース）や果糖（フルクトース）の味を甘味と呼ぶのと同様に，グルタミン酸ナトリウム，イノシン酸ナトリウム，グアニル酸ナトリウムの味の総称がうま味である．これらの物質は単独ではおいしいものではないが，多くの食品の味を構成する重要な成分である．

われわれの舌には各種の呈味物質を受け取る受容体がある．受容体はセンサーのような役割をしていて，甘味物質が甘味受容体によって感知されると，甘味の情報は受容体から電気信号（インパルス）となって味覚情報を伝える味神経を介して脳に伝えられ甘味を感じる．甘味だけではなく，酸味，塩味，苦味，うま味についても，それぞれに対応する受容体がある．現在，味覚生理学では五つの基本味，すなわち甘味，酸味，塩味，苦味，うま味があることが知られている．それぞれの代表的な物質を図 8.1 に示してある．

うま味物質であるグルタミン酸は多くの食材に共通する成分であり，野菜類ではトマト，ブロッコリー，マッシュルーム，アスパラガスなどをはじめ，海産物や肉類にも含まれている（表 8.1）．

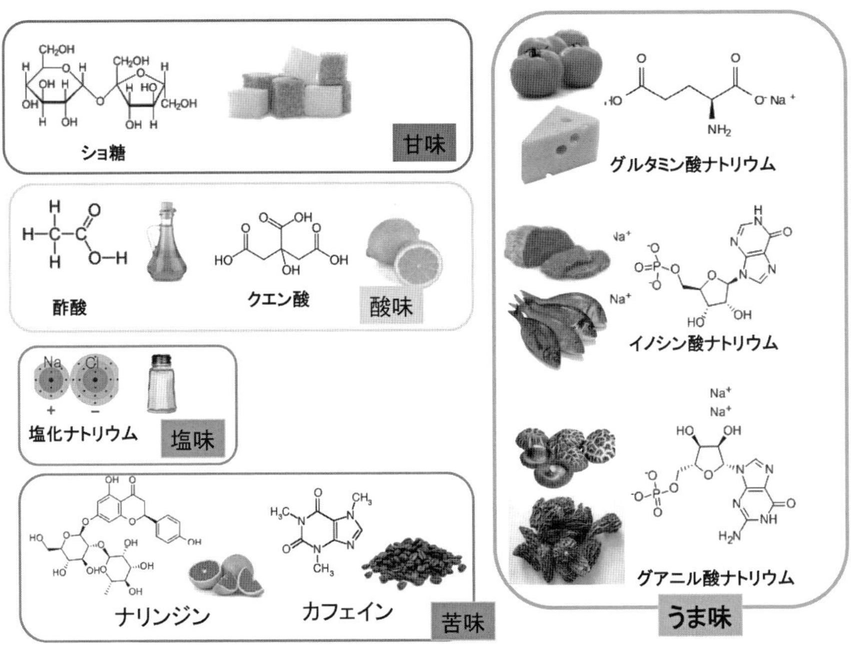

図 8.1　5 基本味とその代表的な物質

表 8.1　各種食品中のうま味成分（mg/100 g）

グルタミン酸	トマト	250	昆布	1000〜3000
	玉ねぎ	51	海苔	1378
	ブロッコリー	30	緑茶	668
	グリーンアスパラガス	49	ホタテ	140
	グリーンピース	106	ウニ	103
	マッシュルーム	42	ズワイガニ	19
	椎茸	71	アサリ	90
	大根	67	イワシ	280
	人参	19	鶏肉	1.5
	ニンニク	99	豚肉	2.5
	ジャガイモ	10	牛肉	10
イノシン酸	イワシ	189	タイ	215
	カツオ	285	サバ	215
	鰹節	700	鶏肉	76
	タラ	44	豚肉	122
	マグロ	188	牛肉	80
グアニル酸	干し椎茸	150	ドライモリーユ	40
	ドライポルチーニ	10		

資料提供：NPO 法人うま味インフォメーションセンター

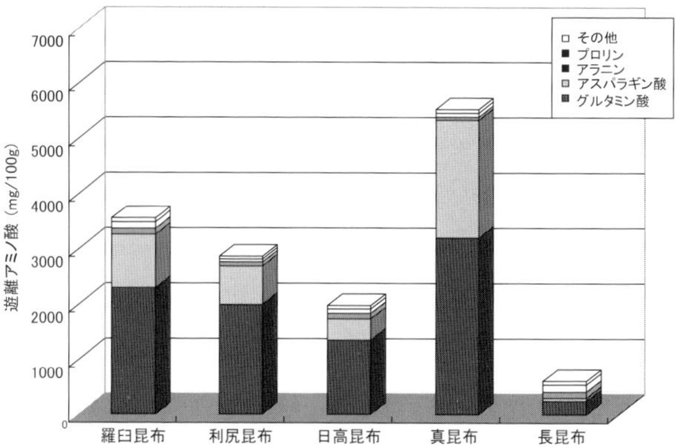

図 8.2　各種昆布（2004 年購入）中の遊離アミノ酸
その他のアミノ酸：スレオニン，セリン，グリシンバリン，メチオニン，イソロイシン，ロイシン，チロシン，フェニルアラニン，リジン，アルギニンの合計.
資料提供：NPO 法人うま味インフォメーションセンター，分析協力：味の素株式会社ライフサイエンス研究所.

表 8.2　発酵調味料に含まれるグルタミン酸（mg/100 g）

仙台味噌	433
白味噌	287
醤油	1365
イカイシル	1473
イワシイシル	1084
ショッツル	1307

船津ら（2000）[1] より作成

これらの食材と比較すると圧倒的に多くのグルタミン酸を含んでいるのが‘だし’に使われている昆布である．トマト中のグルタミン酸の濃度は 0.1～0.3% 程度であるのに対し，昆布に含まれているグルタミン酸の量は多いものでは 1.2～1.5% にも及ぶ（図 8.2）．

イノシン酸は肉や魚など動物性の食品に多く含まれ，グアニル酸は干したきのこ類，とりわけ干し椎茸に多く含まれている．

また，和食に欠かせない醤油や味噌をはじめ能登半島や秋田県で伝統的に使われている魚醤であるイシルやショッツルなどの発酵食品はグルタミン酸のうま味に富んだ調味料である．原料となる大豆や魚のタンパク質が発酵の過程で分解されアミノ酸となるが，タンパク質の構成成分である 20 種類のアミノ酸のなかでグルタミン酸は最も多く含まれるアミノ酸であり，これらを原料として作られた発酵調味料にはグルタミン酸が豊富に含まれている．和食ではこれらの調味料は欠かせないものであり，‘だし’のうま味に加えてこれらの発酵調味料によるうま味が和食の味を構成する主要な成分の一つとなっている（表 8.2）．

8.3　うま味の発見

グルタミン酸の塩類がもつ独特の呈味が基本味の一つであることは，1908 年に日本人の化学者，池田菊苗によって発見された．池田菊苗はドイツに留学していた間に現地で食べたトマト，アスパラガス，肉，チーズなどに共通する味で，しかも他の四つの味（甘味，酸味，塩味，苦味）とは異なる味があることを感じていた．帰国後，昆布の‘だし’のなかにこの味がとくに明瞭に感じられることに気づき，昆布だしの味に関与している成分を見出すための研究を開始した．そして，昆布だしの味はグルタミン酸塩によるものであることを発見した[2]．池田菊苗は 1912 年に米国で開催された国際応用化学会でグルタミン酸塩の味に関する発表を行っている．ここに池田菊苗による学会発表の一部を紹介する[3]．

> この味は 4 基本味や金属味，アルカリ味とは異なり，それらをいかに組み合わせても得られない．注意深くものを味わう人はアスパラガス，トマト，チーズ，肉の複雑な味のなかに，共通なしかし独特で上記のどれにも分類できない味を見出すであろう．その味は通常非常に弱く，他の強い味によってボカされるので特に注意をそれに向けないと識別することが難しい．もし人参あるいは牛乳よりも甘いものがないならば「甘い」という味の観念を明確に知ることができないであろう.同じようにアスパラガスやトマトだけでは，この独特の味（うま味）の観念をはっきりと知ることができないであろう．蜂蜜や砂糖が甘味とは何であるかを教えてくれるようにグルタミン酸塩は，その独特の呈味性（うま味）についてはっきりとした認識を与えてくれる．グルタミン酸ナトリウムの溶液を味わった者は誰でもすぐにその味が，他の今までよく知られている全ての味とは異なっていることを認めるであろう．（中略）グルタミン酸ナトリウムの呈味力は非常に強いので，2～3 グラムを水 1 リットルに溶かすと非常に良い味を呈する．食塩と組み合わせると非常に味が良くなる．こうしてわれわれはグルタミン酸ナトリウムがグルタミン酸の味を与える理想に近い調味物質であることを認めた．グルタミン酸の味を与える純粋でない調味物質は古くから知られていた．わが国では昆布の他に昔からこの目的のため，乾燥し調整した魚が用いられた．欧米では肉の抽出物やそれと同系統の調整品が同一範疇に属する調味物質である．現在，西洋でも大量に消費されるようになった日本の醤油も，その価値は部分的にはその中に含まれているグルタミン酸によるものである．

味覚に関する研究があまり進んでいなかった当時の化学者にとって，米国での池田の発表はそれほど反響を呼ぶものではなかったようである．

池田菊苗の弟子，小玉新太郎は池田の指導のもと 1913 年にかつお節のうま味成分がイノシン酸塩であることを発見した[4]．さらに，國中明がグアニル酸塩もグルタミン酸塩やイノシン酸塩と同様にうま味があること，また，グアニル酸は干し椎茸に豊富に含まれていることを発見し，1960 年に論文を発表している[5]．國中は核酸（RNA）の分解物の呈味性の研究をする過程で，うま味をもつ核酸

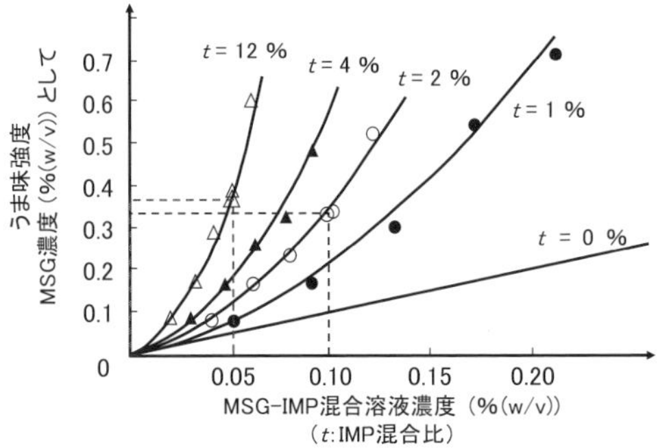

図 8.3　グルタミン酸ナトリウム-イノシン酸ナトリウム混合溶液と同じうま味強度を示すグルタミン酸ナトリウム単独溶液の濃度（Yamaguchi, 1967）[6)]
MSG：グルタミン酸ナトリウム，IMP：イノシン酸ナトリウム.

関連物質（イノシン酸やグアニル酸）とグルタミン酸との組み合わせによってうま味が飛躍的に強くなる‘うま味の相乗効果’を 1955 年に発見している.

グルタミン酸ナトリウムとイノシン酸ナトリウムおよびグアニル酸ナトリウムの各溶液のうま味強度やそれらの組み合わせによるうま味強度変化の詳細は，1980 年代に検討されている．少量のイノシン酸がグルタミン酸と共存するとうま味強度は飛躍的に強くなる（図 8.3）．グルタミン酸に対するイノシン酸の配合量が増すにつれてうま味強度は増大し，グルタミン酸とイノシン酸の配合比率が 1:1 のときにうま味強度は最大になる．先人たちが過去の経験のなかで作り出してきた‘だし’素材の組み合わせは昆布とかつお節による一番だしが代表的であるが，昆布のグルタミン酸とかつお節のイノシン酸の組み合わせによる相乗効果をうまく活用した調理法であったといえる.

以上のように，代表的なうま味物質はいずれも日本人科学者により発見され，しかも，その出発点は‘だし’の素材として日本で古くから使われてきた昆布，かつお節，干し椎茸であることには，これらの素材を通じてうま味を活用してきた日本の食文化の背景がある.

8.4　うま味の特性

‘だし’の主要成分であるうま味の理解を深めるために，うま味とはどのような特徴をもった味覚であるかについて紹介する.

1985年にうま味研究会の主催でハワイで開催された第1回うま味の国際シンポジウムで，米国カリフォルニア大学のO'Mahony教授らがうま味に関する米国人の理解の状況を報告している．塩味，あるいは甘味，酸味，塩味，苦味のどの概念にもあてはまらない味，曖昧な味などと表現しており，純粋なうま味物質であるグルタミン酸ナトリウムの水溶液の味を表現する適切な言葉をもっていなかった．世界初のうま味の国際シンポジウムが開催されてから30年余りが経過し，最近では日本料理が世界で注目されるようになり，多くの外国人シェフやジャーナリストが来日して日本料理を学んでいる．彼らはまず昆布やかつお節から‘だし’を引くことから学んでいく．そして，「食」に関するプロフェッショナルとしてうま味の特徴を的確に捉えている．彼らがumamiとはどんな味であるかを説明している内容は，われわれがうま味の理解を深めるのに参考になる情報である（表8.3）．

1980年代以降，世界の多くの研究者がうま味の研究を推進してきたことにより，各学会の専門誌ではumamiという言葉が学術用語として認められるようになった[7]．さらに，2000年以降うま味の受容体の研究が進み，その実態が少しずつ明らかにされ，その内容は専門誌だけではなく新聞や雑誌等でも報道されるよ

表8.3 外国人シェフ，ジャーナリストによるうま味の表現

	国・職業	うま味の表現
Heston Blutmanthal （ヘストン・ブルメンタール）	イギリス シェフ	Delicate and subtle Taste is like a big meaty and mouthful. 繊細で微妙な味，肉様で口中に広がる味
Sat Bains （サット・バインズ）	イギリス シェフ	It makes your mouth water. 唾液の分泌を促す味
Claude Bosi （クロウド・ボジ）	フランス シェフ	Mouth watering Pleasant after taste with satisfaction 唾液の分泌を促す，ここちよいあと味
David Thompson （デビット・トンプソン）	オーストラリア シェフ	Lingering sensation 長く持続する味
Katy McLaughlin （ケティー・マックローリン）	アメリカ ジャーナリスト	Subtle and ambiguous Full tongue coating sensation 微妙で曖昧な味，舌全体が何かでおおわれているような感覚

資料提供：NPO法人うま味インフォメーションセンター

うになり，しだいに umami という言葉は世界共通語として使われるようになった．外国人シェフやジャーナリストがあげているうま味の特徴には，「穏やかな唾液の分泌が持続する」，「舌全体に広がる淡い味」，「他の基本味よりも持続性がある」などがある．以下にそれらの特徴を裏付ける科学的知見を紹介する．

a. うま味による唾液分泌

うま味物質であるグルタミン酸ナトリウムによって唾液分泌が促進されること，イノシン酸ナトリウムの共存によってさらに唾液分泌が促進されることは1980年に河村らが報告している．レモンや梅干しなどの酸味によって唾液が出ることはだれもが経験するが，酸味による唾液の分泌は酸味を感じてから2〜3分後には定常状態に戻る．一方，うま味の場合は10分を経過しても定常状態よりも高い唾液分泌が持続する（図8.4）．

われわれは食事の際に食べ物を口中で噛み砕く．この最中に食品中に含まれているさまざまな呈味成分が唾液と混ざり合い舌にある各種味覚受容体に到達する．この情報は舌から脳に伝えられ脳からの指令によって唾液が分泌される．うま味刺激による唾液分泌は持続性があることに加えて，小唾液腺からの粘性のある唾液の分泌を持続させることから，高齢者の口腔内の乾燥を防ぐのに有効であることが近年注目されている．唾液は口腔内を清潔に保ち，食物を安全に飲み込

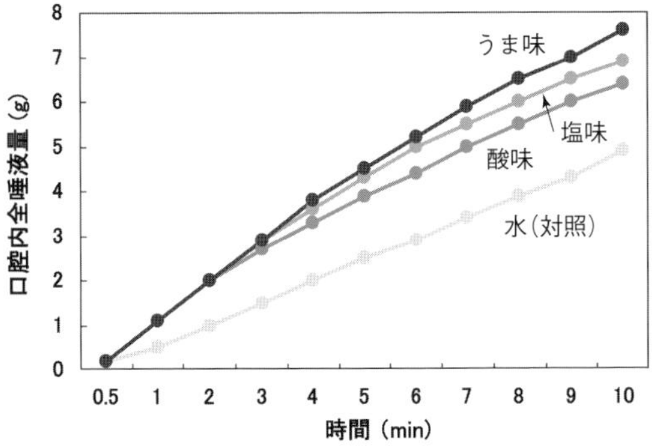

図 8.4　うま味，酸味，塩味による唾液分泌（早川ら，2008）[8)]
口のなかにうま味（MSG），酸味（クエン酸），塩味（NaCl）水溶液を1分間含ませ，吐き出した後の唾液分泌量（$n=24$）．

み味を感じるのに重要な役割をしている．唾液の分泌量が低下しがちな高齢者では口臭や舌苔，嚥下困難，味覚障害などさまざまな問題が生じるが，うま味刺激によって唾液分泌量を増やすことで高齢者の味覚障害が改善されることが報告されている（Satoh-Kuriwada et al., 2009）[9]．

b. うま味の持続性

山口らは塩味（食塩），酸味（酒石酸），うま味（グルタミン酸ナトリウムおよびイノシン酸ナトリウム）の水溶液を用いて，各種呈味の持続性を比較している．各種溶液 10 ml を 20 秒間口に含んでから吐き出し，その後 120 秒間の味の強さを 5 秒間隔で測定した（図 8.5）．

塩味と酸味は口に含んだ直後に，それぞれの味覚を感じる強さが最大となり，その後急速に減少して消失する．うま味の場合には味が復活して長く続く．酸味はすみやかに消失するので，レモンや酢の味が口中をすっきりさせるのに役立ち，味噌汁や吸い物あるいは煮物のうま味は口腔内に長く残り余韻を残す．山口らは，さらにうま味の持続性について，ユニークな実験をしている．イノシン酸溶液を口に含んでからいったん吐き出し，2 分後に茹でたジャガイモを試食する．それから 2 分後に再びイノシン酸溶液を味わうと，最初にイノシン酸溶液を味わったときよりも強いうま味を感じる（図 8.6）．

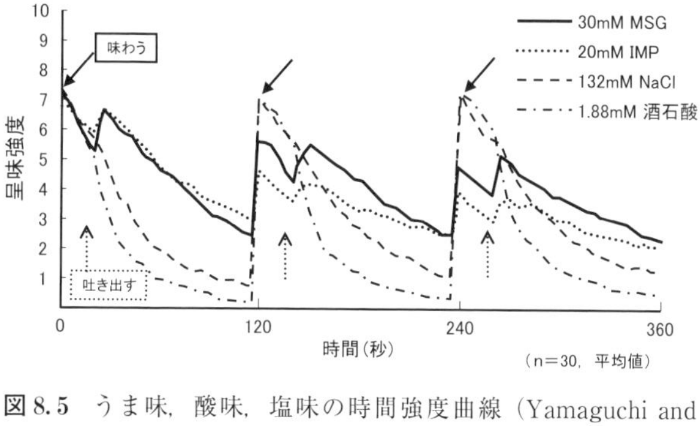

図 8.5 うま味，酸味，塩味の時間強度曲線（Yamaguchi and Kobori, 1994）[10]

各種溶液 10 ml を 20 秒間口に含み吐き出したあと 5 秒ごとに 120 秒間味の強さを測定し，同じ試験を 3 回繰り返した．MSG：グルタミン酸ナトリウム，IMP：5′-イノシン酸ナトリウム，NaCl：塩化ナトリウム．

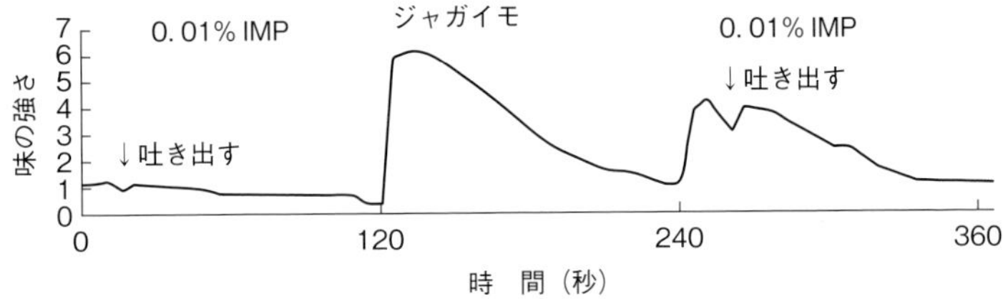

図 8.6　ジャガイモのあと味が低濃度の5′-イノシン酸ナトリウム（IMP）の呈味に及ぼす影響（山口，2008）[11]
IMP 溶液を味わってから茹でたジャガイモ3gを試食し，再び IMP 溶液を味わったときのうま味の強さの時間強度曲線．ジャガイモのグルタミン酸が IMP のうま味を引き出す．

ジャガイモに含まれているグルタミン酸は約0.01%と，ほんのわずかであるが，このわずかなグルタミン酸が少量のイノシン酸（0.01%）と口腔内における相乗作用でうま味を持続的に増強していることが理解できる．肉料理に添えられたジャガイモとの組み合わせは，お互いにうま味を増強しあい持続性（あと味）をもたらしている．和食のメニューで考えると庶民的なレシピである「肉じゃが」は，肉のイノシン酸とジャガイモのグルタミン酸による相乗作用で，うま味の持続性を楽しむことができる一品といえる．

2011年から毎年継続して開催されている各地調理師学校でのうま味セミナー（主催：NPO法人うま味インフォメーションセンター）で，京都の老舗料亭の主人がうま味の講義を実施している．毎年，地元の料理人，食品業界，行政関係者などが集まるなかで，参加者にうま味を体験し理解してもらうために，全員に昆布だしとかつお節を配布する．うま味と相乗作用の体験は次のように行われる．まず，昆布だしを一口飲んでみる．この状態でうま味を感じると答える人は非常に少ない．ちなみに，この老舗料理の昆布だし中のグルタミン酸の濃度は約0.03%である．この時点でうま味を感じていると認識していない参加者もいるが，うま味の情報は確実に受容体から味神経を通じて脳に送られている．前述した米国人と同様にうま味がどのような味であるかを認識していない場合には舌の上にうっすらと残った微妙な味（あるいは，あと味）をうま味だと認識していないことが多いと思われる．次にかつお節（薄く削られた花かつおを数枚）を口に入れて味わってもらう．科学的には，この状態で昆布のグルタミン酸とかつお節のイノシン酸による相乗作用が口のなかで起きているので，昆布だしのみを味わったときよりも強いうま味を感じている．そして，最後にもう一度，最初に味わったのと同じ昆布だしを口に含んでみると，最初に味わった昆布だしよりも強いうま味を感じる．

このような一連の体験を通じて，ようやく口のなかに広がる微妙な味，これまで何と表現したらよいかわからなかった，あるいは味覚の一つと思っていなかった口腔内での感覚が「うま味」であることが理解される．うまみ（あるいは旨み，旨味など）という，おいしさを表現する言葉が，ここで解説している「うま味」とはまったく異なるものであること，そして「うま味」とは非常に微妙な淡い味であり，普段はあまり意識していないものでありながら，実は日本料理を支える大切な役割をしていること，おいしさ（旨み，旨味）を構成する一要素であることが，このような体験から参加者に理解されていく．

c.　舌全体に広がるうま味

2007年12月にウォール・ストリート・ジャーナル紙にumamiに関する記事が大きく掲載された．筆者の米国人女性ジャーナリストは，パルメザンチーズ，アンチョビー，チキンスープ，ピザなどを食べたあとに，舌全体が何かにおおわれてしまったような感覚（full tongue-coating sensation）が「うま味」であると解説している．

この現象については，1996年に丸山らが，うま味は舌全体に広がる味であるということを報告している[12]．まず，直径6 mmほどの小さな円形濾紙に甘味（蔗糖），塩味（塩化ナトリウム），酸味（酒石酸），苦味（硫酸キニーネ），うま味（グルタミン酸ナトリウム）の水溶液を浸み込ませ舌の各部位に置き，舌のどの部分でどの味を明瞭に感じるかを調べた．うま味以外の四つの基本味は舌先，舌側，葉状乳頭後方部で感受性が高いが，うま味は舌の後方部が特異的に感受性が高く感受性部位が著しく局在している（図8.7）．

しかし，同じ溶液を一滴（0.01 ml）だけスプーンの背から舌先で舐めとり，その際に感じた味の種類，さらにその味であると判断したのは舌のどの部分であったかを調べると，うま味は舌全体で感じているように自覚されていることがわかった（図8.8）．

われわれは食物を摂取する際には必ず舌を動かしている．濾紙ディスク法では被験者の舌は静止している状態である．味わうという行為，すなわち舌を動かし

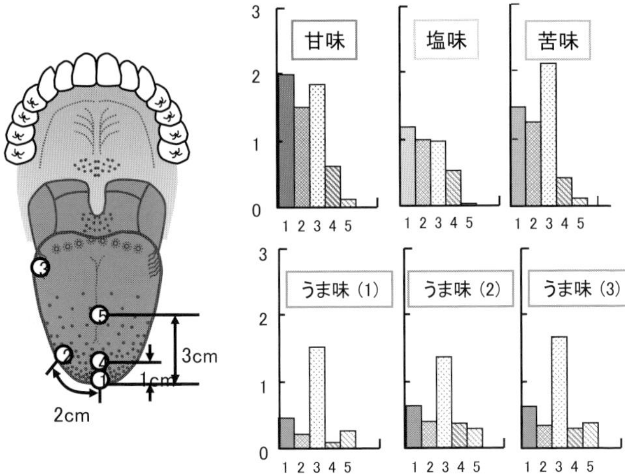

図 8.7　濾紙ディスク法による舌各部位の味覚感度測定結果（$n=30$）（丸山・山口, 1994）[13]

舌各部位：①舌尖，②舌尖より 2 cm の右舌縁，③右葉状乳頭の最も舌根に近い部位，④舌尖より 1 cm の舌正中線上，⑤舌尖より 3 cm の舌正中線上（グラフ横軸の数値は舌の各部位を示す）．

各種呈味溶液は甘味：160 mM 蔗糖，塩味：320 mM 塩化ナトリウム，苦味：0.625 mM 硫酸キニーネ，うま味（1）：160 mM グルタミン酸ナトリウム，うま味（2）：160 mM 5′-イノシン酸ナトリウム，うま味（3）：40 mM グルタミン酸ナトリウムと 5′-イノシン酸ナトリウムの混合液．実験者はピンセットを用いて直径 6 mm の円形ろ紙に各種溶液を浸し，被験者の舌の各部位に乗せ，感じられる味の種類をやっと感じる（1）から明らかに感じる（3）の 3 段階評価で回答．

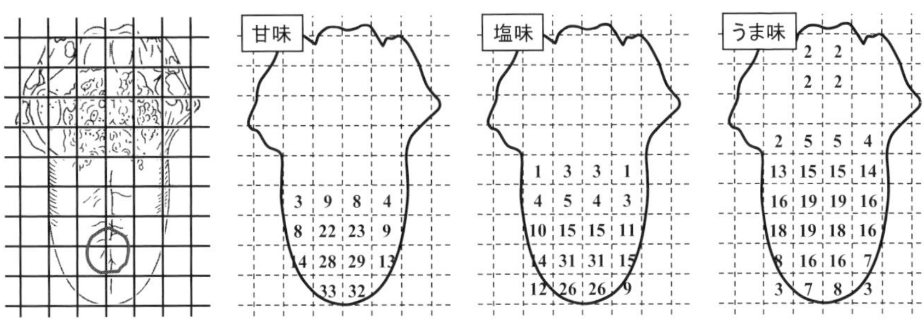

図 8.8　味わう行為のなかで甘味，塩味，うま味が自覚される舌の部位（$n=30$）（丸山・山口，1994）[13]

0.01 ml の各種呈味溶液をプラスチックスプーンの背から舌先で舐めとり，自由に味わったときに感じた味の種類，さらにその味と判断したのはどの部位であったかを舌の図上にフリーハンドで曲線で囲ってもらった．

舌の図中の数値は曲線で囲まれた度数（最大 60）を数えたもの．各種呈味溶液は甘味：160 mM 蔗糖，塩味：320 mM 塩化ナトリウム，うま味：80, 160 mM グルタミン酸ナトリウム．

て何かを食べる，あるいは飲んでいる状態においては舌全体でうま味を感じている．うま味のある食材を食べた後に「舌全体が何かにおおわれてしまったような感覚（full tongue-coating sensation)」といった表現を裏づける結果である．

d. 食品の味への寄与

うま味物質であるグルタミン酸ナトリウム，イノシン酸ナトリウム，グアニル酸ナトリウムは単独では決しておいしい味ではないが，さまざまな食品の味を構成する成分として重要な役割を果たしている．たとえば，トマトを例にあげてみると[14]，トマトの味はグルタミン酸，アスパラギン酸（いずれもうま味のあるアミノ酸)，クエン酸（柑橘類に含まれている酸味成分)，グルコース（甘味）とミネラルによって構成されている．これらの成分を一定の割合で水に溶かすことでトマトの味のする水溶液（再構成エキス）を作ることができる．これらの成分からグルタミン酸を除いてしまうと，酸味のある青りんごや梅ジュースのような味になりトマトの味とはかけ離れたものになってしまう．この再構成エキスにおいてグルタミン酸はうま味を付与するだけではなくトマトらしさを引き出す役割もしている．

山口らは一般の人を対象にうま味が食品の味にどのような効果をもたらすかを調べている．その一例としてビーフコンソメの味の評価について紹介する．ビーフコンソメ（専門家の指導によって本格的に調理したもので，牛すね肉 10 kg に香味野菜などを加えて半日静かに加熱し濾したもの）に 0.05% のグルタミン酸ナトリウムを添加したときの印象を 20～50 歳の男女に自由に表現してもらった結果，香りにはほとんど影響を与えないが，味の持続性，こく，広がり，まろやかさ，濃厚感が増し総合的なおいしさの評価が増すと報告されている．

筆者が所属する NPO 法人うま味インフォメーションセンターでは，多くの方々にうま味を正しく理解していただくために，各種セミナーでうま味の体験を実施している．‘だし’の試飲を通じて舌の上にうっすらと残る淡い味を感じとりうま味を理解することに加えて，純粋なうま味物質の食品の味に対する効果を体験していただくために野菜スープにグルタミン酸ナトリウムを加えたときの野菜スープの味の印象の違いを体験することで，うま味のもつ呈味効果の理解を深めている．使用している野菜スープはうま味体験用に作成したレシピで，ブロッコリーの茎 40 g，セロリ 40 g，マッシュルーム 40 g，玉ねぎ 15 g，人参 15 g，パセリの茎5g，各々1cm角程度に刻んだものを水1リットルに投入し水温が80～85℃に達したら，温度を維持しながら約20分間加熱して漉したもので，完成された野菜スープではなく，グルタミン酸をはじめ各種アミノ酸類がまだ野菜から十分に抽出されていない状態のものである．このスープに食塩を0.1%加えたもの，さらにうま味物質であるグルタミン酸ナトリウムを0.05%加えたものを試飲用に準備し，二つのスープの味を比較する．うま味物質が添加されていないものは水っぽく，さらにそれぞれの野菜の味をバラバラに感じる．一方，うま味物質が加わったものは食塩の添加濃度は同じであるにもかかわらず適度な塩味を感じるとともに，それぞれの野菜の味が一つにまとまり広がりと深み，そしてじんわりとした後味を感じる．このような体験を通じてうま味の効果の理解に繋げている．

うま味はいうまでもなく一つの味覚であり，正しい理解に繋げていくためには，体験して感じることが非常に重要なステップとなる．うま味を感じているにもかかわらず，それが一つの味覚であると自覚できないという光景もしばしば見受けられる．それは，池田菊苗自身が米国の学会で発表しているように（8.3節参照），他の四つの基本味は非常に鮮明で明確な味質をもっているのに対し，うま味の場合は非常に微妙で曖昧な味質であることによる．いままで味覚の一つだとは思っていなかった口腔内の感覚が実は基本味の一つであるうま味によるものだったということに気づく機会を積極的に設けていきたいものである．

前述した「だしとうま味の味覚教室」で，‘だし’の入っていない味噌湯の味について「‘だし’が入っている味噌汁に比べると，味がすぐに消えてしまう」とコメントをしてくれた小学生がいた．うま味による持続性についてわかりやす

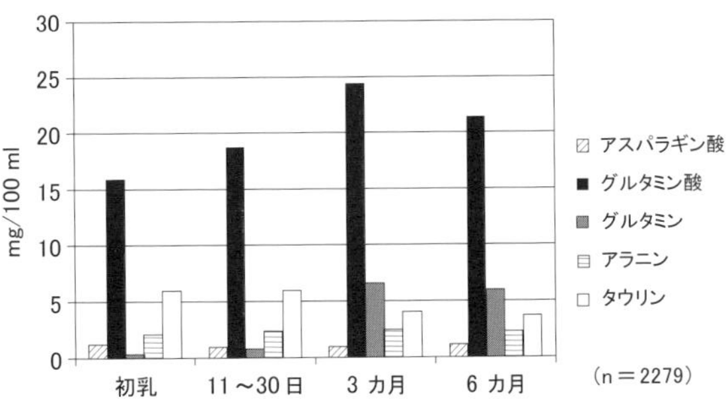

図8.9 母乳中の遊離アミノ酸（伊戸田ら，1991，改変）[15]

く自分の言葉で表現してくれた一例である．

われわれが生まれて初めて口にする母乳にはグルタミン酸が他のどのアミノ酸よりも多く含まれている（図8.9）．さらに，母親が食べた食事の風味は母乳に移行することも報告されており，母親が和食に慣れ親しんでいることが乳児の嗜好形成になんらかの影響があると考えられる．学校給食を和食に変えたことで，子どもたちの態度変容が見られたというような報告もあるが，今後ある地域での報告だけではなく，実態に関する包括的な研究が食と情動との相互作用を解明する糸口になると考えられる．

8.5 和食の‘だし’

a. ‘だし’の呈味特性[16〜19)]

前述のように日本料理の‘だし’にあたるものは，西洋料理ではフォンやブイヨン，中国料理では湯(タン)である．いずれも，素材を水とともに加熱し素材がもっている各種呈味成分を抽出した液体であり，‘だし’の調理のために用いた素材は食さず液体を使うという点はどの料理の‘だし’においても共通している．しかし，日本料理の‘だし’がその他の料理における‘だし’と大きく異なる点は，乾燥した食材を用いることにある．食材を乾燥させることで水分が失われ保存性が高まるとともに，素材そのものに含まれている各種成分は濃縮される．日本料理の‘だし’の素材として使用されるすべての食材に共通するうま味成分はグルタミン酸である．グルタミン酸は加熱調理や乾燥などの工程で他の物質に変化したり分解されることがない安定な物質である．

かつお節の主要なうま味成分はイノシン酸であるが，イノシン酸は魚の死後，筋肉中に含まれていたアデノシン三リン酸（ATP）という物質から作られる．死後時間が経過するとともにATPはイノシン酸に変化するが，さらに時間が経過するとイノシン酸はヒポキサンチンという物質に変化し，うま味成分であるイノシン酸は減少していく．かつお節の製造工程において鰹の身は95℃で1〜1.5時間加熱される．この工程でイノシン酸をヒポキサンチンに変える酵素は失活してしまうため，イノシン酸はそれ以上変化することはなくなる．さらにその後の焙乾，乾燥，カビ付といった工程で水分が失われていく．鰹の生肉の水分含量は約75%であるが，最終製品としてできあがったかつお節（本枯節(ほんかれぶし)）では15%にまで減少する．かつお節は世界中で最も固い食品といわれている．かつお節を二つに割ってみると表面は宝石のように艶があり輝いている（ガラス化現象）．ここまで水分含量が低くなれば，そこに含まれていた呈味成分も変化せず長期保存が可能となる．

煮干しは魚を煮て干した乾物のことであり，かたくちいわし，まいわし，うるめいわし，とびうお，まあじ，たい等，いろいろな素材を使った煮干しがある．煮干しの場合もかつお節と同様にいったん煮てから干すことによって，素材に含まれていたイノシン酸はそのまま素材に保存され‘だし’にイノシン酸のうま味を付与する．さらに，煮干し類にはグルタミン酸も含まれており，イノシン酸との相乗作用によって強いうま味が得られる．

干し椎茸も‘だし’の素材として古くから使われている素材の一つである．干し椎茸には生の椎茸には含まれていないうま味成分であるグアニル酸があり，グルタミン酸との相乗作用でうま味が強くなる．最近では椎茸を熱風乾燥したものもあるが，本来，干し椎茸は生の椎茸を穏やかな条件で乾燥させて製造され，椎茸に含まれていた酵素類が保持されている．乾燥によって細胞膜は壊され，細胞内にある核酸（RNA）に細胞外にあった酵素が働き水戻しの工程で酵素が活性化されグアニル酸が生成されることが近年明らかになった．グアニル酸は干し椎茸だけではなく干した茸類に含まれるうま味成分として知られている（表8.4）．精進だしに使われる切り干し大根や干ぴょうにもグアニル酸が含まれている．野

表 8.4　各種だし素材に含まれるうま味成分（mg/100 g）

		グルタミン酸	イノシン酸	グアニル酸
昆布	利尻昆布	1985		
	羅臼昆布	2286		
	真昆布	3190		
	日高昆布	1344		
煮干し	カタクチイワシ	60	560	
	タイ	63	550	
	トビウオ（アゴ）	99	410	
	ウルメイワシ	67	830	
	アジ	86	620	
節類	鰹節	36	700	
	まぐろ節	31	967	
野菜類（精進だし用素材）	干し椎茸	1060		150

資料提供：NPO 法人うま味インフォメーションセンター

菜類をいったん天日干しにしたものから‘だし’を引く精進料理の調理法は，生の野菜類には含まれていなかったグアニル酸のうま味を上手に活用する方法であるといえる．

b. 西洋料理・中国料理の‘だし’との比較

西洋料理のフォンやブイヨン，中国料理の湯（タン）は新鮮な肉や野菜を長時間加熱することで，肉や野菜に含まれる各種呈味成分を抽出した液体である．長時間の加熱によって遊離アミノ酸（食品に含まれる個々のアミノ酸），糖，核酸関連物質に加えて，鳥獣肉や骨からペプチド（アミノ酸が2個から数十個つながったもの）やゼラチンなどの高分子化合物も抽出されるので，うま味を中心とする日本料理の‘だし’に比べると味の構成成分はより複雑であるといえる．各種だしの主要な呈味成分となる遊離アミノ酸および核酸関連物質のイノシン酸を比較してみると，日本の‘だし’ではうま味成分が中心となっていることがわかる（図8.10）．

タンパク質を構成しているアミノ酸は20種類ある．食品にはタンパク質を構成しているアミノ酸のほかに，個々のアミノ酸（遊離アミノ酸）が存在し食品の

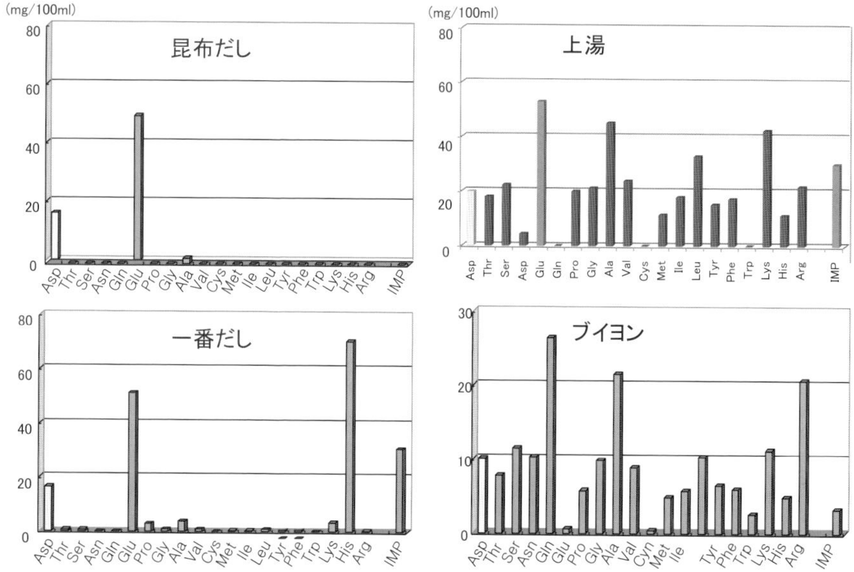

図8.10 各種だし中の遊離アミノ酸とイノシン酸（資料提供：NPO法人うま味インフォメーションセンター，二宮ら（2010）[20] をもとに作成）

表 8.5　各種アミノ酸の味（岸・西村監，2007）[21]

アミノ酸	呈味性	アミノ酸	呈味性
ヒスチジン	苦味	セリン	甘味
メチオニン	苦味	スレオニン	甘味
バリン	苦味	リジン	甘味/苦味
アルギニン	苦味	プロリン	甘味/苦味
イソロイシン	苦味	アスパラギン	酸味
フェニルアラニン	苦味	グルタミン酸	酸味
トリプトファン	苦味	アスパラギン酸	酸味
ロイシン	苦味	グルタミン	無味
チロシン	苦味	システイン	無味
アラニン	甘味	グルタミン酸ナトリウム	うま味
グリシン	甘味	アスパラギン酸ナトリウム	うま味

味に寄与している．グルタミン酸，アスパラギン酸は酸味をもつが，pH 7.0 付近ではグルタミン酸塩あるいはアスパラギン酸塩として存在するのでうま味をもつアミノ酸である．各種だしはおおむね pH 6.7～7.0 であり，これらのアミノ酸は‘だし’にうま味を付与している．アラニンやグリシンは甘味，ヒスチジンやアルギニンは苦味など，アミノ酸はそれぞれに固有の味をもっている（表 8.5）．

西洋料理のブイヨンや中国料理の湯は，日本料理の‘だし’とは異なり，グルタミン酸やアスパラギン酸以外の各種の遊離アミノ酸が鳥獣肉や野菜から抽出されているので，日本料理の‘だし’より複雑な味が形成されているといえる．日本料理の‘だし’，西洋料理のブイヨン，中国料理の湯はいずれもそれぞれの料理の基本となる調理素材であり，‘だし’，ブイヨン，湯の良し悪しが料理に影響するため料理人やシェフたちがその素材や調理方法にこだわる点であり，過去の経験からさまざまな工夫がなされてきている．これらの各種だしにおいて遊離アミノ酸による味が重要な役割を果たしているが，日本料理のだしでは全遊離アミノ酸に対するグルタミン酸とアスパラギン酸の占める割合がブイヨンに比べると非常に高く，日本料理の‘だし’においてはうま味による‘だし’の味への貢献度が大きいといえる．昆布だし，ブイヨン，チキンコンソメ（ブイヨンをベースとして調理したスープ）および味噌汁（いずれも料亭あるいは調理師学校で調理したものを分析）の遊離アミノ酸組成を比較してみると，味噌汁とチキンコンソメの遊離アミノ酸組成は非常によく似ているが，全遊離アミノ酸量は味噌汁で約 500 mg/ml，チキンコンソメは約 200 mg/ml であり，だし由来の遊離アミノ

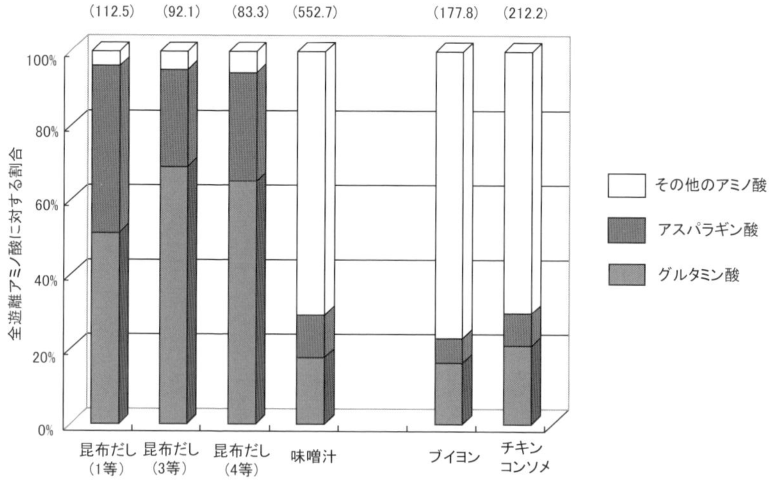

図 8.11 昆布だし，味噌汁，ブイヨン，チキンコンソメにおける Glu および Asp の全遊離アミノ酸に対する組成比（Ninomiya, 2015）[22]
各バーの上のカッコ内の数値は昆布だし，味噌汁，ブイヨン，チキンコンソメ中の全遊離アミノ酸濃度（mg/100 ml）を示す．

酸に味噌の遊離アミノ酸が加わった味噌汁はアミノ酸に富んでいることがわかる（図 8.11）．

味噌や醤油など遊離アミノ酸に富む発酵食品を多用することはユネスコの無形文化遺産に登録された「和食」の特徴の一つとしてあげられている．和食はアミノ酸に富んだ発酵食品を多用する食文化ともいえるだろう．

おわりに

食の多様化，外食産業の振興，女性の社会進出，核家族化などさまざまな環境変化によって日本の食が大きく変化していることは事実であり，この状況を 30 年前の食生活に戻すことは困難である．世界が健康視点から注目している日本型食生活は 1970 年代〜1980 年代のものであり，われわれも「だし・うま味」と情動との関係を解明しつつ，長い歴史のなかで培われてきた日本食文化をいま一度見直す時期にきている．和食がユネスコの無形文化遺産に登録されたことも，われわれの食を見直すいいきっかけになることを願いたい．本章ではだし・うま味を中心にうま味の呈味特性を述べたが，食品においては香りも重要な役割をしており，かつおだしの味は塩味を実際の塩分濃度以上に感じさせる，さらに，かつおだしの香りだけでも減塩効果があることも報告されている．和食の‘だし’そのものの全体像をつかむためには，今後の学際的な研究も必要であり，さらに，‘だし’をベースにした食材の持ち味を生かした食事を取ることと，健やかな情動の育成という今後の研究の進展を期待したい．　[二宮くみ子]

文　献

1) 船津保浩，砂子良治，小長谷史郎：醤油麹を用いて製造したマルソウダ魚醤油と国内産魚醤油および大豆こいくち醤油との呈味成分の比較．日本水産学会誌 **66**(6)：1036-1045, 2000.
2) 池田菊苗：新調味料に就いて．東京化学会誌 **30**：820-836, 1909.
3) Ikeda K：On the taste of the salt of glutamic acid (Abstract). The 8th International Congress of Applied Chemistry, Washington and New York, p. 147, 1912.
4) 小玉新太郎：イノシン酸の分離法に就いて．東京化学会誌 **34**：751-757, 1913.
5) 國中　明：核酸関連化合物の呈味作用に関する研究．日農化誌 **34**：489-492, 1960.
6) Yamaguchi S：The synergistic taste effect of monosodium glutamate and disodium 5′-inosinate. *J Food Sci* **32**：473-478, 1967.
7) 特集：うま味発見100年記念公開シンポジウム．日本味と匂学会誌 **15**(2) 別冊，2008.
8) 早川有紀，河合美佐子，鳥居邦夫，畝山寿之：うま味刺激による唾液分泌促進効果．2008年度味と匂学会第42回大会，日本味と匂学会誌 **15**：367-370, 2008.
9) Satoh-Kuriwada S, Shoji N, Kawai M, Uneyama H, Kaneta N, Sasano T：Hyposalivation strongly influences hypogeusia in the elderly. *J Health Sci* **55**, 689-698, 2009.
10) Yamaguchi S, Kobori I：Human and appreciation of umami taste. in Olafaction and Taste, Kurihara K, et al (eds), Springer Japan, pp. 353-360, 1994.
11) 山口静子：うま味の基本特性とおいしさへの寄与．日本味と匂学会誌 **15**(2)：145-148, 2008.
12) 丸山郁子，山口静子：刺激量がうま味の感受性に及ぼす影響．日本味と匂学会誌 **3**：625-632, 1996.
13) 丸山郁子，山口静子：うま味の感受性部位と呈味特性．日本味と匂学会誌 **1**：320-323, 1994.
14) Fuke S, Konosu S：Taste active components in some foods：A review of Japanese research. *Physiol Behav* **49**：863-868, 1991.
15) 伊戸田　正ほか：最近の日本人人乳組成に関する全国調査（第3報）─総アミノ酸組成および遊離アミノ酸について─．日本小児栄養消化器病学会雑誌 **5**(2)：209-219, 1991.
16) 柴田書店編：だしの基本と日本料理─うま味のもとを解き明かす，2006.
17) 熊倉功夫，伏木　亨監：だしとは何か，アイ・ケイコーポレーション，2012.
18) 脇田美佳，平田裕子，畑江敬子，島田淳子：煮干だし汁の溶出成分と呈味性との関係．日本家政学会誌 **42**(12)：1051-1057, 1991.
19) 青柳康夫，菅原龍幸：干し椎茸の水もどしに関する一考察．日本食品工業学会誌 **33**(4)：244-249, 1986.
20) 二宮くみ子，北村慎一，江草（雑賀）愛：異なる温度下で調理したブイヨン中の遊離アミノ酸の変動．日本家政学会誌 **61**(12)：765-773, 2010.

21) 岸　恭一，西村敏英監，日本必須アミノ酸協会編：タンパク質・アミノ酸の科学，工業調査会，2007.
22) Ninomiya K : Science of umami taste: adaptation to gastronomic culture. *Flavour* **4**, 16–20, 2015.

9
京料理の老舗料理人が小学校で授業をする“日本料理に学ぶ食育カリキュラム”

NPO 法人日本料理アカデミー[1]に所属する京料理の老舗若手料理人たちは，子どもたちの和食離れを憂い“京料理の魅力と伝統文化”を子どもたちに伝えたいとの強い思いをもって，食育基本法が施行される以前から地域の校区の小学校でボランティアとして，“京料理の魅力”を伝える授業を行い，地域の小学生と交流していた．料理人たちは，交流を通して現在の子どもたちには和食離れの傾向があり，和食のよさを伝える食教育が必要であることを痛感し，それまでの個別的な活動を組織的な活動することを決意した．2005 年（平成 17 年），若手料理人の代表たちが京都市教育委員会に出向き当時の門川大作教育長（現市長）と面談し，小学生に“京料理のおいしさと魅力，京都の食文化”を教えたいと，料理人の熱い思いを伝えた．話は一気に進み，市教育委員会と日本料理アカデミーが連携した「日本料理に学ぶ食育カリキュラム推進事業」が立ち上がった．食育基本法が制定される前のことであった．早速，平成 17 年度の途中ではあったが，市立小学校 5 校でモデル授業を開始した．平成 18 年度には 8 校で，平成 19～22 年度には 17 校で総合的な学習の時間や家庭科のなかで食育カリキュラムにもとづく授業を実施した．平成 23 年度は 14 校，24 年度以降は毎年 15 校前後で家庭科の正規の授業として進めている[2]．

日本料理アカデミーは，2004 年（平成 16 年）日本料理の継承･発展を図るために，京都の老舗料亭の料理人たちが中心になって設立された（2007 年 NPO 法人化）．現在，メンバーは約 150 人で全国各地にわたり，その活動は料理に視点を据えた「教育，文化，技術，研究」の推進である．日本の食文化を次代につなぐ地域に密着した食育活動や世界の料理人との交流，若い日本料理人を対象にした研鑽事業などを実施している．メンバーの主体は料理人で，食品関連企業や学識経験者が支援している．理事長は村田吉弘氏（菊乃井･主人），副理事長は栗栖正博氏（たん熊北店・主人）が務める．和食のユネスコ無形文化遺産への登録を積極的に進めたグループである（2013 年 12 月登録）．

9.1 組　　織

2006 年（平成 18 年）度に，日本料理アカデミーから老舗料理人および学識経験者（的場輝佳：関西福祉科学大学）と，京都市教育委員会（学校指導課，体育健康教育室，総合教育センター，小学校 PTA 連絡協議会，小学校家庭科教育研究会など）が連携して「日本料理に学ぶ食育カリキュラム推進委員会」（委員長：的場輝佳，平成 21 年度から）（図 9.1）を設立し，実際の授業に対応するシステムができあがった．

また，日本料理アカデミーの委員会の一つとして「地域食育委員会」（委員長：園部晋吾氏，山ばな平八茶屋・若主人，副委員長：鵜飼治二，近又・主人，田村圭吾氏，萬重・若主人）を組織し，「日本料理に学ぶ食育カリキュラム」事業を運営している．日本料理アカデミーに所属する約 30 人の料理人たちが授業を行っている．

9.2 教育体制

平成 23 年度から正規の家庭科の授業に組み込まれたプロセスを簡単に述べる．平成 23 年実施の文部科学省『小学校・新学習指導要領』施行を踏まえて，京都市教育委員会が独自の基準を加えて教科・領域ごとに策定した『小学校教育指導計画』（京都市スタンダード）の「家庭科」に，平成 20 年 3 月に制作した『日本

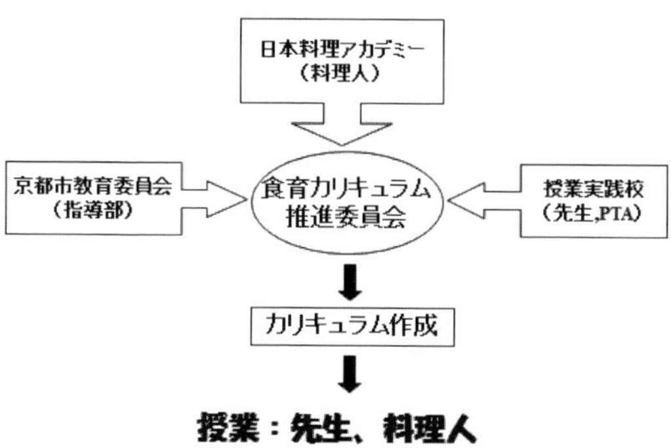

図 9.1　食育授業の組織図

料理に学ぶ食育カリキュラム指導資料集』(DVD 添付)[3] の内容を加えた「食育スタンダード」を作成した．これにそってそれぞれの小学校の実態に合わせて家庭科の授業のなかで食育を実施することとした．本スタンダードには，家庭科の食の単元の中に日本料理に学ぶ食育カリキュラムの内容を組み込んだものを，5 年生で 10 時間，6 年生で 15 時間実施することが明記されている．料理人はこれらの時間の一部の授業を担当する．なお，DVD には料理人が授業で行う料理の技が収録されている．

京都市内すべての小学校（約 170 校）で，料理人が授業を担当することは不可能である．料理人が担当しない授業は，担任が栄養教諭と連携して，「食育スタンダード」にそって，上記の『日本料理に学ぶ食育カリキュラム指導資料集』を参考にして授業を行う．また，その一助として，以下で述べる授業風景を DVD

表 9.1　授業実施数と参加した料理人（平成 17〜27 年度）

	モデル授業実施校	延べクラス数	児童数
平成 17 年度	5	13	391
平成 18 年度	8	18	607
平成 19 年度	17	37	1060
平成 20 年度	17	35	995
平成 21 年度	17	33	978
平成 22 年度	17	35	933
平成 23 年度	14	37	766
平成 24 年度	15	45	976
平成 25 年度	15	33	990
平成 26 年度	16	34	1041
平成 27 年度	16	29	767

平成 28 年 3 月現在．延べ 157 校，349 クラス，9504 人（実質実施校数：107 校，市内に 166 校）．

授業に参加した料理人など（（　）は屋号）：荒木稔雄（魚三楼），安念尚志（下鴨福助），飯聡（大和学園），石川輝宗（天喜），井上勝宏（井政），石橋敏之（甚平），鵜飼治二**（近又），磯辺栄一（いそべ），小笠原敦（大和学園），小川洸（京都料理学校），梶憲司（かじ），北倉功壹（松廣），北村晋一（いもぼう平野家本家），栗栖基（嵐山熊彦），小西將清（萬亀楼），才木充（直心房さい木），園部晋吾*（山ばな平八茶屋），高木隆慈（繁なり），辰馬雅子（せんしょう），高沢陽一（高澤），高橋拓児（木乃婦），高橋義弘（瓢亭），竹中徹男（清和荘），田中信行（鶴清），田中良典（とりよね），田村圭吾**（萬重），寺田慎太郎（杢兵衛），中東久雄（草喰なかひがし），左聡一郎（辰巳屋），古川拓也（渡月亭），吉田忠康（八百忠別館）．

NPO 法人日本料理アカデミー地域食育委員会：*委員長，**副委員長．

に収録する企画を，日本料理アカデミーで進めている．

9.3 授業までの手順

まず，年度の初めに「日本料理に学ぶ食育カリキュラム推進委員会」を開いて，各年度の基本方針とモデル授業を実施する小学校を決定する．これを受けて，日本料理アカデミーの「地域食育委員会」を開催して，料理人たちにモデル授業実施校を提示し店舗の地域などを配慮して，各モデル授業実施校を担当する料理人を決定する．この委員会は，料理人の仕事を考慮して，京都市中心部の料亭「近又」（副委員長の店舗）で，午後9時から実施する．必要に応じて，補助する料理人も加え授業をサポートする．授業経験のない料理人には食育授業を体験する

表 9.2 日本料理に学ぶ食育カリキュラム推進事業取組要領

1. めざす子ども像
 ○五感を大切に，食を味わうことを通して健康や環境について考える子ども
 ○自然の恵みや食に関わるすべての人に感謝しながら，食生活を楽しむ子ども
 ○京都の伝統的な食文化のよさを知り，誇りをもって受け継ごうとする子ども

2. 取組目標
 ①教科等のねらいに沿って，日本料理に学ぶ食育カリキュラム指導資料集の活用を検討し，取組の拡大・継続を図る．
 ②学校・家庭・地域が一体となって，食育の推進に向けて連携を深める．

3. 指導内容
 味覚教育
 ①食事を取る際に五感をどのように使って味わっているかを意識させる．
 ②日本料理のおいしさの秘密は「だし」であることを知る．
 ③五感を使って日本料理の特徴であるだしを味わい，うま味とよさがわかる．
 食材教育
 ①身近な野菜に興味を持ち，野菜が出来るまでの苦労を考え，食材の大切さを知る．
 ②四季折々の京野菜の種類について知り，旬の野菜の持ち味を生かした料理の仕方を考える．
 ③人間も食材も地球上で生かされていることを知る．
 ④命ある食材をいただくので，食べられるものは食べつくす．
 料理教育
 ①日本料理の特徴であるだしの取り方を知る．
 ②旬の食材を使い，だしのうま味をいかして，食材の特性に応じた料理法を知る．
 ③自ら料理を作ることができるようになるための基礎知識を得る．
 ④生きた野菜や動物の命に感謝していただくことを知る．
 ⑤感謝の気持ちを込めて，正しい作法で食事をいただくことができる．

貴重な機会にもなり，本食育授業を継続し拡大することに有効である．担当料理人は，個別に当該小学校の管理職や担当教諭（担任または栄養教諭）と連携して，授業日時と授業内容を決める．担当教員は「家庭科学習指導案」を作成する．すべての学校の授業日程が決定した後，教育委員会が公開授業として広報する．授業は地域・保護者にも公開される．これまで，授業を行った小学校（クラス数，授業を受けた人数）と参加した料理人を表9.1に示してある．

授業の趣旨について，「日本料理に学ぶ食育カリキュラム推進委員会」で合意した推進事業取組要項を表9.2にまとめてある．料理人たちは日本料理の魅力を子どもたちに伝えるために，①“だし”を知ってもらうこと，②食材の命をいただいていること，③料理には“おもてなしの心”が大切であることをテーマにして授業を行う．とくに，日本料理を特徴づける“だし”の風味を味わうこと，“だし”を使うとおいしい料理に仕上がることを授業の主眼に置いて，料理人が料亭で使う極上の昆布とかつお節で料理人の店の“だし”（一番だし）を引き，旬の京野菜などを使って実習を行う．また，京都の食文化にも触れ，子どもたちが季節感溢れる京料理の真髄に触れ継承することにも力点を置いている．

9.4　授業風景

a.　典型的な授業例

以下に典型的な授業例として授業全体の概要を紹介する．平成24年11月5日，小栗栖宮山小学校（京都市伏見区）で実施された授業である（図9.2〜9.9）．担当料理人は園部晋吾さん（山ばな平八茶屋・若主人），担当教諭は平岡美香先生であった．当日は，平成24年度の最初の公開授業ということもあってKBS京都テレビの取材が入った．

子どもたちに，「五感を使って味わう」，「感謝の気持ち」，「他人への配慮や気遣い」，「日本料理やだしの大切さ」を伝えるために，実際にだしを引いてもらい，お吸い物を作ってもらうという授業を行った．事前に準備したものは，昆布，かつお節，ゆがいた壬生菜，生湯葉，生麩，柚子，塩，淡口醤油である．実習テーブルごとに下ごしらえをして準備した．

授業開始　担任の平岡美香先生が，料理人の園部晋吾さんを紹介し，授業のテーマ「五感を使って日本料理の「だし」を味わい，日本一のすまし汁を作ろう」の内容を説明した（図9.2）．

図 9.2 調理教室での授業開始（担任：平岡美香先生が料理人を紹介）

料理人の問いかけ　園部さんは，子どもたちに，「味ってどこでわかりますか？」「舌でわかる味にはどんな味がありますか？」「食べると味わうの違いはなんですか？」と問いかけ，子どもたちとのやり取りを通して，味を感じる基本である五感（視覚，聴覚，触覚，嗅覚，味覚），味の基本である五味（甘味，酸味，塩味，苦味，うま味），色の基本である五色（青，黄，赤，白，黒），調理法の基本である五法（生ものを切る，揚げる，煮る，焼く，蒸す）について，わかりやすく説明した．「料理はバランスが大事．大きさ，色合い，盛付，味などをバランスよく，おいしそうに見えて，それがおいしいこと．そして，食べる人のことをちゃんと考えて作ること．大切な人のことを考えて，料理を作ってください」と話した後，“だし”の大切さ，“だし”の味はうま味であることも語った．「目で見て，鼻で香りを感じて，舌で味わい，固さ柔らかさ，温度なども感じて，すべての感覚を動員して料理を作り，食事を楽しみましょう」と語りかけた．

“だし”の試飲　園部さんの店で使う極上の天然利尻昆布（礼文島香深産）とかつお節（枕崎産本枯れ節）を子どもたちに見せ，手渡しして直接触れて香りや固さ，大きさを感じてもらった．また，極上の昆布で“昆布だし”を引いて，子どもたちに試飲してもらった．ほとんどの子どもたちからおいしくないといわれた．次に，その“昆布だし”に極上のかつお節を加え“一番だし”を引いて，子どもたちに試飲してもらった．今度は，半分くらいの子どもたちがおいしいといった．さらに，その“一番だし”に少量の塩と淡口醤油で味付けして，試飲し

図 9.3　昆布の説明（料理人：園部晋吾さん，極上の利尻昆布）

図 9.4　かつお節の説明（極上の枕崎産枯れ節）

図 9.5　“昆布だし”にかつお節を加え，“一番だし”の完成

図 9.6　園部さんが引いた“だし”を味わう子どもたち

てもらった．子どもたちのほとんどは「おいしい！」と大歓声を上げ，“だし”のおいしさに感動した（図 9.3〜9.6）．

“だし”の魅力　園部さんは，“昆布だし”にかつお節を加えると，“だし”のうま味と香りが一層引き立ちおいしくなること，お店ではこのような“だし”を料理に使っていることを説明した．また，湯がいただけの京野菜のみず菜を食べてもらって，食材そのものの味を味わってもらった後，水に調味料を入れたお浸し，だしに調味料を入れたお浸しを食べ比べてもらってだしのよさを知ってもらった．野菜のお浸しは，本来，ゆがいた野菜にかつお節と醤油かけるのではなく，味を付けた“だし”に浸すから，お浸しというと話をした．園部さんが用意した，京野菜のみず菜のお浸しを，子どもたちに試食してもらった．子どもたちは，おいしいと喜んだ．

実　習　子どもたちが，白板に表示された順に行った．「プロが教えるだしの引き方」①なべに水を注ぎ，昆布を入れる．②中火にかけ，ふっとう直前に昆

図 9.7　子どもたちが“昆布だし”を引く（次に，かつお節を加え“一番だし”を引く）

図 9.8　“一番だし”に塩と薄口醤油で味付けする

図 9.9　味付けした“だし”をお椀に盛り，“すまし汁”の完成

図 9.10　子どもたちに“すまし汁”の感想を聞く

布を引き上げる．③かつお節を入れ，すぐ火を止める．④ 20 秒ほどしたら，アクをとる．⑤布またはキッチンペーパーなどでこす（しぼらず，自然にだし汁が落ちるまで待つ）．「すまし汁の作り方」①だしをなべにもどす．②だしに調理料を入れる（すこしずつ，味見しながらする）．③下味をつけた食材（生麩，湯葉，壬生菜，柚子）をお椀に盛り付ける．④お椀に温めた吸物だしを注ぐ．

園部さんは，濃すぎると飲めなくなるので，味を確かめながら，塩と醤油を加えるようにと強調した（図 9.7，9.8）．

盛り付けと試食　子どもたちは，下味をつけた京野菜の壬生菜，京都の生湯葉と生麩をお椀に入れて，子どもたちが作った“だし”を温めてお椀に注いだ．“いただきます”を唱和して，自分たちが作った「日本一のすまし汁」をおいしくいただいた．園部さんがテーブルを回り，子どもたちに感想を聞いたり，調理法や京料理についての質問を受けていた．最後に食材への感謝の気持ち，食材に携わったすべての人への感謝の気持ちの話をして，授業を終えた（図9.9，9.10）．

事後研修会　授業の後，園部さんを中心に，小栗栖宮山小学校の教職員，参観の教員，教育委員会の方などが集まって，当日の授業の感想，意見の交換を行い，今後の発展・継続につなげる研修会を実施した．

b. 他の授業例

授業では，上述の例で述べたように，まず“だし”について授業を進める．次に，“だし”を利用した調理実習を行う．個々の料理は，季節などを念頭に入れて料理人の判断で決める．食材には旬の京野菜などを使う．学校菜園で収穫したものを使うこともある．以下に，いくつかの授業例を簡単に紹介する．

かぶら蒸し　伏見板橋小学校で北倉功壹さん（松廣・主人）と石橋敏之さん（甚平・主人）が担当（図9.11～9.13）．聖護院蕪（かぶら）を，おろし金で卸し，卸した蕪に少量の塩を降りかけた後，茶碗蒸し茶碗に色取の金時人参を添えて蒸し器に掛ける．蒸し途中で一椀を取り出し味見する．子どもたちは，「甘い！　塩をしたのに．ピリ辛い味がせえへん」と驚き，野菜のおいしさを知る．蒸し上がった蕪に，味付けした“だし”に片栗粉でとろみを付けてからませ，みず菜を添えて色取りを整える．

大根まるごと食べ尽くす　鞍馬小学校で中東久雄さん（草喰なかひがし，主人）が担当（図9.14～9.16）．聖護院大根のすべてを食べつくすために，根（大根），茎，葉を分離し，皮をむいた根を銀杏切りにし，皮と軸は千切りにする．大根を“だし”で煮る．追いがつおをして淡口醤油とみりんと塩で味付けし葉を加える．茎

図9.11　聖護院蕪を卸し金で卸す

図9.12　卸した蕪を蒸す（蓋が空いているものは試食用）

図 9.13　蒸した蕪を試食する

図 9.14　聖護院大根から茎と葉を千切る

図 9.15　銀杏切にした大根に“だし”を入れて煮る

図 9.16　煮た大根に味付けをする

図 9.17　とき卵と“だし”を混ぜて，具の入った椀に注ぐ

図 9.18　蒸し器にかける

と皮はフライパンにごま油をひて炒める．淡口醤油とみりんで味付けて完成．中東さんのお店で使う土鍋を持参し，こだわりのご飯を炊く．

茶碗蒸し　日野小学校で竹中徹男さん（清和荘・主人）が担当（図 9.17, 9.18）．さつまいも，椎茸，蒲鉾，三つ葉の下拵え（包丁で切る，茹でる）をする．卵を

図 9.19　野菜を水のみで煮て，煮汁の味見をする

図 9.20　安全な包丁の使い方（“猫の手”で切る）

図 9.21　料理人が作った“お吸い物”

割ってボウルに取りかき混ぜ，4 倍量の“だし”を加えて混ぜた後，ザルで濾してカラザを除く．淡口醤油とみりんで調味して，下拵えをして具材とともに蒸し器で蒸し，でき上がったら三つ葉を添えて完成する．

野菜の煮びたし　西陣中央小学校で田村圭吾さん（萬重・若主人）が担当（図 9.19，9.20）．自宅から子どもたちに野菜を持ってこさせ，家族のための野菜料理を作る．まず，野菜を水だけで煮て煮汁を味見する．「甘いね，野菜だけでもおいしいな」と野菜嫌いな子どもも食べるようになる．野菜の下ごしらえの包丁の使い方を教える．食べる人のことを思って，食べやすい大きさや，美しく仕上げる面取り，猫の手で包丁を使うと安全であることなど，手取り教える．

その他　だし巻たまご，味噌汁，お吸い物（旬の京野菜，松茸なども具材に），京野菜の煮びたしなど．また，料理人が包丁使い（大根のかつら剥き，胡瓜の蛇腹切りなど）を披露したり，料理人が作った料理を紹介することもある（図 9.21）．

9.5　先生や子どもたちの反応

授業を終えて，子どもたちや先生方が書いた感想を表9.3にまとめておく．子どもたちが，あらためて日本料理に関心をもち，”だし”のおいしさを心に深く刻んだようであった．また，家庭で料理をしてみようと意欲も示していた．先生方は，料理人の授業が子どもたちを心をとらえ，子どもたちが生き生きと目を輝かせていたことに驚かれていた．日本料理の魅力を，すべての子どもたちにあまねく伝えることができるのは，小学校の授業である．このように，京都市の小学校で展開されている「日本料理に学ぶ食育カリキュラム」は，ユニークな食育モデルの一例として提示できると考えている．

表9.3　授業に対する児童および教職員の感想（抜粋）

児童の感想

・だしについての学習がすごく心に残った．ゆっくり五感を使ってだしを味わったのは初めてだった．一つだけでは，それほどおいしくないものも合わせることでおいしくなることが分かった．

・昆布だしは味が薄くて，おいしいとは言えなかったけれど，鰹節を加えると味が出てきて，調味料をプラスすると，さらにおいしくなった．とてもおいしくなっていつまでも飲んでいたくなった．

・昆布と鰹節の合わせ出しでは，カツオの香りと味の方が強いことが分かった．しょうゆや塩を少し加えるだけで，あんなにおいしくなるなんてすごいと思った．昆布とかつおが大昔から食べられていたこともすごいと思った．家でもだしを引いておひたしを作った．

・“聖護院かぶら”のおつゆは，初めにゆずの香りがして，その後だしの香りがした．おひたしは，だしは入れないものだと思っていたけれど，だしを入れたらおいしかったのでびっくりした．そしてごまの香ばしい香りがして，色合いもきれいでだしとしょう油があっていてさわやかな感じの味がした．

・私たちが食べているのは“生き物たち”の命を食べていることを知り，命の大切さが分かりました．少しも無駄にしてはいけないことも分かりました．

・“だし比べ”のだしは，全部に甘みがあった．和の甘みっていう感じだった．「甘い」と聞くとお菓子とかの甘さしか思い浮かばないけれど，こんな甘みもあるんだなあと改めて感じることができた．

・自分で一食分の献立を考え，だしを引いて食事作りをする宿題をしたが，献立を決めるのも料理をするのも難しかった．お母さんは，いつも献立を考えて作ってくれているのが，大変だと分かったので，これからは「何が食べたい？」と聞かれたら，「何でもいい！」ではなく，ちゃんと考えて答えたり，食事作りを手伝ったりしたいと思う．

・五感と五味を学び，ただ食べるではなく，色どりや香りまで考えて作るといいと思った．おいしそうに思える料理は，食べる方だけではなく，作った方もうれしくなるので良いことだと思う．これからは色々なことを感じながらご飯を食べようと思う．

表 9.3　つづき

教職員の感想
・料理人の方に来ていただき，実際にだしの引き方を見せていただいたり“だし”の味を比べたりすることで，本物の味に触れることができ，日本料理についての理解が深まり「家でもだしを引いてみたい」「調理をしてみたい」という実践意欲につながった．講師の方の料理を作る時の思い，食べる人の気持ちを考え丁寧な盛り付けや彩りを考えて，五感を使って楽しめる料理を作っているという話は子ども達に強く印象に残った．
・最後にお吸い物を食べた子供たちから，だしの味だけでなく全体を五感を使って感じている．「ゆずの香りがいい」などの声が出たことが素晴らしいと思った．「相手のために」作るという意識（おもてなしの心）を講師の方が大切にしておられるのが，盛り付けのアドバイスで子どもたちにも伝わったようで，講師の方の真剣な姿がとてもよかった．
・盛り付けについて，彩りや形などのバランスを考えたり，器の中に風景を作る思いで気持ちを込めたりと改めて料理の奥深さを感じるとともに，いただくことに対する感謝の念を覚えました．子ども達も技術面だけでなく料理を作る人の思いや苦労，作ってもらったことに対する感謝の気持ちなど，数えきれないほど大切なことを学び取りました．
・知識として知っておくことは子どもたちにとって大きいと思った．普段何気なく食べている料理にはたくさんの工夫があることに気付いたと思う．これから食事するときに感謝の気持ちが持てる子が増えると思った．
・教師自身，だしを意識することがなかった．子ども達が五感を意識して味わっているのがよくわかった．味が重なっていくことにより味が変わっていくことは意識していた．しょう油と塩だけが加わっただしを飲んだとき教師自身も甘みが増したのは砂糖だと思った．そうではなかった．
・子供たちは3種類のだしを比べる（実際に味わう）ことで，うま味を体感できたと思いました．一つ一つ味比べをしていくうちに，風味や味の重なりを感じ，とても幸せな気持ちになっていたと思います．だしについて五感で味わったことを記録するとき，どう表せばよいかと一生懸命考えることで味を意識することに繋がって，とても大切だと思いました．子供たちもこれから家で食事をするときに，作ってくれる人の手間や愛情を感じられるきっかけになったと思います．おいしい・まずいという表現ではなく，五感を使って食べ物をいただくようにしていくと，もっと楽しい幸せな気持ちになれると思います．
・ちょっとしたひと手間や工夫を知ることによって，食べる人への心遣いや食べ物に感謝する心までも引き出せたのが素晴らしいことだと思います．
・子どもたちが五感を使って味わうことができるようになった．どの子どもも食べる前に目で見て楽しみ，香りを楽しみ，ゆっくり食べながら食感や味を楽しみ，だしのうま味も楽しめるようになってきた．五感を使って食事をゆっくり味わえることは，これからの人生にとっても大きな喜びである．
・「自分でできる」「一人でもできる」という自信が持てたことと，おいしさや美しさなどに感動して「また作ってみたい」「家族にも作ってたべさせたい」という強い思いを持てたことで，家庭でやってみる子どもが増えた．

9.6 その他の食育活動

味の素株式会社が読売新聞社と共催して，2007 年度より夏休みに北海道で実施している「親子昆布たんけん隊」に，日本料理アカデミーが協力している[4]．昆布の生産地と首都圏の親子が現地で交流して，昆布の生態，昆布漁やその歴史を勉強するとともに，地元の子どもたちとの交流会，味覚教室や料理教室を実施する．目的は日本料理やだしの魅力に対する理解を促すことである．

また，京都大学で，2008 年より料亭の“だし”のおいしさを学生に体験してもらうためのプログラム「本物の“だし”を味わうことは教養である」を実施している[5]．日本料理アカデミーの料理人がチームを作って，“だし”を引きふるまっている．また，同志社女子大学や京都教育大学などに定期的に出向いて，授業のなかで料理人が「日本料理の魅力」を学生たちに伝えている．

匠の技をもち料理の真髄を知り尽くした料理人であるからこそ，伝えられるものがあり，それが子どもたちや学生たちの心に響くことを実感した．　**[的場輝佳]**

謝辞　本章は「食育実践事例：小学校における“日本料理に学ぶ食育カリキュラム”」[2]を下地に，加筆してまとめたものである．共著者の園部晋吾氏および前野素子氏，さらに NPO 法人日本料理アカデミーおよび京都市教育委員会に感謝申し上げます．

文　　献

1) 的場輝佳：料理人が調理のサイエンスの探求と食育に動き出した―NPO 法人日本料理アカデミーの活動―．日本調理科学会誌 **46**(1)：63-64，2013.
2) 的場輝佳，園部晋吾，前野素子：小学校における“日本料理に学ぶ食育カリキュラム”―京都市教育委員会と NPO 法人日本料理アカデミーとの連携―．日本食育学会誌 **8**(2)，151-160，2014.
3) 伏木　亨，的場輝佳監修：日本料理に学ぶ食育カリキュラム―指導資料集―，京都市教育委員会・日本料理アカデミー，2008.
4) 的場輝佳，園部晋吾，勝田幸代：企業が企画した食育プログラム―親子昆布たんけん隊@利尻・礼文―．日本食育学会誌 **6**(4)：375-384，2012.
5) 山崎英恵，鵜飼治二：「本物のダシを味わうことは教養である」京都大学におけるダシ事業紹介．日本調理科学会誌 **46**(3)：244-246，2013.

III

食と情動に関する研究の現状

10 うま味研究の現状

うま味（umami taste）は，塩味，甘味，酸味，苦味と並ぶ5基本味のひとつである．うま味を呈する物質をうま味物質と呼び，アミノ酸のひとつであるL-グルタミン酸およびそのナトリウム塩（以下，「グルタミン酸」と記述）が代表である．うま味は，和食の味付けに重要なだしに共通した特徴的な味であるが，うま味物質はだし以外にも昆布，チーズ，茶葉，野菜，肉類，魚介類，母乳や身体のなかに広く存在する．生理学的には，食物に「身体の成長や維持に必要なタ

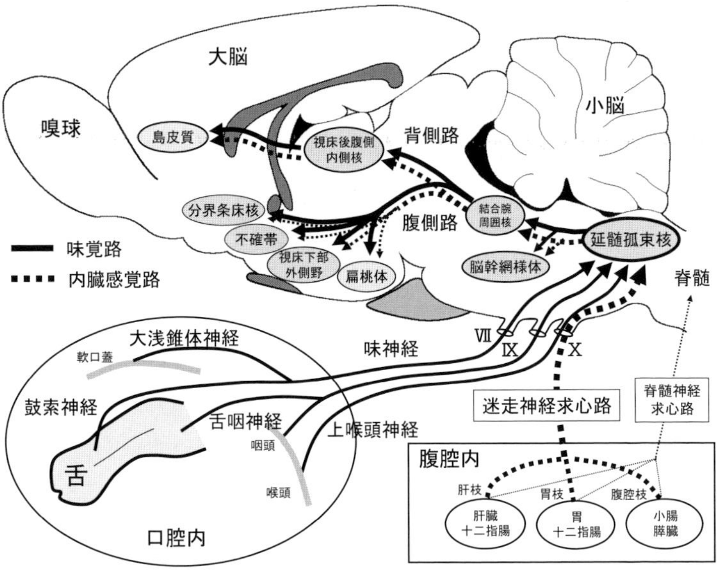

図 10.1　味覚および内臓感覚の脳への入力経路（神経機構）
実線の矢印は味覚路，破線の矢印は内臓感覚路を示す．
VII：顔面神経（第7脳神経），IX：舌咽神経（第9脳神経），X：迷走神経（第10脳神経）．

ンパク質」が含まれていることを知らせる目印である．また，グルタミン酸は脳のなかにも多量に存在し，主要な興奮性神経伝達物質として，記憶，学習，運動，神経の可塑性，神経の発達などに重要な機能を担っている[1,2]．

では，なぜわれわれはうま味を感じることができるのだろうか．その答えは，口腔内にうま味物質の存在を感知するセンサー（うま味受容体）が存在するからである．うま味受容体がうま味物質を感知すると，味神経を介して脳にうま味情報が伝えられる（図10.1）．舌でうま味物質を感知し，脳でうま味を認知するのである．最近の研究により，うま味受容体が消化管粘膜上皮細胞にも存在し，迷走神経を介して脳を活性化させることが明らかとなった．この迷走神経を介する内臓情報が，味覚情報および香りや食感などの情報とともに脳のなかで統合・処理された後に，自律神経系を介して消化液分泌や消化管運動が調節されて，消化・吸収が円滑に行われる．さらにうま味は，食欲を上げる一方で，満腹感およびエネルギー消費を促進することにより，食事量とカロリー摂取量の適正化に貢献し，

表 10.1 食事性グルタミン酸（うま味物質）の多彩な生理機能

1. うま味（味覚刺激）によって生じる効果
   1）風味増強
   2）食欲促進
   3）顔の表情反射惹起（快表情）
   4）唾液分泌促進
   5）膵液およびインスリンの脳相分泌促進
2. 嚥下後に生じる効果（食後効果）
   1）消化液（胃液，胃酸，ペプシノーゲン）分泌促進
   2）腸粘液分泌促進（消化管粘膜保護作用）
   3）上部消化管運動促進
   4）胃排出調節
   5）消化管粘膜細胞へのエネルギー供給
   6）内臓嗜好促進
   7）満腹感促進
   8）エネルギー消費量促進
3. メカニズム
   1）うま味受容体への結合
   2）ATPの放出（味細胞）
   3）セロトニンや一酸化窒素などの放出（胃粘膜）
   4）消化管ペプチドの放出
   5）味神経および迷走神経（求心路）の活動上昇
   6）脳の賦活化
   7）自律神経（交感神経，副交感神経）の活動上昇

体脂肪蓄積や肥満形成を抑制する可能性など，これまで知られていなかった多彩な生理機能が示されつつある（表 10.1）.

そこで，うま味物質のなかでも飛躍的に解明が進んでいるグルタミン酸に焦点をあて，生体恒常性を維持する上で果たしているうま味の役割，味覚および内臓感覚系からの脳への入力と脳内情報処理機構，および生理機能に関する最新の知見について解説する．なお，（独）科学技術振興機構による戦略的創造研究推進事業の一環として行われた鳥居食情報調節プロジェクト（1990～1995 年，総括責任者：鳥居邦夫）で導入された無麻酔拘束条件下における生体恒常性維持機構の研究が，うま味の脳内情報処理機構の研究推進に大きく貢献したことを付け加えておきたい.

10.1　うま味と食事のおいしさ

うま味は,食事をおいしくする上で重要な役割を担っている．うま味の特徴と，食事のおいしさや満腹感とのかかわりについて，以下に述べる.

a.　うま味物質とは

うま味は，だしとして和食に使用される天然素材（昆布，かつお節，煮干し，干し椎茸など）に共通した特徴的な味である．うま味を呈する物質をうま味物質と呼び，その化学構造から，アミノ酸系と核酸系（5′-リボヌクレオチド）の二

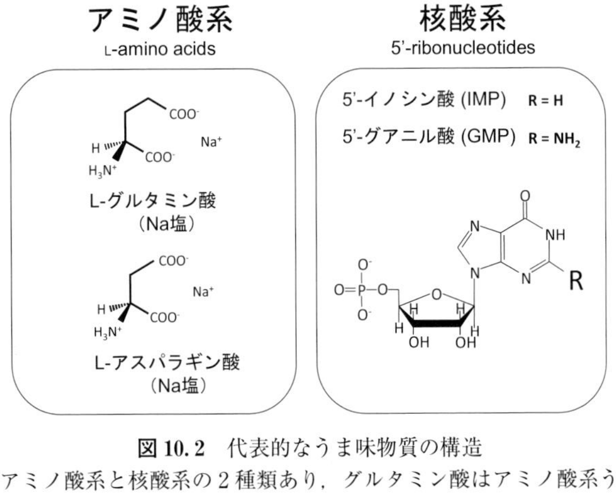

図 10.2　代表的なうま味物質の構造
アミノ酸系と核酸系の 2 種類あり，グルタミン酸はアミノ酸系うま味物質の代表である.

つに分類できる（図 10.2）．アミノ酸系うま味物質の代表はグルタミン酸であり，他にアスパラギン酸も弱いながらうま味をもつ物質である．一方，核酸系うま味物質の代表は，5′-イノシン酸（inosine 5′-monophosphate：IMP）と 5′-グアニル酸（guanosine 5′-monophosphate：GMP）である．遊離グルタミン酸は，昆布，トマト，肉類，魚介類などの食品および人の母乳に含まれている[3]．また，醤油，味噌，チーズ，生ハムなどの発酵・熟成食品にも多く含まれている．ただし，タンパク質やペプチドの中で他のアミノ酸と結合している結合型グルタミン酸にはうま味はなく，遊離型のグルタミン酸だけがうま味をもつ[4]．一方，イノシン酸はかつお節，煮干し，肉類などの動物性食品に多く含まれ，グアニル酸は干し椎茸に多く含まれている．

これらのうま味物質は，いずれも酸性物質であるため，酸味も呈する．また，水に対する溶解性も低く，調味料として使用するには使い勝手がよくない．一方，これらのナトリウム塩には酸味がなく，かわりに強いうま味がある．さらに，水に対する溶解性および調味料としての保存安定性も高い．そのため，おもにうま味物質のナトリウム塩がうま味調味料として料理に使用されている．水に溶けた状態では陰イオン（負の電荷）の形をとるため，ナトリウム塩であってもなくても，化学的には同じ物質になる．たとえば，グルタミン酸もグルタミン酸ナトリウムも，水に溶けた状態ではグルタメート（グルタミン酸イオン）として存在する．グルタミン酸ナトリウム水溶液の pH は 7.0 であるため，血液の pH 7.40～7.45 に近い．また，小腸や血液に存在するおもな正電荷の電解質はナトリウムイオンであるため，グルタミン酸ナトリウムは，栄養生理学的にも体内での受容性が高い（吸収されやすい）と考えられる．

b.　うま味の受容体

口腔内には，味を感知する味細胞が存在する．味細胞先端の微絨毛膜（味受容膜）には，GTP 結合タンパク質を介して細胞内セカンドメッセンジャー系に作用する膜 7 回貫通型の味覚型グルタミン酸受容体（うま味受容体）が発現しており，遊離のグルタミン酸が結合することによって活性化される．このうま味受容体の候補として，T1R1/T1R3（T1R は 1 型味覚受容体を意味する），8 種類ある代謝型グルタミン酸受容体（metabotropic glutamate receptor：mGluR）のなかの 1 型と 4 型（すなわち mGluR1 と mGluR4）など複数の受容体がある[5~7]

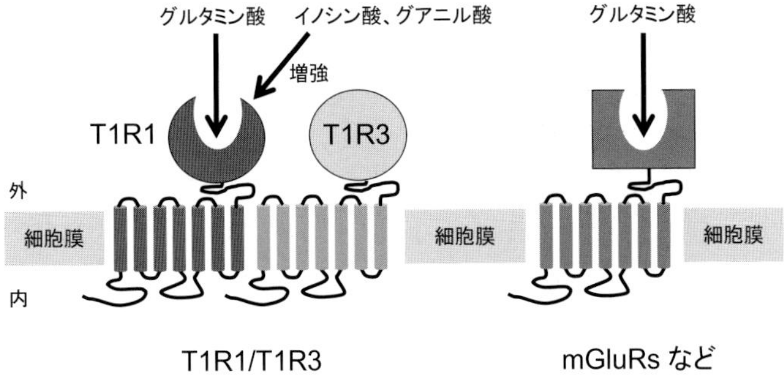

図 10.3 複数のうま味受容体の模式図

T1R1/T1R3 と代謝型グルタミン酸受容体（mGluRs）の構造，およびうま味物質の結合部位を模式的に示す．T1R1/T1R3 はグルタミン酸とイノシン酸（またはグアニル酸）の結合部位をもつため，うま味の相乗効果がある．しかし，mGluRs はグルタミン酸の結合部位しかないため，イノシン酸を添加しても効果はない．いずれの受容体も，細胞膜 7 回貫通型 GTP 結合タンパク質である．

(図 10.3)．受容体の活性化に続いて，味細胞内セカンドメッセンジャー系（α-ガストデューシン，トランスデューシン，ホスホリパーゼ C β2，プロテインキナーゼ C β2，サイクリック AMP など）の賦活とイオンチャネル（transient receptor potential cation channel subfamily M member 5：TRPM5, 細胞内 Ca^{2+} によって活性化される 1 価の陽イオンを選択的に通すチャネル）の活性化が生じ，うま味物質を受容する味細胞が興奮する．味細胞の興奮は，ATP（adenosine trisphosphate）の放出を引き起こし，味神経活動の上昇（インパルス放電頻度の増加）に変換されて脳へ伝達され，大脳皮質でうま味として認知される．

人のうま味感受性には個人差がある．この原因のひとつとして T1R1/T1R3 をコードする遺伝子（*Tas1r1*, *Tas1r3*）の塩基配列変異が報告されている[8]．また，トドやバンドウイルカがうま味を感じることができないのは，*Tas1r1*, *Tas1r3* 遺伝子が機能を失っているためである[9]．魚を丸飲みする食性があるので，うま味がわからなくても捕食行動には支障がない．ジャイアント・パンダも *Tas1r1* 遺伝子が機能を失っているので，うま味を感じることができない[10]．うま味はタンパク質摂取のシグナル（後述）であるため，クマ科に属するパンダが肉を食べない理由のひとつとして，まことしやかに説明する人もいる．しかし，ウマやウシは草食動物であるが，正常な *Tas1r1* 遺伝子をもっている[10]．これらのことから，食性との関係をうま味感受性の差異で単純に説明することはできない．

c.　うま味の相乗効果

うま味は基本味のひとつであり，他の 4 基本味（甘味，塩味，酸味，苦味）とは異なる独立した味を呈する[3,11]．このことは，「おいしい，旨い」のような，食事にともなって生じる快情動や感情（高次の脳感覚）とは異なる．

うま味は他の 4 基本味の味を増強せず，他の 4 基本味によって増強されることはないが，グルタミン酸に少量の核酸系うま味物質を混合すると，うま味が飛躍的に増強する[3,11,12]．この現象を「うま味の相乗効果」という（図 10.4A）．うま味の相乗効果は，昆布だしにかつお節または干し椎茸を加えて煮出した「あわせだし」が，昆布だし単独やかつおだし単独よりうま味がはるかに強いという，古くからの調理上の工夫として知られている．実際に料理をするときには，肉や魚などの動物性食材と野菜などの植物性食材とを組み合わせて用いることが多い．これはうま味を相乗的に強め，おいしく食べる工夫であり，栄養学的立場からも栄養バランスを保つ上で合目的である．うま味の相乗効果は，人だけでなく，マウス，ラット，イヌ，サル，チンパンジーでも認められる．

A

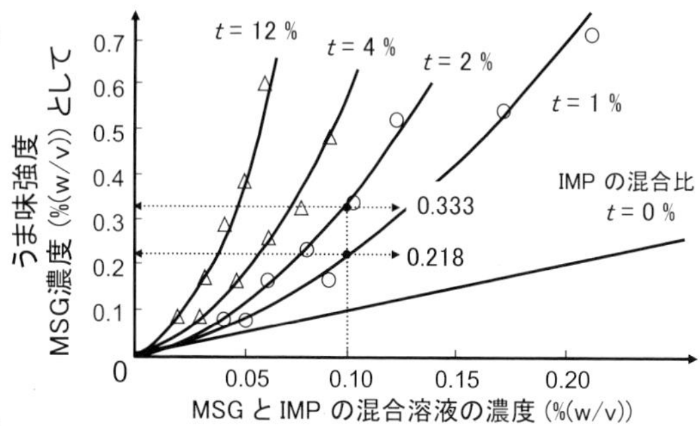

B

うま味強度 Y の予測式

$$Y = \underline{MSG} + \underline{(1{,}218 \times MSG \times IMP)}$$

グルタミン酸単独で決まる項（相乗効果なし）　　相乗効果の項

ただし、

MSG：グルタミン酸ナトリウム（MSG）の濃度（%(w/v)）

IMP：イノシン酸（IMP）の濃度（%(w/v)）

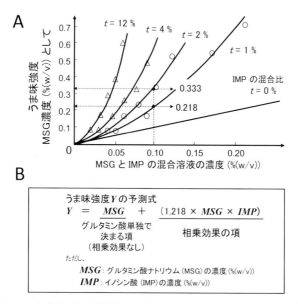

図 10.4　うま味の相乗効果とうま味強度予測式（Yamaguchi, 1967）[12]
グルタミン酸にイノシン酸を添加すると，うま味が著しく増加する．うま味の強度は，グルタミン酸の濃度だけで決まる項と，イノシン酸の相乗効果が現れる項の和で表される．

人の官能評価によると，グルタミン酸のうま味には，①イノシン酸の添加により相乗効果が生じるうま味と，②相乗効果が生じないうま味（グルタミン酸単独でしか生じないうま味）の2種類の成分が含まれている[12]（図 10.4B）．このことはラットやマウスの実験においても確認されている．たとえば，うま味の相乗効果は鼓索神経支配領域（舌の前方 2/3 および軟口蓋）で生じ，舌咽神経支配領域（舌後方 1/3 など）ではほとんど生じない[13]．イノシン酸による相乗効果は T1R1/T1R3 受容体を介する応答の特徴である[14, 15]．T1R1 または T1R3 を欠損したマウスでは，イノシン酸による相乗効果が消失し，グルタミン酸単独刺激による神経応答だけが残る[16, 17]．その他のうま味受容体候補（mGluR1, mGluR4 など）はイノシン酸の結合部位がないため，相乗効果を生じない[15]．興味深いことに，うま味の相乗効果が観察される味神経は甘味物質にも強く応答し，また，T1R1 欠損により甘味応答も減少することから，甘味そのものあるいは甘味に近い味質を伝える可能性がある[17]．一方，うま味の相乗効果が生じない味神経は，グルタミン酸本来の味質（うま味？）を伝える可能性がある（図 10.5）．さらにグルタミン酸ナトリウムを用いる場合は，ナトリウムイオンによる塩味刺激の効果も加わる．

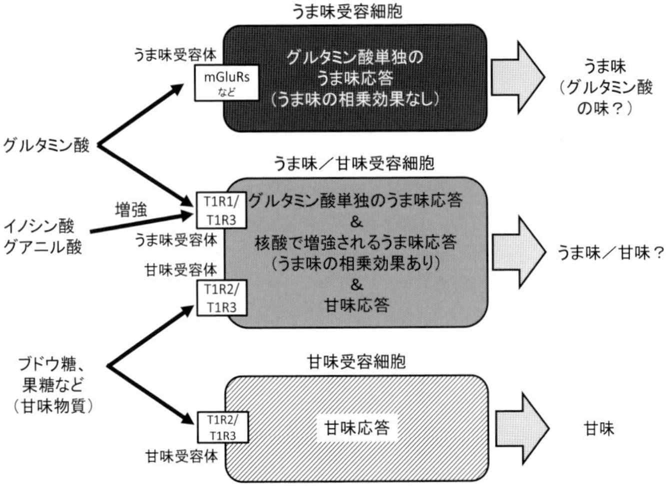

図 10.5　うま味および甘味の受容細胞と味質
味物質を受容する細胞（味細胞）の先端には，味覚センサー（受容体）が存在する．うま味に応答する細胞と甘味に応答する細胞は別々に存在するが，うま味の相乗効果を示す細胞は甘味に対しても応答する．

細胞レベルの実験において，イノシン酸は単独作用を示さないことから，正確にはうま味物質ではなく「うま味の増強物質」であると考えられている．しかし，人の官能評価ではイノシン酸単独でもうま味を感じることができる．イノシン酸に特異的に応答する受容体は，現在のところ発見されていない．そのため，人の官能評価におけるイノシン酸のうま味は，唾液中にわずかに存在するグルタミン酸によって生じるうま味成分を増強することによると考えられるが，詳細は不明である．

d.　風味増強作用

適量のグルタミン酸塩を食品や料理に添加すると，風味とおいしさが著しく向上する[3,18]．これを風味増強作用という．風味とは，食物を摂取するときに口腔・鼻腔内で受け取るすべての感覚（味，におい，食感）を意味する．

しかし，人にとってグルタミン酸塩単独の味は好ましい味ではない[11]．また，グルタミン酸は他の 4 基本味(甘味, 塩味, 酸味, 苦味)に影響しない．したがって，味覚増強物質（taste enhancer）ではない．単独ではおいしくないグルタミン酸を食品や料理に加えるとなぜおいしさが増すのか，長い間謎であったため，風味増強物質（flavor enhancer）と呼ばれてきた．

最近の研究から，風味増強のメカニズムのひとつとして，うま味（味覚情報）とにおい（嗅覚情報）が脳の高次感覚連合野（眼窩前頭皮質）で統合処理された結果生じる可能性が見出された（図 10.6）．たとえば，単独では好ましくない野菜のにおいを嗅ぐと同時にグルタミン酸ナトリウム水溶液を味わうと，野菜のにおいが好ましいにおいに変化する．そのときに，機能的磁気共鳴画像（functional magnetic resonance imaging：fMRI）装置を用いて脳活動を計測すると，味覚と嗅覚の両方が入力・統合する脳部位（眼窩前頭皮質；高次の感覚連合野）の活動が相乗的に増加する[19]．すなわち，風味増強効果は，舌ではなく脳のなかで生じるのである．乳児においても，野菜スープに 0.5% グルタミン酸カリウムを添加すると，顔面表情が快表情に変化する[20]．

さらには他の可能性として，グルタミン酸を摂取した後に生じるプラスの食後効果（嚥下後に生じる効果）を学習することが重要である可能性も示唆されている．たとえば，スープにグルタミン酸ナトリウムを添加して味わうだけ（飲み込まない）よりも，実際に繰り返し飲み込む方が，好ましさの評価が大きく増加す

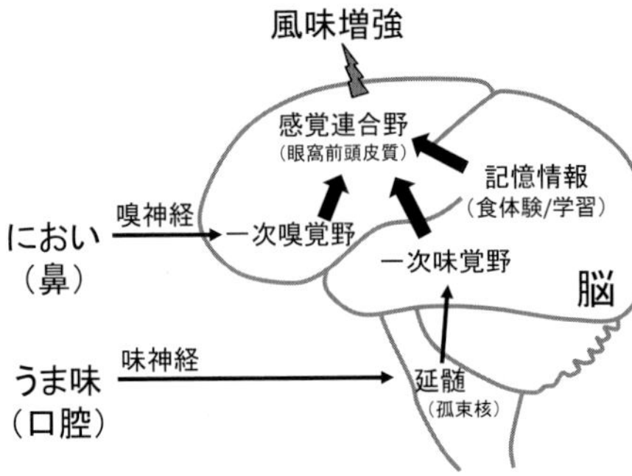

図 10.6　風味増強作用のメカニズムの仮説
うま味の風味増強作用は，舌で生じるのではなく，うま味情報（味覚情報）と食品中のにおいの情報（嗅覚情報）が，高次感覚連合野（眼窩前頭皮質）で統合処理されて生じると考えられる．

る[21]．消化管にはうま味受容体が発現しており，迷走神経を介して脳に情報を伝えるので，食後効果が大きな役割を担っていることが考えられる（10.2 節以降を参照）．

e.　食欲とエネルギー摂取量の調節

食欲は空腹感と満腹感のバランスにより調節される．一般的に，食物がおいしいと食欲と摂取量の両方が増加する[22]．実際に，唾液分泌量が低下して味覚異常を生じた患者では，グルタミン酸を食事に添加することにより，低下した食欲が増加し摂食量が回復する[23]．しかし，摂食量が正常と考えられる糖尿病患者を対象に調べた人試験では，グルタミン酸ナトリウムを食事に添加しても，カロリー摂取量は変化しなかった[24]．正常ラットにおいても，1％グルタミン酸ナトリウム水溶液の自由摂取はエネルギー摂取量に影響しない[25]．すなわち，グルタミン酸は過食を引き起こさないと考えられる．

では，食欲に対する効果とエネルギー摂取量調節との関係はどのようになっているのだろうか．この疑問に対して，グルタミン酸は「食事中の食欲を増加させるが，食事終了後は満腹感を増加させる」という二相性モデルが最近提唱された[26]（図 10.7）．興味深いことに，グルタミン酸の満腹感促進効果は，食事の栄養組成によって異なり，タンパク質が多く含まれる食事で生じるが，高炭水化物食や低カロリー食では効果がない[26]．この結果は，タンパク質摂取におけるうま

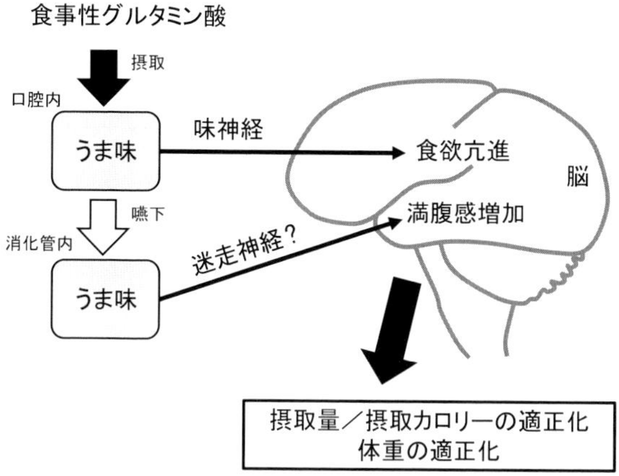

図 10.7　食事性グルタミン酸による食欲および満腹感の調節の仮説（Masic et al., 2013）[26]

味の役割を示唆する．さらに，乳児において，粉ミルクに 0.084% 遊離グルタミン酸を添加すると，添加しないコントロールに比べて満腹感が増加する[27]（10.4 節 h を参照）．

うま味による食欲増加は風味増強効果を介し，一方で満腹感増加は消化管以降から生じる食後効果を介して生じることが考えられる．うま味が食欲と満腹感の両方を時間差で増加させ，摂食量・摂取カロリーを適正化するのであれば，カロリー摂取の適正化に重要な意義をもつ．この分野のさらなる発展を期待したい．

f.　満足感の形成

満足感（satisfaction, fulfillment）とは「満ち足りた感じ」を意味し，満腹感やおいしさと同様に快情動（喜びを伴う高次の脳感覚）である．食事にともなう満足感は満腹感と並行して感じることが多いため，一般的には区別が難しい．経験上おなか一杯食べても満足感を感じないことや，少ない量でも満足感が得られることもあるため，食事の量，カロリー，満腹感とは必ずしも一致しない．

空腹時においしい料理を食べると深い満足感が生じるが，この感覚は味覚だけでは生じない．食物のにおい（嗅覚），色・形（視覚），音（聴覚），食感・温度（触覚），さらには実際に食物を嚥下して体のなかに必要な栄養素を摂り入れるなどの要素も重要である．これらの一連の過程で，さまざまな身体内外からの情報（液性・

神経性）が脳に伝えられる．食事の楽しさ，待ち遠しさ，雰囲気，過去の食体験の記憶，健康・栄養状態なども関与する．これらの多くの情報を脳が統合処理して，満足感が形成される．

一方，食事後に下痢や腹痛が生じると，不快感となって記憶される．味覚刺激にともなう不快行動については，数多くの研究が行われており，扁桃体，海馬体，大脳皮質味覚野などの多くの部位が関与することが明らかとなっている[28]．

食事後の満足感・不快感は，次回に食物を選ぶ際の基準となる．このような経験が食事ごとに繰り返されることにより，食物に対する嗜好性や忌避性（嫌悪性）が形成される．これは，人や動物の生存を確かなものにする本質である．

g.　うま味はタンパク質摂取のシグナルである

われわれの身体の約 60～70% は水であるが，タンパク質は水についで多く含まれる構成成分である．タンパク質は，筋肉や腱組織などの体タンパク質だけでなく，受容体，酵素，ホルモン，免疫物質などの機能性タンパク質も合わせて約 10 万種類存在する．

体の成長や維持にはタンパク質（またはアミノ酸）を食事から摂取することが必要不可欠であるが，ほとんどすべてのタンパク質には味も香りもない．しかし，タンパク質を構成するアミノ酸には特有な味がある．また，タンパク質が存在するところには遊離アミノ酸が少なからず存在するので，アミノ酸の味はタンパク質の存在を知らせるシグナルとなりえる．タンパク質に最も多く含まれているアミノ酸は，うま味を呈するグルタミン酸であり，同じくうま味を呈するアスパラギン酸と合わせると，体タンパク質中の 25～30% にも達する．また，細胞内には重要な遊離のグルタミン酸が中間代謝物として含まれている．核酸系うま味物質も含まれているので，グルタミン酸との相乗効果により検出感度がよくなる．したがって，電解質を塩味，エネルギー源を甘味として知覚するのと同様に，生命活動に必要なタンパク質をうま味として知覚し摂取することは，食物を摂取して生存するか吐き出して生体を防御するかの判断および身体の成長・維持に重要な役割を担っていると考えられる．

h.　タンパク質栄養とうま味嗜好性

乳児期も含め，成長期には，大量のタンパク質（またはアミノ酸）を必要とする．アミノ酸バランスの悪い（アミノ酸スコアが低い）タンパク質を摂取すると，さらに要求量が増加する．このタンパク質要求量は一定ではなく，成長の過程でしだいに低下する[29]．

味嗜好性はタンパク質栄養状態の変化を受けて大きく変動する．たとえば，ラットに無タンパク質食あるいは低タンパク質食を与えて飼育すると，成長（体重増加）が抑制されるとともに食塩溶液を選択的に好んで摂取し，うま味（グルタミン酸ナトリウム）は好まない．ところが，飼料中のタンパク質含量を増やすとうま味溶液を好んで摂取し，成長が回復すると，食塩摂取量は低下する．これと同様の現象は，リシン欠乏食のようなアミノ酸バランスの悪い飼料を与えても生じる[30,31]．すなわち，塩味嗜好性とうま味嗜好性との間には，高タンパク質栄養状態か低タンパク質栄養状態かに依存して逆の関係が認められる．さらに，加齢にともない成長に必要なタンパク質要求量が低下するので，うま味嗜好性も，より低いタンパク質含量の飼料で発現する．ナトリウム摂取の観点からみると，無タンパク質食および低タンパク質食で高く，タンパク質栄養状態が改善するとナトリウム摂取量は低下するので，タンパク質栄養状態を改善すれば，ナトリウム摂取量を減らすことができる．このように，うま味嗜好性はタンパク質栄養状態を示す指標になる．

i. 母乳中のうま味物質

母乳は，野生動物の乳仔にとって唯一の栄養源であり，成長に必要な栄養素をバランスよく含んでいる．しかし，遊離グルタミン酸の濃度は動物によって異なり，人とチンパンジーでは高いが，ラクダ，ヤギ，ウシでは低い．また，人の母乳中の遊離グルタミン酸濃度は，初乳で低く 3 カ月間の授乳期間中に増加する[32]．人の母乳中の遊離アミノ酸濃度は，血漿中のアミノ酸濃度より 1～15 倍高いが，遊離グルタミン酸は例外で母乳中の方が 30～40 倍高い[32,33]．このことから，母乳中のグルタミン酸は能動的に作られていることが予想され，実際に血液中のロイシンが，ロイシン輸送体を介して乳房上皮細胞に取り込まれることによって作られる[34]．母乳中のグルタミン酸は，新生児の窒素源および消化機能を補うエネルギー源として重要な働きがあると考えられる．

10.2 消化管のうま味物質受容機構（内臓感覚）

われわれはグルタミン酸を摂取したことをどのように感知して生体機能調節に結びつけるのであろうか．実は，グルタミン酸の受容体が消化管（胃，小腸，盲腸）にも存在し，迷走神経あるいは血液中に放出された消化管ペプチドを介して内臓情報（内臓感覚）を脳へ伝える．その結果，消化液分泌が亢進して消化を促進するとともに，消化管粘液の分泌を促進することにより自己消化を抑制し，消化管運動を亢進し，胃排出速度を変化させる．さらに，内臓情報は，嗜好性の調節，満腹感の形成，エネルギー消費調節などさまざまな生理機能に関与する．以下に，最近のトピックスである消化管のグルタミン酸受容機構と迷走神経・脳応答を中心に解説する．

a. 消化管のグルタミン酸センサー

多くの味覚受容体と味細胞の細胞内情報伝達系に必要な分子は，味細胞のみならず消化管の粘膜上皮細胞（内・外分泌細胞）にも発現している．うま味受容体についても，ラットでは mGluR1 が胃の主細胞（ペプシノーゲンを産生する細胞）と被蓋上皮細胞（粘液を分泌する細胞）に発現し[35]，T1R1 と T1R3 がマウスおよび人の胃，小腸および盲腸に発現する[36]．また，mGluR のなかでも，抑制型に属する mGluR2, mGluR3, mGluR4, mGluR7 は，小型内分泌細胞（ソマトスタチン分泌細胞やグレリン分泌細胞）に顕著に発現する[37]．カルシウム感知受容体（Ca-sensing receptor：CaSR）は壁細胞（胃酸分泌細胞），主細胞（ペプシノーゲン産生細胞），被蓋上皮細胞（粘液分泌細胞），G 細胞（ガストリン分泌細胞）に発現している．さらに，グリア型グルタミン酸輸送体（glutamate/aspartate transporter, GLAST：excitatory amino acid transporter-1, EAAT1，1 型興奮性アミノ酸輸送体）は壁細胞と被蓋上皮細胞に発現している．小腸粘膜表面をグルタミン酸刺激すると細胞膜におけるグリア型グルタミン酸輸送体の発現量は 2 倍に増加するが，T1R1 と T1R3 は減少することから栄養素摂取に応じた動的な調節が行われている[38]．

b. 食事により血中と脳内のグルタミン酸濃度は変化しない

一般に，血中のアミノ酸，グルコース，脂肪酸の濃度は，食事後に増加する

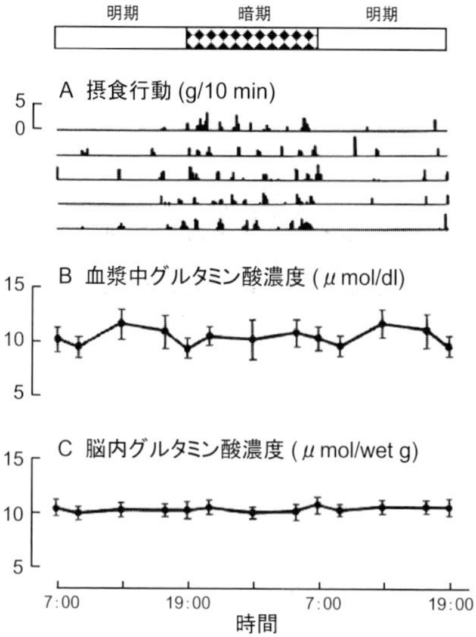

図 10.8 高タンパク食を食べても血液および脳のグルタミン酸濃度は上昇しない（鳥居，1989）[39]

が，グルタミン酸は例外であり，食事後もほとんど変化しない[39]（図 10.8）．また，脳内のグルタミン酸濃度も変化しない．これは，消化管および肝臓の二つが強力なバリアとして機能しているからである[40]．とくに小腸粘膜は，細胞の代謝回転速度が速く，主要な活動エネルギー源としてグルタミン酸を大量に消費する．グルタミン酸はエネルギー源としてだけではなく，グルタミン，プロリン，アルギニン，アラニンなどの各種アミノ酸，グルタチオン，各種タンパク質などの合成にも利用される．グルタミン酸は，脳内で強力な興奮性伝達物質として機能しているため，血液中の濃度が過度に上昇しないよう，強力なホメオスタシスが働いている．さらには，血液脳関門の通過性も低い．これらのことから，血液中のグルタミン酸の濃度変化は，摂取するグルタミン酸量をモニターする手段とならず，吸収以前の段階で消化管粘膜表面で行われると考えられる．

c. 摂取したグルタミン酸の情報は，迷走神経を介して脳へ伝えられる

消化管内腔の遊離グルタミン酸濃度が高まると，その情報は，主として迷走神経（第 X 脳神経）を介して脳に伝えられる（図 10.1）．迷走神経求心路の投射先は延髄孤束核であるが，味神経の投射する延髄孤束核吻側部よりも尾側に位置

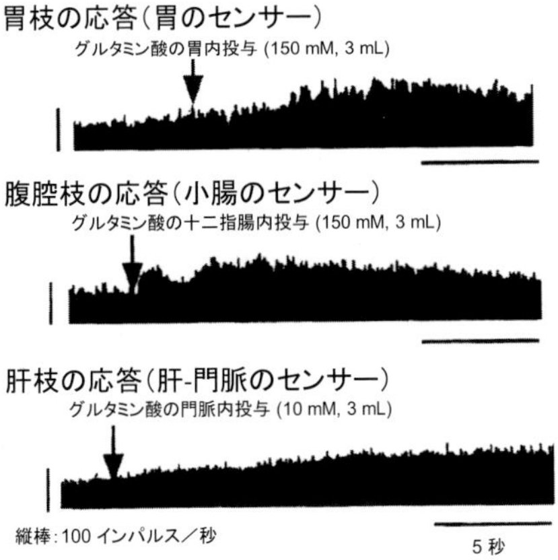

図 10.9　ラット迷走神経求心路はグルタミン酸ナトリウムの投与に応答する（Niijima, 2000）[41]

する．迷走神経の求心路および遠心路は，腹部において肝枝，胃枝，副腹腔枝を含む腹腔枝の三つの主要な枝に分岐する．麻酔下ラットで，グルタミン酸を胃，十二指腸，および門脈内に投与すると，それぞれ胃枝，腹腔枝，および肝枝の求心性神経活動が上昇する[41]（図 10.9）．すなわち，少なくとも胃，十二指腸および門脈（または肝臓）の 3 カ所にグルタミン酸を受容する仕組み（glutamate-sensing system）が存在し，迷走神経を介して脳に情報を伝達する．

d.　迷走神経切断とグルタミン酸摂取行動

迷走神経が，摂取したグルタミン酸の情報を脳に伝えるのであれば，迷走神経切断により，うま味嗜好性になんらかの変化が認められるはずである．実際に，横隔膜直下で迷走神経を全部切断すると，グルタミン酸ナトリウム水溶液摂取量（嗜好性）が著しく低下する[42,43]（図 10.10）．迷走神経の胃枝だけを切断しても，全部切断したときと同程度の大きな変化が現れ，腹腔枝の切断では中程度の変化が起こるが，肝枝の切断では影響がない．神経切断の効果は，全神経束切断＝胃枝切断＞腹腔枝切断＞肝枝切断＝無手術コントロール，の順に強く現れる．また，胃枝切断において，腹側枝あるいは背側枝だけの片方の切断は中程度の影響しかなく，腹腔枝切断と同程度の影響である[4]．グルタミン酸溶液摂取行動は，アトロピンを腹腔内投与して迷走神経遠心性線維（副交感神経）の影響を抑制してもまったく影響を受けない[44]．すなわち，グルタミン酸溶液摂取行動には，迷走神

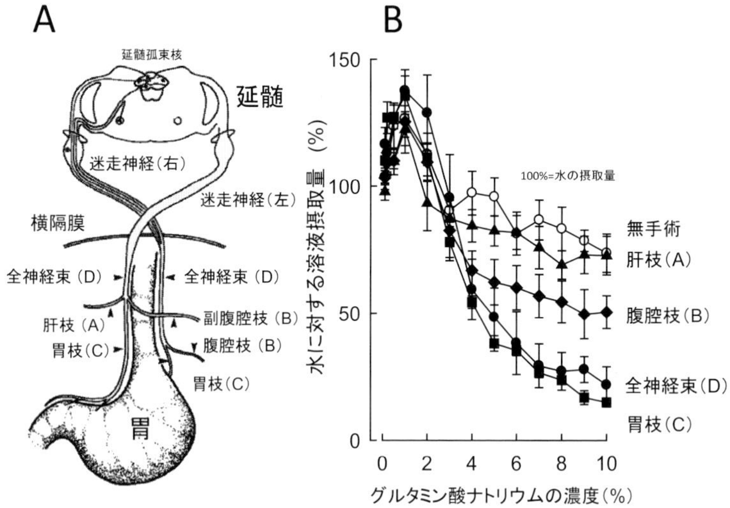

図 10.10 迷走神経の解剖と切断によるグルタミン酸嗜好性への影響（Kondoh et al., 2008）[43]

迷走神経の分枝を選択的に切断すると，グルタミン酸ナトリウムの嗜好性が低下する．影響の強さは，横隔膜下全切断＝胃枝切断＞腹腔枝切断＞肝枝切断＝無手術コントロール，の順に強く現れる．

経求心性神経，とくに胃枝を介するグルタミン酸の情報が，重要な役割を果たしていると考えられる．なお，迷走神経を全部切断しても，甘味を呈するアミノ酸であるプロリンの嗜好性は変わらないので，グルタミン酸に特異的な変化であると考えられる[45]．

e. 迷走神経胃枝は，胃内のグルタミン酸投与に対して特異的に応答する

前項で述べたように，迷走神経胃枝がグルタミン酸の摂取行動制御に重要な働きをしていることを特定できた．迷走神経は，物理的刺激（胃壁の伸展刺激，温度変化，浸透圧変化など）に対しても応答するが，化学的刺激に対する応答に比べて，応答ピークまでの時間が短くまた順応も速いので，両者の区別は容易にできる．

麻酔下ラットの胃内に各種アミノ酸水溶液を直接投与して，迷走神経胃枝の求心性線維活動を記録して応答性を解析した．その結果，迷走神経胃枝は 20 種類のアミノ酸のうち，グルタミン酸だけに促進性応答を示した[46]．アスパラギン酸

に対しては応答せず，生理的食塩水にもまったく応答しない．また，甘味物質（グルコース，スクロース，マンノース）にも応答しないが，きわめて高濃度（30 mM）のイノシン酸では活動が上昇する[47]．うま味の相乗効果に関する報告はない．胃枝の求心性線維活動は，血液中にグルタミン酸を投与してもまったく応答が認められないことから，胃内のグルタミン酸に対して特異的に応答することが明らかとなった．このうま味受容体の正体はまだ明らかにされていないが，グルタミン酸に対して特異的に応答することからT1R1/T1R3の可能性は低く，mGluRsの一部ではないかと推定されている．もしこの推論が正しければ，高濃度のイノシン酸単独投与により生じる迷走神経活動の増加がどのような機構で生じるか，興味深い．

f. 一酸化窒素とセロトニンの放出が，迷走神経胃枝活動上昇に関与している

迷走神経終末は，消化管粘膜から離れた場所に存在する．消化管内腔側に存在する栄養素そのものが直接迷走神経終末にたどりつくためには，粘膜組織を通り抜けなければならないが，小腸粘膜では摂取したグルタミン酸の大部分が消費されるため，素通りすることは容易ではない．では，どのような機構によって，グルタミン酸の濃度情報が迷走神経活動上昇（インパルス放電頻度の増加）に変換

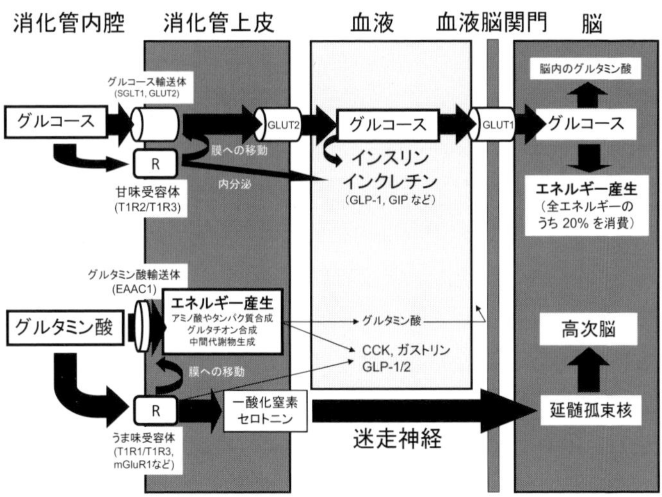

図 10. 11 栄養素摂取後の消化管および脳における代謝変化（Kondoh et al., 2009）[45]
グルコース（ブドウ糖）とグルタミン酸では，摂取後のメカニズムが大きく異なる．

されるのであろうか．

グルタミン酸の胃内投与による迷走神経胃枝の活動は，①胃粘膜の局所麻酔，②内因性セロトニンの枯渇，③3型セロトニン受容体阻害剤投与，および④一酸化窒素（NO）合成酵素阻害剤投与，のいずれによっても抑制されることが明らかとなった[46]．さらに，NO供与体投与による神経活動上昇は，3型セロトニン受容体阻害剤投与により遮断されるが，セロトニン投与による神経活動上昇は，NO合成酵素阻害剤投与では影響されない．迷走神経終末には，3型セロトニン受容体が発現している．したがって，胃内にグルタミン酸が存在すると，胃粘膜においてNOが放出され，ついでNOによってセロトニンの放出が起こり，最終的に迷走神経の活動が増加するものと考えられる（図10.11）．

このように食事由来のグルタミン酸は，タンパク質摂取の認知情報として，消化・吸収，代謝をはじめとする各過程の調節に重要な役割を果たしていると考えられる．

g. 消化管ペプチド放出の関与

グルタミン酸を胃内投与したときの胃外分泌促進は迷走神経切断により大きく減少するが，一部の応答は残るので，消化管ペプチドなどの液性因子の放出を介するメカニズムも存在すると考えられる．

ラットの胃粘膜から，密度勾配遠心法を用いて各細胞の比重にもとづきフラクションを分画して，グルタミン酸添加時のホルモン分泌を測定した結果，グルタミン酸はD細胞からのフェニルアラニンやトリプトファンなどのアミノ酸刺激によるソマトスタチン分泌を強力に抑制することがわかった[37]．ソマトスタチンはG細胞からのガストリン分泌や壁細胞からの胃酸分泌を抑制する代表的な抑制ホルモンである．食物にタンパク質が含まれる場合，消化の進行にともなってアミノ酸・ペプチド濃度が高まるとD細胞からソマトスタチンが分泌され，胃の消化活動が抑制される．グルタミン酸は，このソマトスタチンによる抑制を抑制する（脱抑制）することにより，胃酸やペプシノーゲンの分泌を強く長く持続し，消化促進に働くと考えられる．

また，グルタミン酸はT1R1/T1R3受容体を介してコレシストキニン（CCK）放出を促進することが，培養細胞系およびマウス近位小腸（十二指腸）を用いた実験から示された[48]．CCKは，十二指腸および空腸粘膜のI細胞から分泌される消化管ペプチドで，膵液分泌促進，胆嚢収縮（胆汁分泌促進），胃排出抑制，小腸運動促進，満腹感促進など多彩な生理作用を有している．グルタミン酸によるCCK放出は，イノシン酸共存下で増加し，グルマリン（甘味応答の一部を抑制するタンパク質）共存下で部分的に抑制されるが，カルシウム感知受容体（calcium-sensing receptor：CaSR）拮抗薬によって影響されない．また，RNA干渉によりT1R1タンパクの発現を抑制してもCCK放出促進が抑制される．D型グルタミン酸にはまったく効果がないので，L型に特異的な作用である．

グルタミン酸によるその他の消化管ペプチド放出の可能性として，ガストリン，グルカゴン様ペプチド（glucagon-like peptide：GLP-1およびGLP-2）の放出があげられる．アミノ酸輸液のイヌ胃内投与による門脈血中のガストリン濃度上昇は，グルタミン酸添加により増加する[49]．グルタミン酸のラット十二指腸内投与は，門脈血中のGLP-1およびGLP-2濃度を上昇させる．人では，試験食へのグルタミン酸添加により，血中GLP-1濃度は増加するが，グルカゴンとインスリン濃度は変化しない[50]．しかし，血糖値は低下傾向を示し，血糖値ー時間曲線下面積は有意に減少する．一方，ブタ未熟仔では，調製粉乳に1.37～3.72%グルタミン酸を添加すると，濃度依存的な血中GLP-2濃度増加が認められる[51]．GLP-1は，血糖値依存的に膵臓のβ細胞からのインスリン分泌を促進し，膵臓のα細胞からのグルカゴン分泌を抑制するほかに，胃・十二指腸運動を抑制する．一方，GLP-2には胃運動抑制作用，胃平滑筋弛緩作用，胃排出抑制作用，小腸粘膜増殖促進作用がある．

消化管ペプチドの放出が，グルタミン酸の多彩な生理機能調節にどの程度関与しているかについては今後の検討課題である．

10.3　脳内情報処理機構

味神経や迷走神経を介する神経性情報は延髄孤束核に伝えられ，さらに島皮質や視床下部外側野，扁桃体などの上位中枢へ送られる（図10.1）．ここでそれぞれの感覚刺激の知覚，認知，好き嫌いの度合についての生物学的価値評価などが行われ，食欲，満腹感，嗜好性，快・不快情動，スイカやサツマイモといった食物が何であるかという意味およびこれらと表裏一体の関係にある種々の生理反応（体性，自律性，および内分泌性反応）が起こる．脳活動が上昇した結果，消化・吸収だけでなく，エネルギー消費の促進など，さまざまな生理機能が調節される．

a.　視床下部外側野にはうま味に応答するニューロンがある

視床下部外側野（lateral hypothalamic area：LHA）は，摂食を促進する中枢として知られ，飲水行動，体液調節，集団行動などの本能行動に関与する．また，自律神経系（交感神経，副交感神経）の上位中枢でもあり，全身のエネルギー代謝調節に深くかかわっている．LHA には，味覚，嗅覚，視覚，聴覚，触覚，痛覚，温冷覚などの外部環境情報と，グルコース，インスリン，遊離脂肪酸などの血液中の物質などの内部環境情報の両方に応答するニューロンが存在し，体内外の状況を絶えずモニターしている．さらに，何を食べ，何を飲むかという行動，すなわち嗜好性の調節にも関与することがわかってきた．すなわち，LHA は生体恒常性を維持する上で重要な機能を果たしている．

機能的磁気共鳴画像法（fMRI）を用いた研究より，必須アミノ酸のひとつであるリシン（lysine）が欠乏した飼料（リシン欠乏食）をラットに与えて飼育すると，LHA が欠乏栄養素であるリシンに応答することが明らかとなった[52]．電気生理学的に LHA ニューロンの活動を調べると，グルタミン酸ナトリウム水溶液を飲んだときに選択応答を示すニューロン（うま味応答ニューロン）が記録される[53, 54]．このうま味応答ニューロンは，正常なタンパク質栄養状態では食塩と異なる応答を示す（すなわちグルタミン酸と食塩とを識別する）が，リシン欠乏状態では，リシンの摂取時にも応答する[54]．すなわち，うま味応答ニューロンは，欠乏アミノ酸の識別に関与する可能性があり，アミノ酸に対する嗜好性を調節していると考えられる．

b.　脳は胃内投与したグルタミン酸に応答する

これまで，うま味物質は味神経だけを介してうま味の情報を脳に伝えると考えられていたが，摂取後の脳応答については不明であった．グルタミン酸を，胃，十二指腸，門脈内に投与すると，迷走神経求心路の胃枝，腹腔枝および肝枝の活動が増加する[41] ことから，脳（少なくとも延髄）も摂取後のうま味物質に応答すると考えられる．

各種呈味物質（グルコース，グルタミン酸ナトリウム，食塩；いずれも 60 mM）を，チューブを介してラット胃内に直接投与すると，大脳皮質（島皮質），大脳辺縁系（海馬体，扁桃体，前部帯状回，手綱核，側坐核），大脳基底核（線条体），視床下部（内側視索前野，背内側核，外側野）など，いろいろな脳部位

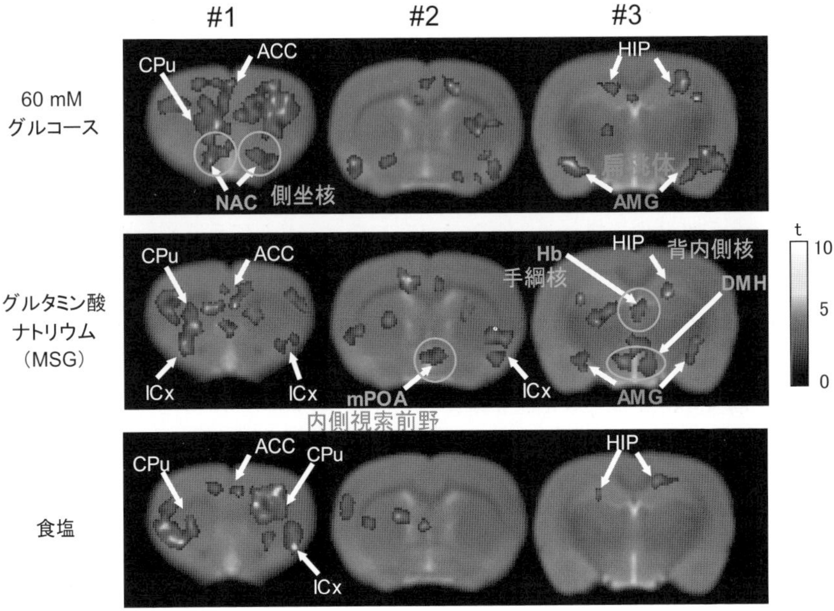

図 10. 12 胃内へのグルタミン酸投与による脳応答部位（Kondoh et al., 2011）[4]
ACC：前部帯状回，AMG：扁桃体，CPu：線条体，DMH：視床下部背内側核，Hb：手綱核，HIP：海馬体，ICx：島皮質，mPOA：内側視索前野，NAC：側坐核．

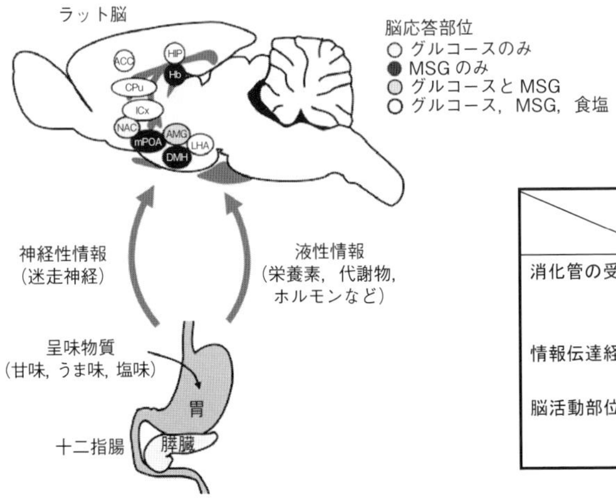

	グルタミン酸（うま味）	グルコース（甘味）
消化管の受容体	T1R1/T1R3 mGluRs、 CaSR (?)	T1R2/T1R3
情報伝達経路	迷走神経	液性
脳活動部位	内側視索前野、視床下部背内側核、手綱核	側坐核

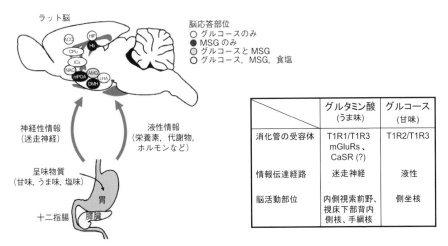

図 10. 13 うま味および甘味摂取後の脳応答部位と脳への情報伝達経路（Kondoh et al., 2009）[45]

の活動が上昇することが明らかとなった[4,55,56]．とくに，内側視索前野，視床下部背内側核および手綱核の3部位は，グルタミン酸ナトリウムには応答するが，グルコースや食塩には応答しない（図10.12）．この結果は神経活動増加の指標となるFosタンパクの染色によっても確認されている[57]．一方，グルコースにのみ応答する部位として，側坐核（報酬に応答する脳部位）が認められた．扁桃体はグルタミン酸とグルコースの両方に応答したが，食塩には応答しなかった．これらのことから，グルタミン酸は体温およびエネルギー代謝の調節に関与している可能性が考えられる．グルタミン酸の覚醒下ラット胃内投与により，脳血流も増加する[4]．

以上の結果をもとに，図10.13にうま味物質と甘味物質を嚥下した後の，脳応答部位と脳への情報伝達経路をまとめて示してある[45]．

c.　胃内のグルタミン酸に対する脳応答は迷走神経切断で消失する

脳応答変化を経時的に調べたところ，グルタミン酸ナトリウムの応答は胃内投与終了直後にピークに達し，その後すみやかに減少することから，投与部位に近い部位（胃または十二指腸など）に受容部位が存在することが示唆される[55]．

また，横隔膜直下で神経束を全切断した動物では，グルタミン酸ナトリウムの胃内投与にともなう脳活動・脳血流応答が消失するが，グルコースへの応答は影響されなかった[4,56]．したがって，グルタミン酸の応答は，おもに迷走神経を介するが，グルコースの応答はそれ以外の経路を介すると考えられる．

脳で，うま味摂取の情報処理が行われ，なんらかの生理的反応が生じる．以下に述べる消化液・粘液分泌の促進や消化管運動促進以外にも，情動，記憶，運動などいろいろな高次脳機能が調節される可能性が考えられる．うま味と高次脳機能との関連については，今後の研究が期待される．

d.　脳内報酬系はうま味嗜好性に関与しない

脳内報酬系は，中脳腹側皮蓋野（脳内報酬系の起始核）のドーパミン神経が側坐核や前頭皮質に投射する経路であり，糖や脂質の摂取時だけでなく，覚せい剤（メタンフェタミン）やたばこ（ニコチン）によっても活性化を受けてドーパミンを放出する．糖や脂質を多く含む高カロリーな食物を摂取すると一時的な快情動が生じるが，長期間摂取し続けて肥満を形成するにともない，徐々に報酬価が減少（麻痺）する．並行して，空腹時の虚脱症状による不快感が増大するため，それを補って摂食量が増加するいわゆる「負のサイクル」に入ると考えられている．しかし，グルタミン酸の場合は，ラットの胃内に投与しても，側坐核は応答しない[4,55~57]．中脳腹側皮蓋野のドーパミン神経を薬物で選択的に破壊すると，グルコース嗜好性は低下するが，グルタミン酸やイノシン酸の嗜好性はまったく影響されない[58]．さらには，リシン欠乏ラットのリシン嗜好性も影響されない．これらのことから，うま味（あるいはアミノ酸）は，糖や脂質とは異なり，脳内報酬系を動かさない“健全な”メカニズムで脳機能を調節することが示唆される．

e.　自律神経活動（脳からの出力）が増加する

麻酔下ラットにおいて，グルタミン酸ナトリウムを口腔内，胃，十二指腸，門脈内に投与すると，遠心性の迷走神経胃枝および膵枝（腹腔枝の分枝）の活動が増加する[41]．また，胃内に投与すると，白色脂肪細胞，褐色脂肪細胞，腎臓を支配する交感神経の活動が増加する[42]．これらの自律神経（交感神経および副交感神経）の活動は，迷走神経切断により消失することから，うま味情報は迷走神経求心路を介して脳に送られると考えられる．

10.4　グルタミン酸の生理機能

食物情報が脳へ送られると，自律神経を介して消化器系臓器に指令が送られ，胃腸に到達する食物を円滑に消化･吸収するための準備が始まる．消化液（唾液，胃液，胃酸，膵液）の分泌促進やエネルギー消費促進は，食事にともなう生理機能変化の例である．

a.　乳児の表情反射

新生児の口腔内に各種呈味溶液を注入すると，顔の表情が変化する．甘味刺激では口元がほころび，にこやかな表情を示すが，苦味刺激では口を大きく開けて吐き出すような不快な表情を示す[20]．対照のスープ（野菜の煮汁）はやや嫌われる傾向にあるが，0.5% グルタミン酸カリウムを添加すると好ましい表情に変化する．グルタミン酸カリウム単独では好ましい味ではない[20]．このように，食経験がない新生児において，すでに味覚と快・不快情動をつなげる神経回路ができており，スープ（食品系）に添加した場合には好ましさを増すことがわかる．

なお，上記の顔の表情や舌の運動は，無脳症や水頭症のように，先天的に上位脳の機能障害をともなう新生児でも正常児と同様に認められることから，少なくとも脳幹レベルでの反射で生じる可能性が高い[20]．

b.　消化液（唾液・胃液・膵液など）の分泌促進

グルタミン酸は，口腔内ではうま味刺激によって唾液分泌と脳相の膵液分泌・インスリン分泌を促進する．さらに嚥下後は，胃液，胃酸，粘液，ペプシノーゲンの分泌を促進する．これらの作用により，食物の咀嚼，嚥下，消化，吸収および代謝を円滑にする働きがある．

うま味刺激による唾液分泌は他の基本味よりも長く持続する[60]．唾液の作用は消化の第一段階であり，味の知覚や食物の咀嚼･嚥下における重要な働きである．唾液分泌が低下して口腔内乾燥や味覚低下の症状が出る高齢者患者には，食事にグルタミン酸を添加することで食欲および栄養状態の改善を期待できる[23]．また，口腔内への昆布水のスプレーも有効である[61]．

イヌの実験において，肉塊を与えて摂取後の胃液分泌量を調べた実験では，少量のうま味物質（92% グルタミン酸ナトリウムと 4% イノシン酸と 4% グアニル酸の混合物）を肉塊表面に添加すると，添加しなかった場合に比べて胃液の総分泌量が 1.6 倍増加する[62]．人で，慢性的に胃の粘膜組織が破壊され粘膜が減少して生じる慢性萎縮性胃炎の患者に，病院食にグルタミン酸ナトリウムを 1 日あたり 2〜3 g 添加して 3 週間与えると，低下した基礎胃液分泌量と最大胃酸分泌量が改善する[63]．しかし，これらの実験ではうま味物質を口から摂取しているので，味覚刺激が効いているのか嚥下後の内臓刺激が効いているのかは区別できない．イヌの胃にチューブを留置し，胃酸分泌を調べるとグルタミン酸を含まない 17 種類のアミノ酸，デキストリン，油脂，ビタミン，微量金属元素から成るアミノ酸輸液を胃内に投与しても，胃酸，ペプシノーゲン，胃液の胃外分泌は起こらないが，アミノ酸輸液に 10〜100 mM グルタミン酸ナトリウムを添加すると，濃度依存的に分泌が増加する[64]．興味深いことに，グルタミン酸ナトリウムの単純水溶液（100 mM）だけを胃内に投与しても，胃外分泌は変化せず，さらには炭水化物食に添加しても効果がない[49,65]．すなわち，グルタミン酸はアミノ酸存在下における胃酸分泌を促進するのである．この現象は，タンパク質の消化吸収促進に都合がよい．グルタミン酸による胃外分泌促進には，迷走神経支配の影響が大きく，さらに主胃の局所麻酔あるいは3型セロトニン受容体拮抗薬の静脈内投与により抑制される[49, 64, 65]．すなわち，グルタミン酸は3型セロトニン受容体刺激を介して迷走神経求心路を活性化し，迷走神経反射を介して胃外分泌を促進させると考えられる．

このように，うま味物質は，消化液の分泌を促進することにより，食物の咀嚼，嚥下，消化，吸収を円滑にする働きがある．

c. 胃腸粘膜の保護作用

健全な消化・吸収活動を維持するためには，食物を消化するだけでなく，胃酸や消化酵素などの攻撃（自己消化）から胃腸粘膜を保護することも重要である．最近の研究により，グルタミン酸は，十二指腸における粘液分泌と重炭酸分泌を促進することが明らかになってきた．

グルタミン酸による小腸粘液分泌促進作用および上皮細胞内 pH 上昇（アルカリ化）は，①イノシン酸共存による相乗効果が認められず，② mGluR4 アゴニストで再現され，③ mGluR4 アンタゴニストで抑制され，④カプサイシン処理により求心性神経線維を破壊すると効果が減少し，⑤インドメタシン処理によって抑制される．また，他のL型アミノ酸（アスパラギン酸，アラニン，ロイシン）やD型グルタミン酸ではL型グルタミン酸のような効果がない[66]．

一方，重炭酸分泌の促進については，①グルタミン酸単独やイノシン酸単独では効果が弱い，②グルタミン酸とイノシン酸の共存により著しい分泌促進効果（相乗効果）が認められる，③グルタミン酸以外のL型アミノ酸（アスパラギン酸，アラニン，ロイシン）でもイノシン酸との共存による相乗効果が認められる．さらにグルタミン酸とイノシン酸の併用による重炭酸分泌促進効果は，④カプサイシン処理の影響を受けない，⑤肝門脈血中の GLP-1 および GLP-2 増加をともなう，⑥ GLP-2 拮抗薬，血管作動性腸管ペプチド（vasoactive intestinal peptide：VIP）拮抗薬，および NO 合成酵素阻害剤の血中投与により抑制される，という特徴がある[67]．これらのことから，グルタミン酸は mGluR4（一部は mGluR1）〜求心性神経，おそらく迷走神経を介して粘液分泌を促進し，一方で T1R1/T1R3〜GLP-2〜VIP, NO 放出を介して重炭酸分泌を促進すると考えられる．その他にもカルシウム感知受容体を介する保護機構もあると考えられている（図 10.14）．

さらに，グルタミン酸の保護作用は消化管粘膜障害モデルにおいても有効であ

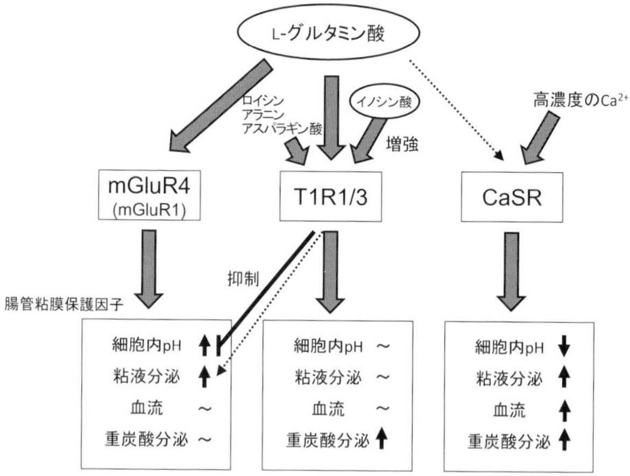

図 10.14 グルタミン酸の十二指腸粘膜保護機構（Akiba et al., 2009）[66]
グルタミン酸は，mGluR4（一部は mGluR1）を介して細胞内 pH 上昇と粘液分泌促進作用を示す．この効果にイノシン酸は関与しない．また，T1R1/T1R3 を介して重炭酸分泌を促進する．グルタミン酸以外のアミノ酸（ロイシン，アラニン，アスパラギン酸）も効果がある．これらの重炭酸分泌に対して，イノシン酸は増強効果（相乗効果）を示す．グルタミン酸の効果の一部は，カルシウム感知受容体（CaSR）を介するかもしれない．点線は作用の可能性を示す．

る．たとえば，スナネズミにピロリ菌を感染させると 3 カ月には胃粘膜の浮腫，充血，出血などの病的変化や炎症状態が認められるが，ピロリ菌感染直後からグルタミン酸ナトリウムを 1% または 5% 含む飼料を与えて飼育すると，病変が大きく改善される[68]．しかし，ピロリ菌の生存数には変化がない．これらのことから，グルタミン酸の効果はピロリ菌の除菌作用ではなく，宿主側の粘膜防御機能を活性化した結果生じると考えられる．なお，ピロリ菌による胃粘膜傷害メカニズムとして，アンモニア産生が深く関与していると考えられており，実際に尿素からアンモニアを生成する酵素であるウレアーゼの遺伝子を欠損したピロリ菌は，胃粘膜に感染し生育することができない．ラットの正常胃粘膜上皮細胞株を用いた単層培養系においても，グルタミン酸ナトリウムは，アンモニア投与による細胞死を抑制する[69]．グルタミン酸は粘液分泌を促進するだけでなく，細胞内に流入し蓄積したアンモニアの細胞外への排出を促進することにより，細胞死を抑制すると考えられる．

同様の保護作用は，薬剤誘起小腸傷害モデルにおいても確認されている．たとえば，ラットにロキソプロフェン（解熱鎮痛薬：非ステロイド性抗炎症薬のひとつ）を経口投与すると小腸傷害が誘起される．ところが，あらかじめグルタミン酸ナトリウムを1%または5%含む飼料を与えて飼育すると，傷害の指標である小腸傷害面積，ムチン含量の低下，2型ムチン合成酵素mRNAの発現低下，誘導型NO合成酵素mRNAの発現亢進，腸内細菌の粘膜内浸潤がいずれも改善される[70]．グルタミン酸は小腸粘液分泌を亢進することによって小腸粘膜層のバリアー機能を高め，腸内細菌浸潤を防ぐことにより小腸傷害の発生を抑制すると考えられる．

このように，うま味物質は神経性と液性機構を介する複雑な調節機構を介して胃腸粘膜を健全に保つ働きがある．グルタミン酸は管腔側に存在する場合に消化管粘膜を保護することから，十分量の遊離グルタミン酸を含む食事を摂取することが重要である．

d. 胃排出の調節

食物の胃排出速度に対するグルタミン酸の効果は，促進するという報告もあれば効果なしあるいは抑制するという報告もあり，一貫していない．

人の乳児においては，摂取した母乳の胃排出速度は，育児用調整粉乳，いわゆる粉ミルクに比べて早い[71,72]．人の母乳は，育児用調整粉乳に比べて10〜60倍多くグルタミン酸を含んでいることから，母乳に多く含まれているグルタミン酸が胃排出を促進する可能性がある．一方，ブタ未熟仔においては，グルタミン酸ナトリウムの胃内投与により調整粉乳の胃排出が抑制される．そのメカニズムとしてGLP-2放出促進により，消化管運動が抑制されることが示唆されている[51]．

人（健康成人男性）を被験者として胃排出速度を調べた研究によると，グルタミン酸ナトリウムの添加効果は食事内容によって異なるという興味深い結果が出ている．すなわち，胃排出速度は，タンパク質を多く含む高タンパク質食（12.5%カゼインカルシウムおよび12.5%デキストリンを含有；400 kcal/400 ml）に0.5%グルタミン酸ナトリウムを添加すると促進されるが，タンパク質をまったく含まない炭水化物食（25%デキストリンを含有；400 kcal/400 ml）に添加しても変化がない[73]．また，胃排出速度は，0.5%グルタミン酸ナトリウム単独水溶液を飲んでも水を飲んだときと差がない．しかし，胃排出速度は，試験食がタンパク質を含有していても，脂肪を含有する場合（脂肪100 kcal，タンパク質120 kcal，炭水化物 300 kcal；520 kcal/400 ml）は，グルタミン酸ナトリウム添加の効果が出ない[50]．すなわち，グルタミン酸は，食事にタンパク質が存在する場合は胃排出を促進するが，脂肪の存在によりその効果が打ち消される可能性がある．

なぜ実験条件に依存して結果が異なるのかという疑問に対して，マウスを用いて濃厚流動食による胃排出を測定した実験結果は，大変興味深い．150 mM グルタミン酸ナトリウムを胃内に前投与しても変化はないが，薬剤（コレシストキニン-8S または塩酸クロニジン）投与により胃排出を遅延させたモデル動物では，グルタミン酸ナトリウムによる胃排出促進効果を検出できる[74]．前述の人試験において，胃排出速度は試験食の組成によって異なった（水≫脂肪含有食＞炭水化物食＞高タンパク質食；グルタミン酸を添加しない試験食の 50% 排出時間は，それぞれ 97 分，126 分，173 分，213 分）．脂肪を含有しない高タンパク質食を摂取すると胃排出速度が最も遅いことから，グルタミン酸の胃排出促進効果は，胃排出速度がある程度より遅い状態でないと検出できないのかもしれない．このことは，なんらかの原因（加齢や疾病など）により胃排出速度が遅くなった人に効果が現れやすい可能性を示している．グルタミン酸の胃排出調節メカニズムとして，胃外分泌促進によるタンパク質消化速度の亢進や胃腸運動促進が考えられる．タンパク質の摂取マーカーであるグルタミン酸が，タンパク質の消化吸収促進に働くことは合目的であり，機能性消化不良の改善や手術後の麻痺性腸閉塞の治療などの臨床応用が期待される．

e. 上部消化管運動促進効果

イヌを用いた実験では，グルタミン酸ナトリウムの胃内投与により，胃前庭部から空腸までの上部消化管にかけて律動的な収縮運動が生じる[75]．このグルタミン酸ナトリウムによる消化管運動促進作用は，①グルタミン酸ナトリウムを十二指腸内に投与しても観察されない，②胃の体部と前庭部を切断した動物では，前庭部へ投与しても生じず，体部へ投与したときだけ生じる，③横隔膜直下の迷走神経全切断により消失する，④パブロフポーチ（迷走神経支配を温存した胃袋）への投与により生じるが，ハイデンハインポーチ（迷走神経支配を切断した胃袋）への投与では生じない，⑤アトロピン（ムスカリン性アセチルコリン受容体拮抗薬）の静脈内投与により完全に遮断される，⑥ヘキサメトニウム（ニコチン性アセチルコリン受容体拮抗薬）またはグラニセトロン（3 型セロトニン受容体拮抗薬）の静脈内投与により部分的に抑制される，⑦グルタミン酸と構造が類似しているグルタミンの胃内投与では生じない，ことが明らかとなった．また，グルタミン酸の効果はベル型の濃度依存性を示し，0.75% グルタミン酸ナトリウムに相当する 45 mM の濃度が最も有効であることも示されている．

以上から，胃外分泌促進の場合と同様に，グルタミン酸が胃体部に存在するうま味受容体に結合した後，3 型セロトニン受容体を含む迷走神経を刺激して脳に情報が伝わり，コリン作動性神経（副交感神経）によるフィードバック調節を受けた結果，惹起されることが推測される．この機構が，胃排出調節に関与するのであろう．

f. エネルギー産生や代謝とのかかわり

グルタミン酸は非必須アミノ酸のひとつであるが，生理学的には“必須”なアミノ酸である．とくに小腸粘膜においては，管腔側から吸収したグルタミン酸を主要なエネルギーとして使用するので，食事中のグルタミン酸の役割がきわめて大きい[40,76]．小腸粘膜は，腸内細菌，食物，胆汁酸などの傷害因子にたえず暴露されており，代謝回転も速く数日以内に迅速な再構築を繰り返す必要があるので，大量のエネルギーを必要とする．グルタミン酸，グルタミン，アスパラギン酸の三つのアミノ酸は，腸管の必要エネルギーの 70% を供給する．食事から摂取したグルタミン酸は，エネルギー源として使われる以外にも，腸管グルタチオン（抗酸化物質）に合成されて，毒物や過酸化物による攻撃から腸管を防御する．さらには，細胞内における種々のアミノ酸代謝にも使われている．

ラットにグルタミン酸およびグルタミンを除いた飼料（グルタミンは，容易にグルタミン酸に変換するため除く）を与えて飼育し，いろいろな種類のアミノ酸溶液を自由摂取させると，正常食を与えられたラットに比べて，グルタミン酸ナトリウムおよびグルタミン水溶液に対する嗜好性が早い時期から発現する[42]．このグルタミン酸補給行動は，体内合成では身体が必要とする十分量のグルタミン酸を供給できない（要求量を満たせない）ためであると考えられる．このようなグルタミン酸欠乏状態は，乳児や高齢者などグルタミン酸生合成が不十分な場合にも起こる．グルタミン酸は日々の食事から容易に摂取可能な栄養成分であるので，積極的に摂取することにより，消化管傷害の予防と機能維持が期待できる．

g.　内臓感覚を通した嗜好性の促進

食物に対する嗜好性は，味，香り，食感だけでは決まらない．嚥下後に消化管以降で生じる栄養，カロリー，空腹感，満腹感，満足感，不快感，食記憶などの種々の効果が大きく関与する．たとえば，ラットやマウスに，果物の香りのついた水を飲んだ後に，胃内に直接栄養素（糖，長鎖脂肪酸，エタノール）を注入するトレーニング（条件付け風味嗜好学習）を繰り返すと，胃内投与の栄養素と連合した香り溶液に対する嗜好性が著しく増加する[77]．グルタミン酸ナトリウムを用いて同様の試験を行うと，同様の学習効果が認められる[4,78,79]（図 10.15）．グルタミン酸は飲み込んだ後もなんらかの生理効果を発揮して，また飲みたいという情動（内臓嗜好）を学習し記憶する．しかし，グルタミン酸の内臓嗜好は，グルコースでは効果のない低い濃度（60 mM）で認められること，および同濃度の食塩水では効果がないことから，カロリーやナトリウムでも説明ができない．すなわち，グルタメートの効果であると考えられる．グルタミン酸の内臓嗜好は，十二指腸に投与しても成立するので，受容部位が胃に限定しておらず，小腸も含まれると考えられる[80]．胃内投与によるグルタミン酸の嗜好性は，迷走神経全切断ま

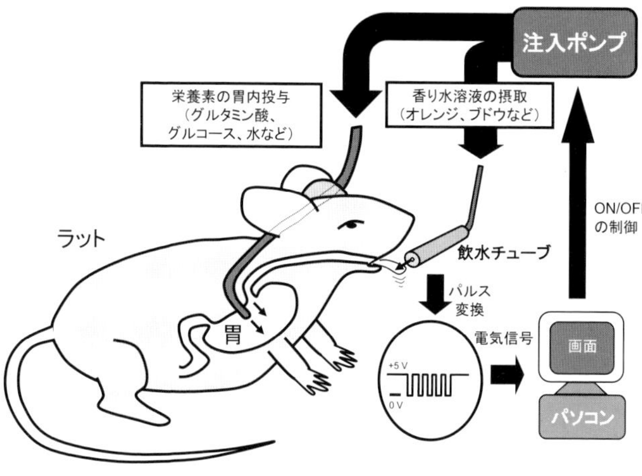

図 10.15　条件付け風味嗜好学習実験の模式図（Kondoh et al., 2011）[4]
オレンジやブドウなどの果物の香りを付与した水（手がかり刺激；条件刺激）を摂取すると，同じ容積の栄養素溶液（グルタミン酸ナトリウム，グルコース，食塩，水など；非条件刺激）を，胃に留置したチューブを介して胃内に直接注入する．このトレーニングを繰り返し行った前後で，香り水溶液に対する嗜好性の変化を調べる．

たは肝枝分岐下（胃枝＋腹腔枝）の切断で消失するが，肝枝切断のみでは効果がないことから，胃枝および腹腔枝が正常に機能することが重要である[81]．

胃内投与によるグルタミン酸ナトリウムの内臓嗜好は，120 mM の濃度で減少し 240 mM では効果が認められない[80]．したがって，60 mM あるいはそれ以下の低い濃度の方が，高い濃度よりも効果が高いという特徴がある．本実験系では，胃に投与したグルタミン酸ナトリウムは口から摂取した水で 2 倍に希釈されるので，実際の濃度は 30 mM（0.5% グルタミン酸に相当）あるいはそれ以下となる．グルタミン酸の効果に至適濃度があることについては，上部消化管運動亢進効果でも観察されている[75]．

一方，60 mM グルタミン酸ナトリウムの胃内投与による内臓嗜好は，2 mM イノシン酸を添加しても増加しない[80]．内臓嗜好には「うま味の相乗効果」が認められない．このことから，T1R1/T1R3 以外のうま味受容体が関与する可能性を強く示唆する．ただし，一つの濃度の組合せしか調べていないので，他の濃度の組合せによる効果は否定できない．たとえば，ラット十二指腸からの重炭酸分泌は 10 mM グルタミン酸ナトリウムに 0.1 mM イノシン酸を添加すると相乗効果を生じる[66]．薬理実験で使用されるような高い濃度よりも，天然だしに含まれるような低い濃度の組合せに生理的な意味があるのかもしれない．

h. 乳児における摂食量と体重増加の適正化

人の母乳にはグルタミン酸が多く含まれている．乳児に育児用調製粉乳（粉ミルク）を与えて育てると，母乳で育てた場合より早く体重が増加し，肥満やメタボリック症候群の危険性が増す[81]．アレルギーやアトピーを発症している乳児は，通常の粉ミルクを飲めないため，粉ミルク中のタンパク質を酵素（プロテアーゼ）処理によりアミノ酸にまで加水分解・ろ過処理したタンパク質加水分解調製粉ミルクを与えるが，この粉ミルクで育てた乳児は，WHO の標準成長曲線とほぼ同じ成長を示すのに対し，一般的な粉ミルクで育てた乳児は，標準成長曲線より摂取量と体重が有意に増加する[82]．酵素処理により遊離グルタミン酸濃度が約 60 倍増加する（1.8 vs. 106.5 mg/100 mL）ので，グルタミン酸が関与している可能性が考えられる．しかし，総アミノ酸濃度も約 120 倍増加するので，この試験だけではどのような成分が効いているかを断定できない．そこで，通常の粉ミルクに 0.105% グルタミン酸ナトリウムを添加した粉ミルクを作成して 1 回のみ

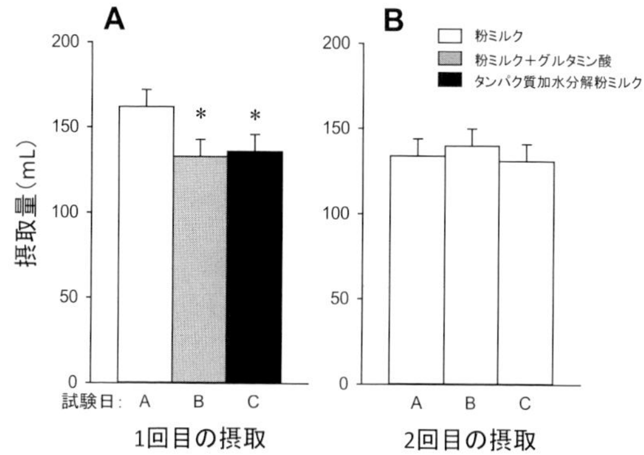

図 10.16 グルタミン酸は粉ミルクの満腹感（satiation）を増加させる（Ventura et al., 2012）[27]

A：乳児において，通常の粉ミルク（遊離グルタミン酸を 1.8 mg/100 mL 含有）にグルタミン酸ナトリウムを添加（遊離グルタミン酸を 84.1 mg/100 mL 含有）すると，粉ミルクの摂取量が有意に減少する．この効果は，タンパク質を加水分解した粉ミルク（遊離グルタミン酸を 106.5 mg/100 mL 含有）の摂取量と同程度である．
B：2 回目にコントロールとして通常の粉ミルクを与えても，グループ間で摂取量の差は認められない．すなわち，リバウンドによる摂取量増加は認められない．

与えると，摂取量が約 15% 減少した[27]（図 10.16A）．また，次回からの粉ミルクを飲み始めるまでの時間間隔は，グルタミン酸ナトリウム添加で変化せず，また次回に与えた粉ミルクの摂取量も無添加コントロールと同程度であり，リバウンドによる過剰摂取は認められなかった（図 10.16B）．すなわち，グルタミン酸は乳児においても，満腹感（satiation）を促進し，摂食量を適正化する効果があることを示している．グルタミン酸は消化管の重要なエネルギー源であるとともに，迷走神経を介してタンパク質摂取のシグナルを脳へ伝える重要な栄養素である．乳児期は脳だけでなく消化管も著しく成長するため，グルタミン酸が大量に必要となるのであろう．

i. 乳児における風味嗜好性の形成

授乳期の初期段階における風味摂取経験が，その後の風味嗜好性に影響する．たとえば，タンパク質を加水分解処理して調製した粉ミルクは，酸味と苦味が強く独特の香り（不快な風味）があるので，4 カ月齢以上の乳児に与えても嫌い，飲む量が大きく減少するが，4 カ月齢以前の早期の乳児は受け入れて飲む[83]．とくに早い時期に経験するほど飲む量が多くなる[84]．このタンパク質加水分解調製粉ミルクを3カ月間以上飲んで育った乳児は，通常の粉ミルクで育った乳児に比べて0.4％グルタミン酸ナトリウムを添加した野菜スープを好んで飲んだ[85]．ただし1カ月間の摂取経験では効果がなかったので，3カ月間は飲み続ける必要がある．乳児においても，いろいろな味と香りの刺激を体験することが，成長後の食嗜好の幅を広げることにつながると考えられる．

j. 体重増加および体脂肪蓄積に及ぼすグルタミン酸摂取の効果

適量のグルタミン酸は食事をおいしくするが，摂食量を増やして肥満を促進するのだろうか．この疑問には，否定的な結果が得られている．

フランスで行った健常高齢者[18]および糖尿病患者[24]を対象とした人試験によると，食事にグルタミン酸ナトリウムを添加することにより，より健康になるように食物選択行動は変化するが，カロリー摂取量の総和は変化しなかった．このことは食事にグルタミン酸ナトリウムを添加しても肥満は起こらないことを示している．

ラットを用いて1％グルタミン酸ナトリウム水溶液を水とともに長期間（15週間）自由摂取させると，水を与えた対照群と比べて摂食量とカロリー摂取量は同程度であったが，体重増加は有意に低下する[25,86,87]．身体軸長および除脂肪体重は両群で同じであったことから，グルタミン酸の効果は成長抑制によるものではない．体重低下と同時に，脂肪量（皮下脂肪と腹腔内脂肪）の減少と血中レプチン濃度の低下が観察されることから，グルタミン酸摂取により脂肪蓄積が減少することを示唆する（図10.17）．脂肪蓄積量減少の結果，脂肪組織から放出される総レプチン量の減少と肥満抑制が生じたと考えられる．グルタミン酸ナトリウムの摂取は，血圧（最大血圧，最小血圧），血糖値，および各種血中成分（インスリン，中性脂肪，総コレステロール，アルブミン，グルタミン酸）にまったく影響しなかった．これらのことは，ヒトにおける肥満とメタボリックシンドロームの発症や進行を抑制する上で，グルタミン酸ナトリウムを日常摂取することが有用である可能性を示している．グルタミン酸ナトリウムを摂取しても，カロリー摂取量が変化しなかったことから，エネルギー消費量が増加する可能性（体温上昇，熱放散促進，運動促進，代謝促進など）が考えられる．

麻酔下ラットの実験において，グルタミン酸ナトリウムを胃内に投与すると，

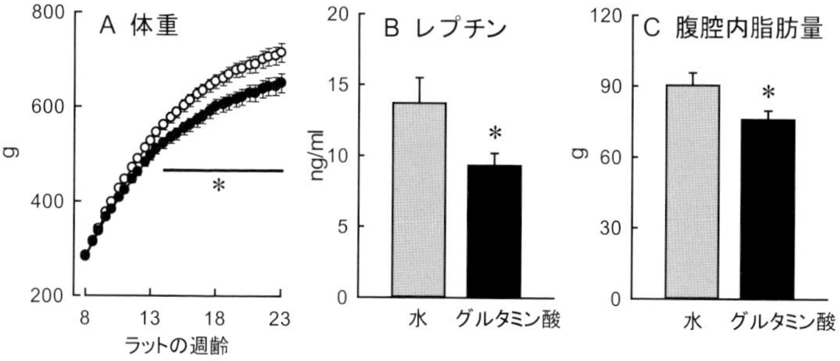

図 10.17　グルタミン酸の抗肥満効果（Kondoh et al., 2008）[25)]
ラットに 1% グルタミン酸ナトリウム水溶液を水とともに与えて飼育すると，水だけ与えたラットに比べて肥満が抑制され，血中レプチン濃度と腹腔内脂肪量も減少する．$^{*}p<0.05$，水群（コントロール）との有意差．

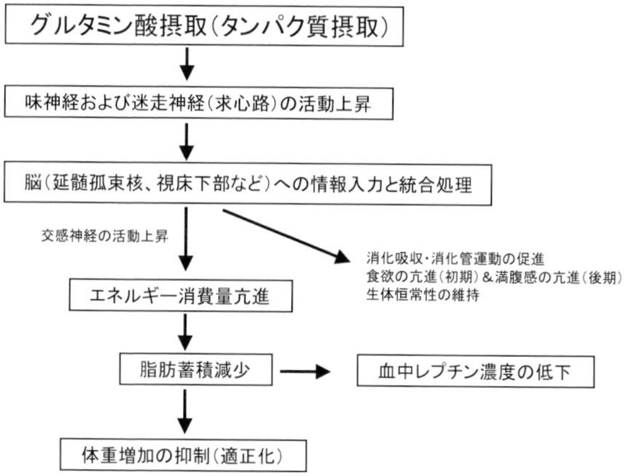

図 10.18　グルタミン酸による肥満抑制メカニズムの仮説（Kondoh et al., 2011）[4)]

白色脂肪細胞や褐色脂肪細胞を支配する交感神経の活動が増加する[59)]．安静時のラットの口腔内にグルタミン酸ナトリウム溶液を注入しても，エネルギー消費量は変化しないが，摂食中（カロリーあるいはタンパク質存在下）にグルタミン酸ナトリウム溶液を注入すると，水注入に比べてエネルギー消費量が増加する[88, 89)]．グルタミン酸ナトリウム水溶液摂取により，ラット背部肩甲骨間（褐色脂肪組織上部）の食餌誘導熱産生が増加する[90)]．これらのことは，うま味物質摂取時の味覚作用あるいは摂取後の作用を介して，エネルギー消費が促進する可能性を示唆する（図 10.18）．

おわりに

うま味は味覚作用で食事をおいしくするだけでなく，食べた後にさまざまな生理機能を制御する（体によい）ことが明らかになりつつある．うま味物質を日常の食生活に上手く取り入れることにより，健康の維持増進や病気の早期回復を期待する臨床応用も進みつつある．うま味研究がますます発展し，人びとの楽しく健康な明日の生活に貢献することを期待して止まない．［近藤高史］

文　献

1) 近藤高史ほか：神経研究の進歩 **43**：658-673, 1999.
2) 近藤高史ほか：日本醸造協会誌 **96**：829-847, 2001.
3) Yamaguchi S et al：*J Nutr* **130**：921S-926S, 2000.
4) Kondoh T et al：Handbook of Behavior, Food and Nutrition（Victor R et al eds）, Springer Science＋Business Media, pp. 469-487, 2011.
5) Chaudhari N et al：*Nat Neurosci* **3**：113-119, 2000.
6) Nelson G et al：*Nature* **416**：199-202, 2002.
7) San Gabriel A et al：*Chem Senses* **30**（Suppl 1）：i25-i26, 2005.
8) Shigemura N et al：*ProS One* **4**：e6717, 2009.
9) Jiang R et al：*Proc Natl Acad Sci USA* **109**：4956-4961, 2012.
10) Zhao H et al：*Mol Biol Evol* **27**：2669-2673, 2010.
11) Yamaguchi S：Umami：A Basic Taste（Kawamura Y et al eds）, Marcel Dekker, pp. 41-73, 1987.
12) Yamaguchi S：*J Food Sci* **32**：473-478, 1967.
13) Sako N et al：*Physiol Behav* **71**：193-198, 2000.
14) Zhang F et al：*Proc Natl Acad Sci USA* **105**：20930-20934, 2008.
15) Behrens M et al：*Angew Chem Int Ed* **50**：2220-2242, 2011.
16) Damak S：*Science* **301**：850-853, 2003.
17) Kusuhara Y et al：*J Physiol* **591**：1967-1985, 2013.
18) Bellisle F et al：*Physiol Behav* **49**：869-873, 1991.
19) McCabe C et al：*Eur J Neurosci* **25**：1855-1864, 2007.
20) Steiner JE：Umami：A Basic Taste（Kawamura Y et al eds）, Marcel Dekker, pp. 97-123, 1987.
21) Prescott J：*Appetite* **42**：143-150, 2004.
22) Yeomans MR：*Br J Nutr* **92**（Suppl 1）：S31-S34, 2004.
23) Schiffman SS：*Food Rev Int* **14**：321-333, 1998.
24) Bellisle F et al：*Appetite* **26**：267-275, 1996.
25) Kondoh T et al：*Physiol Behav* **95**：135-144, 2008.
26) Masic U et al：*Physiol Behav* **116-117**：23-29, 2013.
27) Ventura AK et al：*Am J Clin Nutr* **95**：875-881, 2012.
28) Bures J et al：Conditioned Taste Aversion：Memory of a Special Kind, Oxford

University Press, 1998.
29) Torii K et al : Umami : A Basic Taste (Kawamura Y et al eds), Marcel Dekker, pp. 513-563, 1987.
30) 近藤高史ほか：実験医学 **24** : 131-136, 2006.
31) 近藤高史ほか：脳と栄養ハンドブック（古賀良彦，高田明和編），サイエンスフォーラム，pp. 197-204，2008.
32) Agostoni C et al : *J Pediatr Gastroenterol Nutr* **31** : 508-512, 2000.
33) Ramirez I et al : *Adv Exp Med Biol* **501** : 415-421, 2001.
34) Matsumoto T et al : *Am J Physiol Cell Physiol* **305** : C623-C631, 2013.
35) San Gabriel A et al : *FEBS Lett* **581** : 1119-1123, 2007.
36) Bezençon C et al : *Chem Senses* **32** : 41-49, 2007.
37) Nakamura E et al : *Digestion* **83** (Suppl 1) : 13-18, 2011.
38) Mace OJ et al : *J Physiol* **587** : 195-210, 2009.
39) 鳥居邦夫：代謝 **26** : 195-201，1989.
40) Reeds PJ et al : *J Nutr* **130** : 978S-982S, 2000.
41) Niijima A : *J Nutr* **130** : 971S-973S, 2000.
42) Kondoh T et al : *J Nutr* **130** : 966S-970S, 2000.
43) Kondoh T et al : *Biol Pharm Bull* **31** : 1827-1832, 2008.
44) Kondoh T et al : *Biosci Microflora* **28** : 109-118, 2009.
45) Kondoh T et al : *Am J Clin Nutr* **90** : 832S-837S, 2009.
46) Uneyama H et al : *Am J Physiol Gastrointest Liver Physiol* **291** : G1163-G1170, 2006.
47) Kitamura A et al : *J Physiol Sci* **61** : 65-71, 2011.
48) Daly K et al : *Am J Physiol Gastroenterol Liver Physiol* **304** : G271-G282, 2013.
49) Khropycheva R et al : *Digestion* **83** (Suppl 1) : 7-12, 2011.
50) Hosaka H et al : *Aliment Pharmacol Ther* **36** : 895-903, 2012.
51) Bauchart-Thevret C et al : *J Nutr* **143** : 563-570, 2013.
52) Torii K et al : *Amino Acids* **10** : 73-81, 1996.
53) Tabuchi E et al : *Physiol Behav* **49** : 951-964, 1991.
54) Kondoh T et al : Olfaction and Taste XI (Kurihara K et al eds), Springer-Verlag, pp. 534-535, 1994.
55) Tsurugizawa T et al : *Neuroreport* **19** : 1111-1115, 2008.
56) Tsurugizawa T et al : *Gastroenterology* **137** : 262-273, 2009.
57) Otsubo H et al : *Neuroscience* **196** : 97-103, 2011.
58) Shibata R et al : *Physiol Behav* **96** : 667-674, 2009.
59) Tanida M et al : *Neurosci Lett* **491** : 211-215, 2011.
60) 稲永清敏ほか：味と匂誌 **16** : 363-364，2009.
61) 橋本眞由美ほか：日本摂食・えん下リハビリテーション学会雑誌 **13** : 444-445，2009.
62) Vasilevskaia LS et al : *Vopr Pitan* 29-33, 1993.
63) Kochetkov AM et al : *Vopr Pitan* 19-22, 1992.
64) Zolotarev V et al : *Ann N Y Acad Sci* **1170** : 87-90, 2009.
65) Khropycheva R et al : *J Med Invest* **56** (Suppl) : 218-223, 2009.
66) Akiba Y et al : *Am J Physiol Gastrointest Liver Physiol* **297** : G781-G791, 2009.
67) Wang JH et al : *J Pharmacol Exp Ther* **339** : 464-473, 2011.
68) 天ヶ瀬紀久子ほか：薬学雑誌 **131** : 1711-1719, 2011.

69) Nakamura E et al : *Am J Physiol Gastrointest Liver Physiol* **283** : G1264-G1275, 2002.
70) Amagase K et al : *J Pharmacol Sci* **118** : 131-137, 2012.
71) Ewer AK et al : *Arch Dis Child* **71** : F24-F27, 1994.
72) van den Driessche M et al : *J Pediatr Gastroenterol Nutr* **29** : 46-51, 1999.
73) Zai H et al : *Am J Clin Nutr* **89** : 431-435, 2009.
74) 染川慎治ほか：味と匂誌 **19** : 369-370, 2012.
75) Toyomasu Y et al : *Am J Physiol Regul Integr Comp Physiol* **298** : R1125-R1135, 2010.
76) Young VR et al : *J Nutr* **130** : 892S-900S, 2000.
77) Sclafani A : *Am J Physiol Regul Integr Comp Physiol* **302** : R1119-R1133, 2012.
78) Uematsu A et al : *Neurosci Lett* **451** : 190-193, 2009.
79) Uematsu A et al : *Eur J Neurosci* **31** : 1136-1143, 2010.
80) Ackroff K et al : *Physiol Behav* **104** : 488-494, 2011.
81) Armstrong J et al : *Lancet* **359** : 2003-2004, 2002.
82) Mennella JA et al : *Pediatrics* **127** : 110-118, 2011.
83) Mennella JA et al : *J Dev Behav Pediatr* **17** : 386-391, 1996.
84) Mennella JA et al : *Am J Clin Nutr* **93** : 1019-1024, 2011.
85) Mennella JA et al : *Clin Nutr* **31** : 1022-1025, 2012.
86) 近藤高史ほか：味と匂誌 **13** : 133-142, 2006.
87) 近藤高史ほか：味と匂誌 **15** : 187-200, 2008.
88) Viarouge C et al : *Physiol Behav* **49** : 1013-1018, 1991.
89) Viarouge C et al : *Physiol Behav* **52** : 879-884, 1992.
90) Smriga M et al : *Physiol Behav* **71** : 403-407, 2000.

11

だしの健康機能解明に向けて

だしは，日本の伝統的な調味料であり，和食における味付けの基本である．家庭の味・おふくろの味も，だし抜きでは語ることはできない．だしの味そのものは薄味だが，米を中心とした野菜・穀類・豆類などの農産物を，素材の持ち味を生かしたままおいしく食べる上で欠かせない．だしを使うと，油脂，バター，ソースなどを使わなくてもおいしく調理できるため，カロリーが少なく健康的な食事を楽しむことができる．

しかし，近年では，日本の伝統的食文化が急速に失われつつある．食事の欧米化，ファストフードの広がり，家族形態や生活スタイルの急激な変化，価値観の変化，「こ食」（孤食，個食，戸食，子食，粉食，濃食，小食）など，非常に多くの要因が複雑に絡んだ食生活の多様化が大きな原因である．これらの変化にともない，肉や油脂の摂取量が急激に増え，米・魚・伝統的発酵食品（味噌，醤油，納豆，漬物など）の消費が年々減少の一途をたどっている．少子高齢化にともない，地域行事や年間行事などと結びついた伝統的食習慣の継承も難しくなっている．このような社会的背景のなかで，日本食文化が崩壊する危機的状況が現実味を帯びてきた．そこで日本政府を中心とした食関係者等が努力し，2013 年 12 月に「和食；日本人の伝統的な食文化」と題してユネスコ無形文化遺産への登録が実現することとなった．登録により，日本食文化の保護と継承のための継続的な活動が求められる．

和食の基本はだしである[1,2]．では，なぜだしが和食には必要なのか．「必要な栄養素さえ摂っていれば，だしも和食も必要ないのではないか」という疑問に対して，われわれはどのように反論すればいいのか．世界のなかでも，かつお節や昆布などの乾物を使ってだしを引く食文化があるのは，日本だけである．このシンプルな疑問に答えるには，きちんとした科学的研究を行い，証拠を積み重ねる必要がある.

だしには，数百年もの長い間，日本人に好まれてきた歴史がある．それだけ長い年月にわたって使われ，和食の中心的役割を築いてきたのは，「単に料理をおいしくするだけでなく，他にもすばらしい効果があるのではないか」と考えても不思議ではない．最近の研究により，「だしには脳や身体が欲する有用成分が含まれているので，繰り返し飲むとその成分がもたらす生理効果を体験し，学習・記憶する（脳に刷り込まれる）．その結果，だしの味がよりおいしく感じられるようになる」という脳のしくみに関する仮説が実証されつつある[3]．だしの味やおいしさは，身体の健康を保つのに良い効果があることが脳（記憶）に刷り込まれることである．脳（記憶）に刷り込まれるためには，繰り返し飲むことが必要となる．以下に，だしとは何かを概説し，だしの代表格であるかつおだしに焦点を絞って，おいしさや嗜好性と健康機能に関する最新の研究成果を解説する．

11.1　だしの味とうま味との関係

日本でよく使われるだしの素材は，昆布，かつお節，煮干し，干し椎茸の四つである（図 11.1）．これらの天然素材はうま味成分を多く含んでいるので，一般的にはうま味成分を上手に引く（うま味を引き出す）ことが，だしを料理に使う主目的であると考えられている[4,5]．うま味は 5 種類ある基本味(塩味, 甘味, 酸味, 苦味，うま味）のひとつであり，昆布の場合はグルタミン酸，かつお節と煮干しの場合はイノシン酸，干し椎茸ではグアニル酸がその正体である．しかし，これらの天然素材を使ってだしを引いても，含まれるうま味物質の量が少ない（濃度が低い）ため，それぞれ単独のだしではわずかなうま味しか得られない[6]．とこ

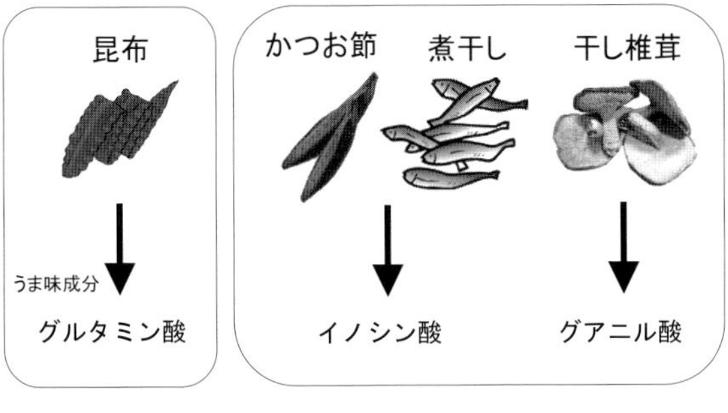

図 11.1　日本のだしの素材とうま味成分

ろが，いずれかの二つを組み合わせることによって飛躍的にうま味が強くなるという性質がある．この性質のことを「うま味の相乗効果」と呼ぶ[7,8]．たとえば，昆布とかつお節，あるいは昆布と干し椎茸を組み合わせてだしを引くと，うま味が強く感じられるようになる．相乗効果は，アミノ酸系うま味物質（グルタミン酸）と核酸系うま味物質（イノシン酸またはグアニル酸）の組合せで生じる．

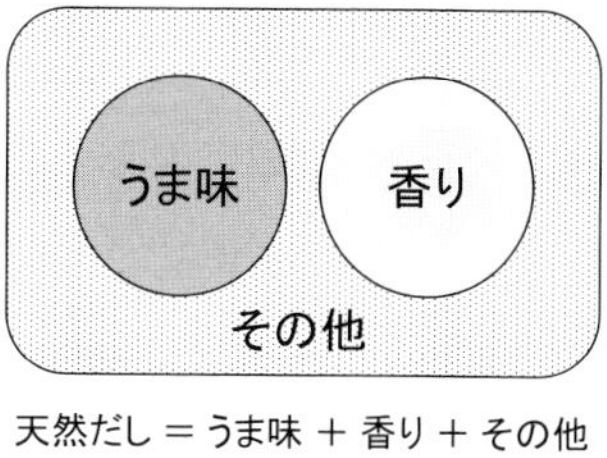

図 11.2　天然だしの特徴

また，うま味物質そのものに香りはないが，料理に使用すると風味が増しておいしくなる．この現象を風味増強作用と呼び，うま味の味覚と食物由来の嗅覚情報が，脳の高次感覚連合野で統合処理されることによって生じると考えられる[9]．市販されている風味調味料は天然だし成分やエキスも配合されているので，本物の香りもある[6]．天然だしのおいしさを「うま味＋香り」で説明できるのであれば，市販の風味調味料でもかなりの部分を代用できるはずである．とくにうま味だけに限ってみれば，天然だしよりも市販のうま味調味料と風味調味料の方がはるかに優っている．その理由は，簡便かつ安価にうま味の強さを調節できるからである．いくら高級な昆布やかつお節を使ってだしを引いても，うま味物質の量は調味料に比べてはるかに少ない．

それにもかかわらず，プロの料理人たちは天然素材を使ってだしを引くことにこだわる．したがって，天然だしには調味料では説明できない「うま味＋香り」以外の重要な成分「その他」も含まれていると考えるのが自然である．すなわち，天然だしの特徴を「うま味＋香り＋その他」と表すことが可能となる（図 11.2）．実際に，だしのなかにはアミノ酸，核酸，有機酸，ミネラル，ビタミン，香気成分などいろいろな成分が含まれている[6,10,11]．うま味はだしの重要な特徴のひとつではあるが，うま味だけでだしのおいしさを説明することはできない．だしは，うま味の上位に位置する概念である．

11.2　日本のだしとは何か

では，だしとは何か．だしの概念は人それぞれによって異なるため，ひとつにまとめて定義することは難しい．しかし，広義の意味では「食品素材中の有用成分を，水あるいはお湯を使って引き出したもの」と考えることが可能である．この定義によると，食材の種類や成分の抽出方法は関係ない．したがって，西洋料理に使うフォン・ブイヨンや中華料理に使う湯（タン）などもだしの仲間（海外のだし，世界のだし，西洋のだし，中華だしなど）と考えられる．最近出版された『だしとは何か』という本では，だしの定義を「動物性，植物性の素材からうま味成分を中心とした呈味物質を抽出した液体」としている[12]．

しかし，和食に使用するだしの素材は，昆布（乾燥コンブ），かつお節，煮干し，干し椎茸などの乾物であり，コーヒーやお茶のようにごく短時間で成分を引き出せるという特徴がある[3,14]（表 11.1）．香辛料や野菜を加えて臭みを抑えるという操作をしなくてもよい．必要とする成分だけを最大限に引き出し，不要な成分をできるだけ含まない最適な条件を選んでいる（短時間で抽出する）．そのため，ぐつぐつ煮込んで食品中の成分を残さず最大限に引き出すことはあまり行われない（ただし，二番だしや麺つゆ用のだしは例外）．すなわち，伝統的な日本のだしは，肉，魚，骨，野菜などの生の食材を長時間かけて煮込む海外のだし風のものとは大きく異なるのが特徴である．両者の共通点は，うま味物質が多く含まれることだけである．したがって，狭義の定義では，「昆布やかつお節などの乾物を使用して，ごく短時間で必要とする有用成分を水あるいはお湯を使って引き出したもの」が，本来の意味での伝統的だしであると考えることができる．また，素材面からみると，乾物を使用し，魚を除いた動物性素材は使用しないことも大きな特徴として追加できる．調理面からみても，「だしの味を他の食材に移す，あるいは浸透させることで，野菜などの食材の持ち味を引き立てる」という手法は日本のだしに固有であり，海外では見当たらない[15]．

しかし，日本のだしと世界のだし（だし風のもの）との間で，食後の機能性に大きな差異があるかについては，生理科学的検証が行われていないので，現段階でまったく別のものと結論づけるには，証拠が不十分である．この点は将来の検

表 11.1 日本のだしと海外のだし（だし風のもの）との比較

特徴	だし（日本）	ブイヨン（西洋），湯（中華）
素材	乾燥素材（昆布，かつお節，煮干し，干しシイタケ）	生の素材（鶏肉，牛肉，魚，骨，野菜，香辛料など）
調理時間	短い（数分～数時間）	長い（数時間～数日）
アミノ酸バランス	低い	高い
脂質含量	ほとんどない	比較的多い
うま味物質	多い	多い

討課題として残される．

11.3　かつおだしに含まれる成分

図 11.3 に，2.5% のかつおの極上本枯節を使って引いたかつおだし（4 リットルの熱湯に 100 g のかつお節を加えて引いただし）に含まれる成分を示す[16)]．水分を飛ばして残った固形分を分析すると，核酸系うま味成分であるイノシン酸の含有量は固形分の 3% であり，アミノ酸系うま味成分であるグルタミン酸はわずか 0.1%，糖類もわずか 0.2% だけである．これらの好ましい栄養成分に対し，動物が嫌いな酸味成分（乳酸）や苦味成分（ヒスチジン，クレアチニン，アンセリン，ミネラルなど）は，うま味成分よりも大量に含まれている（図 11.4）．この

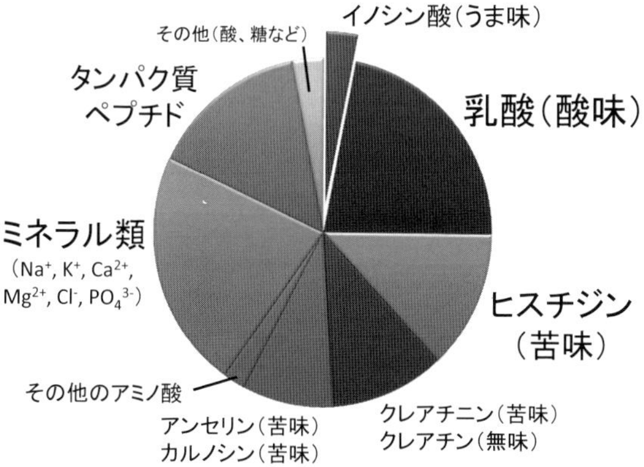

図 11.3　かつおだしに含まれる成分（福家ら，1989）[16)]
かつおの極上本枯節を 2.5% 使用して引いただしを使用．

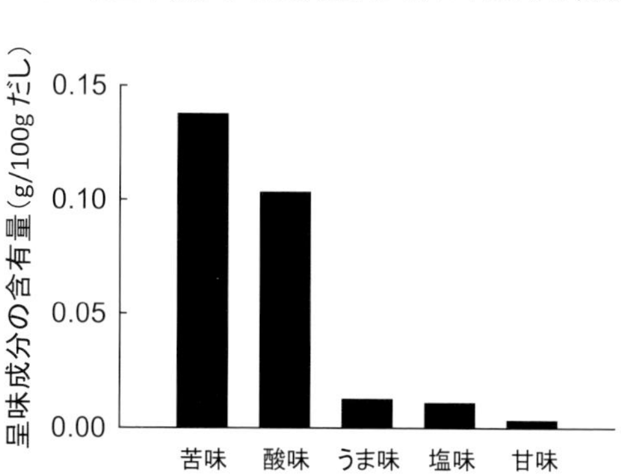

図 11.4　かつおだしに含まれる呈味成分の量

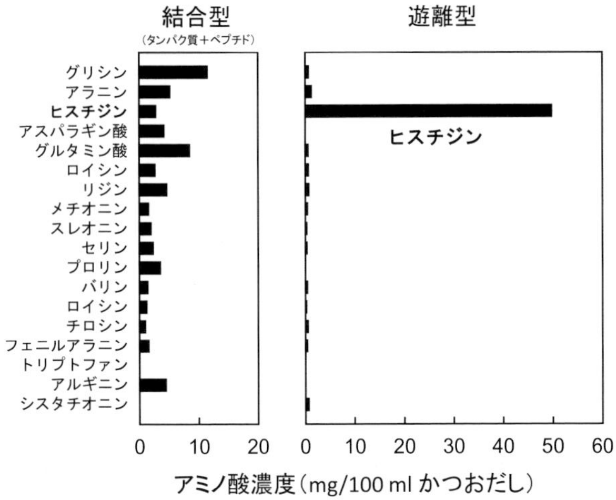

図 11.5 かつおだしに含まれる結合型および遊離型のアミノ酸濃度（福家ら，1989，改変）[16)]
結合型アミノ酸は，タンパク質またはペプチドを構成しているアミノ酸を示す．

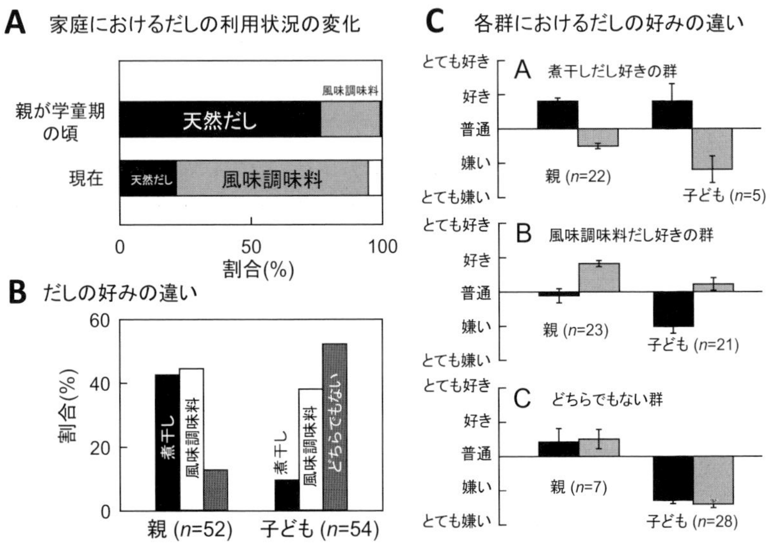

図 11.6 親と子のだしの好みの違い（神田ら，2009）[18)]
岡山県津山市のある小学校の5年生児童とその親を対象に調査した．親がだしを好むのに対して，だしを嫌う子どもが多くいた．

ような味成分の組み合わせ（酸味＋苦味＋うま味）はかつおだしに特徴的であり，調味料とは大きく異なる[6]．かつおだしは，400種類以上の香り成分も含む[17]．

なお，遊離アミノ酸のなかに占めるヒスチジンの割合は87％と圧倒的に多いのに対し，タンパク質・ペプチドには突出して多いアミノ酸はない（図11.5）．結合型ヒスチジンの割合はわずか4.8％であるので，遊離のヒスチジンはタンパク質やペプチドの分解によって生成されたものではないと考えられる．

最近，天然だしを嫌う子どもが多いとの調査結果が出ており[18]，だし離れが日本食離れをますます促す可能性が心配される（図11.6）．

11.4　かつおだしの嗜好性増加と摂取体験

人の場合は，個人ごとに遺伝的背景が異なるだけでなく，食体験や生活環境などが異なるので，ばらつきを制御することは難しい．ここではラットやマウスを使ってかつおだしの嗜好性（好き・嫌い）を調べた研究を紹介する．嗜好性は，いろいろな濃度のかつおだし水溶液を水とともに与えて自由に摂取させ，それらの摂取量を測定することにより調べた．嗜好性の強さは，水とかつおだしの溶液摂取量に対するかつおだしの摂取量の比率（％）を指標とする．

はじめに，お吸い物中に含まれる濃度のかつおだし（10倍希釈かつおだし；固形分0.4％）を用いて嗜好性の経日変化を調べた．その結果，1日目は水と同程度の嗜好性（約50％の嗜好性）を示したが，その後は徐々に嗜好性が増加し，3日目以後は約80～90％の安定した高い嗜好性を示した[19]（図11.7）．すなわち，かつおだしは繰り返し飲むことによって好きになることを示している．しかし，

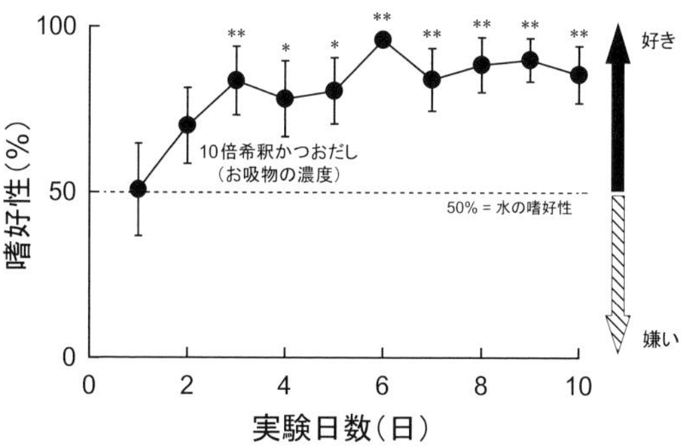

図11.7　かつおだし嗜好性の経日変化（近藤ら，2011）[19]
$*p<0.05$ および $**p<0.01$，水の嗜好性レベル（50％）との有意差．

かつおだしは毎日新しいものと交換しているので，味と香りは毎日同じである．このことから，嗜好性の変化は味や香りの変化で説明することが難しい．それ以外の要因，たとえば，摂取後に生じる生理効果などを考慮する必要があることを示している（10.4 節参照）．

かつおだしの嗜好性が日ごとに高まる現象は，必須アミノ酸のひとつであるリシンが欠乏した飼料（リシン欠乏食）を摂取したラットのリシン水溶液嗜好性が，日ごとに高まる現象と非常に似ている[20,21]．すなわち，嗜好学習のパターンを示している．リシン欠乏動物では，苦いリシン水溶液を飲むことによって栄養欠乏から回復することを学習した結果，リシン溶液の嗜好性が増大する．しかし，かつおだしの場合は，栄養欠乏からの回復とは関係がない．飲まなくても健康には支障がないのである．したがって，見かけ上は同じような行動変化を示しても，メカニズムは大きく異なると考えられる．

ところで，実験のなかでかつおだしを嫌う変なラットが 1 匹いた．このラットは最初の日にはかつおだしを強く好んで摂取したが，その後 9 日間は連続してかつおだしを嫌い，水しか飲まなかった[19]．そこで，このラットを，トレーニングによってかつおだしが大好きなラットに変えることができるかを試した．その方法として，水を与えない日と与える日を交互に 5 回繰り返し，自発的にかつおだしを飲む摂取体験を積み重ねた(かつおだしは毎日飲むことができる)．その結果，1 回目に水を除いた翌日は，依然としてかつおだしを強く嫌ったが，2 回目に水を除いた翌日にはかつおだしを強く好み，その後は水があってもなくてもかつおだししか飲まず，ほぼ 100% の高い嗜好性を維持した（図 11.8）．かつおだしを好むとともに，かつおだしの摂取量も約 40～50 g/日と増加し，かつおだしが大好きになる前の水の摂取量(約 30 g/日)よりも多くなった．すなわち，一例ではあるが，かつおだしを嫌う動物個体においても，かつおだしの摂取体験を繰り返すことにより，かつおだしの摂取量と嗜好性が大きく上昇する可能性が示された．

多くの日本人にとって，かつおだしの香りはたまらなく好ましいが，欧米人は生臭い・魚臭い（fishy smell）といって不快に感じて敬遠する傾向が強い[10,15]．同じ香りが，なぜ好き・嫌いの評価に分かれるのだろうか．このシンプルな疑問に答えるため，香りしかない薄い濃度のかつおだし（100 倍希釈かつおだし；固形分 0.04%）に対する嗜好性を，和食に使う濃度のかつおだし摂取体験の前後で比較した．その結果，かつおだしの摂取体験がないときは 100 倍希釈か

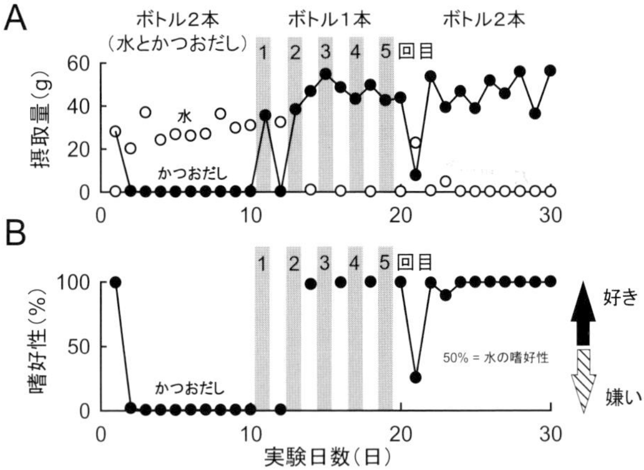

図 11.8　かつおだし摂取体験によるかつおだし嗜好性増加の例（近藤ら，2011）[19]
実験 11, 13, 15, 17 および 19 日目の計 5 日間は，水ボトルを除いて 10 倍希釈かつおだしのみを与えた. A：水およびかつおだしの摂取量(g). B：かつおだしの嗜好性(%).

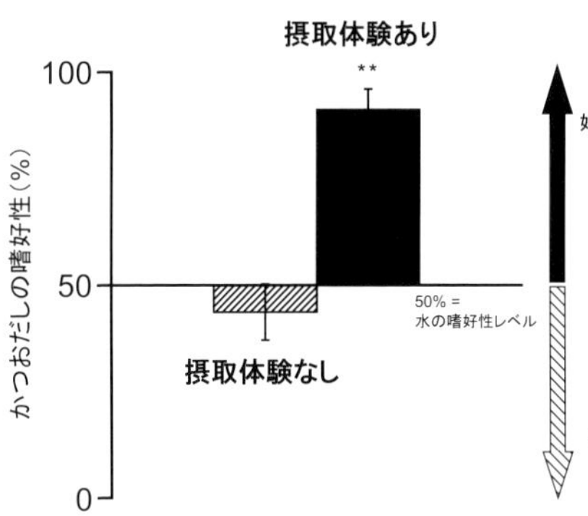

図 11.9　かつおだし摂取体験によるかつおだし嗜好性増加の例（近藤，2012）[3]

つおだしを好むどころかむしろ嫌う傾向を示したが，かつおだしの摂取体験を経た後は，100 倍希釈かつおだしを強く好んだ[3]（図 11.9）．すなわち，この研究も，かつおだしの嗜好性が摂取体験により著しく高まること（学習・記憶によること）を示している．また，100 倍希釈あるいはそれよりも薄い濃度のかつおだしだけを 1〜2 週間繰り返し飲んでも嗜好性は変わらなかった．かつおだしを好きになるためには，薄い濃度では効果がなく，和食に使う濃度以上のかつおだしを繰り返し飲む必要がある．以上の結果は，味や香りの効果だけで説明することが難し

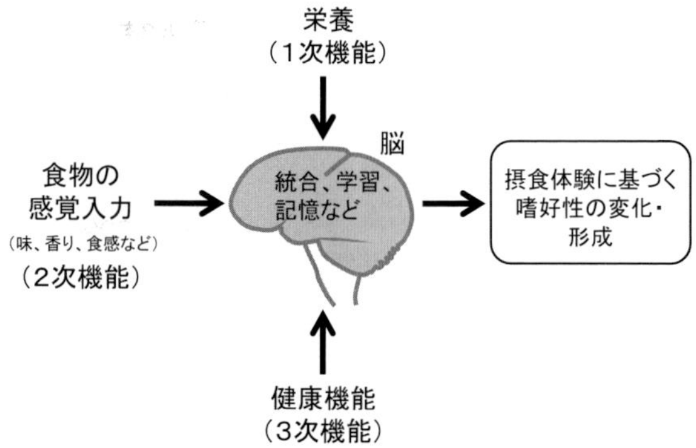

図 11.10　摂食体験にもとづく嗜好性の変化・形成のモデル
嗜好性は，食物の 2 次機能（味，香り，食感など）だけで決まらない．摂取体験を重ねることにより，食物の 1 次機能（栄養）と 3 次機能（健康機能）の体験も脳のなかで統合されて，記憶・学習し，嗜好性が変化（形成）される．

い．かつおだしの摂取後になんらかの機能変化が生じ，その効果を体験し，学習することが，嗜好性を著しく高めるのではないかと考えられる．図 11.10 には，食品の 1 次機能も含めて，嗜好性変化（形成）のモデルを示してある．このモデルによると，食物の嗜好性は 2 次機能（味，香り，食感などの感覚情報）だけで決まらず，1 次機能（栄養）と 3 次機能（健康機能）の情報も含めて脳のなかで統合されることにより変わると説明される．食物の摂取と，それにもとづく身体の変化を体験・学習することが重要となる．

11.5　かつお節・かつおだしの効能・健康機能

では，かつお節やかつおだしの効能・健康機能とは何であろうか．かつお節やかつおだしの原料である「カツオ（鰹）」は，スズキ目・サバ科に属する魚であるが，サバなどとは異なりエラ呼吸をすることができず，また浮袋もないため，疲れて泳げなくなると，酸素不足に陥り海底に沈んで死んでしまう．そのため，一生涯高速（時速 30～50 km）で泳ぎ続ける「疲れ知らずの魚」として知られている．疲れて泳げなくなる危険性を防ぐために，疲労の蓄積を抑えるか，あるいは疲労を回復するなんらかの能力があると推測される．日本では古くから，疲労回復や滋養強壮などの目的でかつお節を食してきたゆえんである．

本項では，「民間伝承にみるかつお節の使用法・効能」に関する記述（経験にもとづく言い伝え；科学的裏付けなし）と最新の科学研究で解き明かした「かつおだしの健康機能」を紹介する．

a.　民間伝承にみるかつお節の使用法・効能

『大宝律令』(701 年）に，租税の対象として「堅魚」，「煮堅魚」，「堅魚煎汁」という名前が登場する[22]．堅魚はカツオを生で干したもの，煮堅魚はカツオを煮てから干したもの（かつお節の原型），堅魚煎汁は煮堅魚を作るときの煮汁を煮詰めた液体調味料（かつおだしの原型）と推定されている．かつお節は，栄養価が高く保存性･携行性も優れていることから，戦国時代には梅干しと並ぶ保存食･兵糧食として重宝されていた．江戸時代の兵法書である『武教全書詳解』に「是を噛ば性気を助け気分を増し，飢を凌ぐ」とあり，戦国時代に先陣にかつお節を携行したことが記述されている[23]．第二次世界大戦後には，南極観測隊やマナスル登山隊が携行食として利用した[24]．

また，戦国時代にはかつお節に「勝男武士」の字をあて，戦での勝利を祈念する武運長久の縁起物としても取り扱われてきた．神社などの棟木についた飾りを「鰹木（堅魚木)」と呼ぶことや，伊勢神宮の神饌に乾鰹（かつお節）が祀られていることからも，カツオやかつお節が昔から重宝され，朝廷への献上品や神へのお供え物として高く評価されていることがうかがえる（図 11.11）．現代においても，かつお節の雄節（背節）と雌節（腹節）の組合せが夫婦一対を意味し，表面の模様を松竹梅にたとえられることなどから，とくに縁起のよいものとして結納などの慶事の贈り物として用いる習慣がある．かつお節（勝男武士，勝男節）はたくましい男性の象徴とされ，元気な子どもを産み育てるようにとの祈願の意

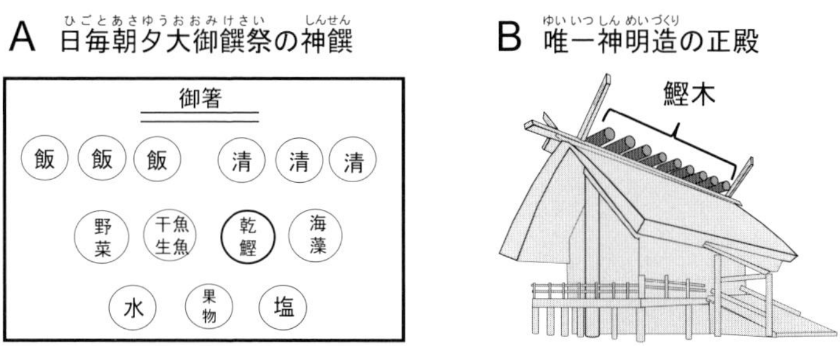

図 11.11　神様とカツオとのかかわり
伊勢神宮では，1500 年前から朝夕毎日の神饌（神様の食事）に，乾鰹（現代では，かつお節を使用）を祀る習慣が続いている．また，正殿の屋根最上部には，「鰹木」が存在し，数が多いほどその神社の社格が高いとされている．

味も込められる．

薬膳書として刊行された『本朝食鑑』(1697 年）には，「カツオをさばいた後に煮たものを曝乾（おそらく天日干し）したものがかつお節である」との記述があり，その効能（主治）として「気血を補い，胃腸を調え，筋力を壮にし，歯牙を固くし，皮膚のきめを密にし，鬚髪を美しくする」とある[25]．疲労回復や滋養強壮以外にも，いろいろな効能があることを記述した最初の書物であると考えられる．さらに，琉球食療法の重要な指導書である『御膳本草』(1832 年）には，「脾胃（ひい）（胃腸のこと）を調え，身を肥やす」，「諸病に用いて益あり」とあり，万病薬のようにかつお節が絶賛されている[25]．このように，かつお節には種々の効能・健康機能があることが推測される．しかし，科学的裏付けはない．

現代においては，風邪や食欲不振のとき，疲れたときなど，体調の悪いときに飲む，かつお節を使った郷土料理として，沖縄県の鰹湯（かちゅーゆ）や鹿児島県の茶節（ちゃぶし）が伝承されている．鰹湯は，お椀たっぷりのかつお節にお湯などを注ぎ，味噌を溶かして飲むものである．好みによって長ネギ，卵黄などを加える．茶節も鰹湯と非常に似た作り方で，お湯のかわりにお茶を使う点が異なる．このように，かつお節・かつおだしは，疲労回復や滋養強壮などに役立つと考えられている．

b.　かつおだしの疲労改善効果

カツオは，一生涯高速で泳ぎ続ける「疲れ知らずの魚」である．カツオを原料とするかつおだしにも，疲労改善効果が期待できる．動物試験および人による評価では，かつおだしを単回あるいは 2〜4 週間継続摂取することにより，予想どおり，肉体疲労，精神疲労，眼精疲労などの各種疲労が改善されることが明らかになった[26,27]．

1)　運動負荷後の疲労回復効果

回転式トレッドミルを用いてマウスを強制的に 3 時間歩行させると，その後しばらくの間ぐったりと疲れて動かなくなる．ところが，強制歩行させた直後にかつおだしを経口投与すると，水を経口投与したマウスに比べて 1 時間の自発運動量が約 50 回から 175 回へと 3 倍以上に増加し，運動させていない正常マウスと同程度まで回復する[28]（図 11.12）．また，エネルギーの指標である肝臓中の ATP/AMP 比を測定した結果，マウスにかつおだしを経口投与することにより，運動負荷による ATP/AMP 比の低下が抑制される傾向を示すことが確認された．

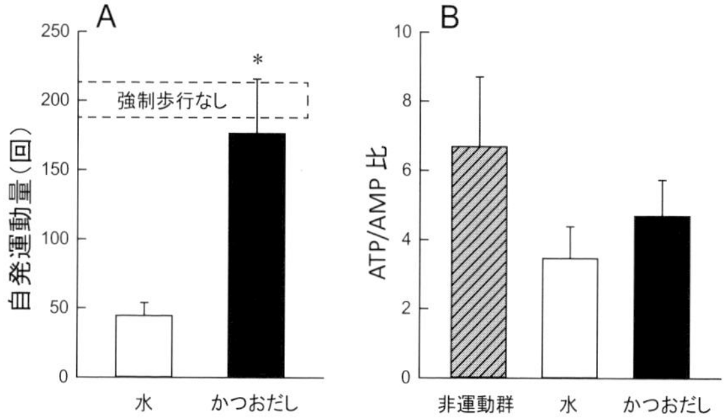

図 11.12 3時間歩行運動後の1時間自発運動量（A）と肝臓のATP/AMP比（B）（村上，2004）[28]
*$p<0.05$，水群に対して有意差がある．

このことから，運動負荷後の疲労回復を高める効果があると考えらえる．

2) 肩こりの改善効果

かつおだしは肩こりの自覚症状も軽減する．成人男女24名を対象に調べた研究によると，かつおだし（固形成分5g）を毎日125mlずつ4週間飲むと，かつおだし摂取開始3週間の時点で肩こりに関する自覚症状が有意に減少したが，プラセボ群では摂取前後で変化がなかった[29]．

3) 精神作業負荷時の作業効率に対する効果

疲労研究の分野では，人における疲労改善の定義として「運動負荷時や精神作業負荷時などにおける疲労感の低減（疲労自覚症状の改善）と作業パフォーマンスの低下抑制」があげられている．かつおだしの継続摂取は，人の精神作業による疲労（精神作業効率の低下）に対しても改善効果がある[30]．日常的に疲労感を感じている30～60歳の成人男女48名を対象に，かつおだし粉末（2.45g）またはプラセボ粉末に約150gのお湯を加えて溶かしたものを，毎夕食時に4週間摂取してもらい，摂取期間の前から2週間ごとに30分間の内田クレペリンテスト（1ケタの足し算を繰り返し行う単純計算課題）を実施した．疲労の指標として正答数を調べると，かつおだし摂取後は摂取前と比べて約5%正答数が増加し（$p<0.01$），プラセボでは摂取前後で変化がなかった．このことから，かつおだしは精神疲労を抑制することが示唆される．

4) 眼精疲労の改善効果

かつおだしには眼精疲労に対しても改善効果がある[31]．眼精疲労は肉体疲労

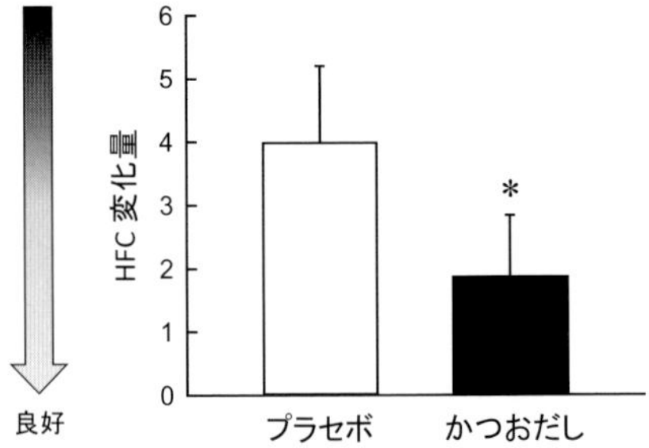

図 11.13　VDT 作業後の眼精疲労指標値（HFC）の変化量（本多ら，2006）[31]
*p<0.05，プラセボ群に対して有意差あり．

と精神疲労が複合した疲労と考えられる．眼精疲労症状を自覚している 20〜40 歳の成人男女 24 名を対象にかつおだし（固形分 5 g）またはプラセボを毎朝 125 ml ずつ 4 週間摂取してもらい，摂取期間の前後に視覚探索反応課題（visual display terminals：VDT）作業負荷を実施し，VDT 負荷前後に眼の網様体筋の痙攣状態を表す指標である「調節微動高周波成分の出現頻度（high frequency components：HFC）」を測定した．かつおだし摂取によりプラセボ摂取に比べて有意に HFC 値が低下（改善）し（図 11.13），エラー仕事量も減少した．また，かつおだし摂取により涙液分泌量が正常化し，眼精疲労の自覚症状も改善した．これらのことから，VDT 作業による眼精疲労が改善され，視覚探索反応課題における作業効率が向上すると考えられる．かつおだしを 4 週間継続摂取することにより，眼精疲労の自覚症状も低下する．

5)　日常の気分・感情状態（とくに疲労感）の改善効果

日常の気分・感情状態は，POMS 試験（Profile of Mood States；気分・感情状態を 5 段階で評価する質問紙法）で調べることができる．65 の質問項目を解析することにより，「緊張－不安」，「抑うつ－落ち込み」，「怒り－敵意」，「活気」，「疲労」，「混乱」の 6 項目を評価可能である．POMS では，活気以外の項目では，得点が低いほど気分・感情状態が良好であることになる．また，総合的な感情状態を示す指標として total mood disturbance（TMD）を算出できる．TMD は，「活気」以外の項目の合計値から「活気」のスコアを引いた値である．POMS 試験の結果，日常の気分・感情状態の評価においても，かつおだしに疲労感の改善あるいは改善傾向を示すことを，4 編の論文で報告している[30, 32〜34]．しかし，論文ごとに被験者の構成（男女比や年齢など）やかつおだしの摂取量・摂取期間などの条件が異なるためか，結果もそれぞれの論文で異なり，一貫した評価が難しい．そこで，これら4編の論文の結果をひとつにまとめて解析したところ，かつおだしの継続摂取により，緊張ー不安，活気，疲労，混乱および TMD が有意に改善することが明らかになった[35]．精神的ストレスとの関連が示唆されている「緊張ー不安」スコアが改善することから，かつおだしには，抗ストレス作用もあると考えられる．

6)　血流および血液流動性の改善効果

かつおだしが多様な疲労（肉体疲労，精神疲労，眼精疲労，肩こり）および気分・感情状態の改善効果を示すメカニズムは複雑であり，かつおだしに含まれる複数の成分の複合効果によると推測される[27]．しかし，眼精疲労と肩こりに関しては末梢の血流が滞ることによって引き起こされると考えられるので，血流を改善すれば疲労改善に効くと考えられる．実際に，18〜22 歳の女子大生を対象として右手甲表面の皮膚血流量を測定したところ，かつおだしを毎朝 125 ml（固形分 5 g），2 週間継続摂取すると，摂取前に比べて有意に血流量が改善する[35,36]．血液の質的な指標である血液流動性もかつおだしの継続摂取により改善する[29]．プラセボ摂取前後では，このような変化が認められず，かつおだし摂取は，血圧（収縮期および拡張期血圧）および心拍数に影響しない[34]．これらのことから，血流量増加や血液流動性の改善が疲労改善に関与していると考えられる．

7)　疲労改善への関与とその他の効果

上記の作用以外にも，かつおだしは，肌水分量の改善[37]（図 11.14），抗酸化作

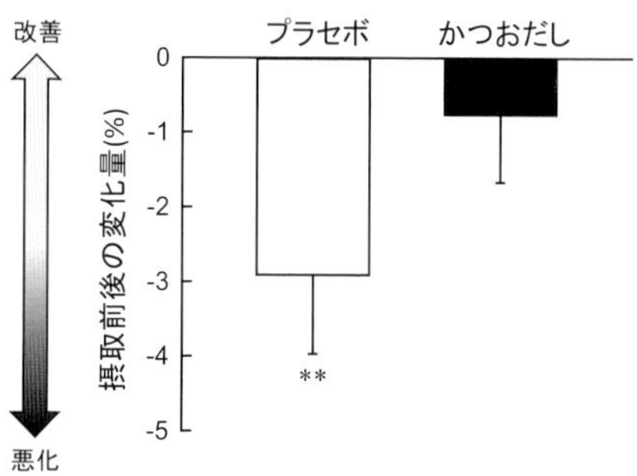

図 11.14　肌水分量の変化（山田ら，2006）[37]
$^{**}p<0.01$，摂取前に対して有意差あり．

用[34,38〜40]，フリーラジカル補足活性[41]，高血圧の抑制[38]など，疲労やストレスと関連する機能を有することが明らかになってきた．肌状態に関する自覚症状アンケートでは「肌のつや」と「肌の透明感」の項目において，有意な改善効果が認められている[37]．

c. かつおエキスの健康機能

かつおエキスは，かつお節製造の最初の工程で生じる「カツオの煮汁」を濃縮することにより得られる．これまでの研究により，かつおだし摂取で生じる血流改善効果や肉体疲労改善効果は，かつおエキス摂取でも生じることが明らかとなっている．

多数のマウスを同じケージ内において過密状態で飼育すると，ストレスにより交感神経が活性化して末梢血管が収縮し，皮膚血流量が減少する．この低下した血流量が，かつおエキスの経口投与により改善する[42]．

高血圧自然発症ラットでは脳血流の低下を引き起こし，8% かつおエキス水溶液を自由に摂取させると，7 週間後には中大脳動脈の血流改善と血管径の増加が認められる[43]．同時に，大脳皮質のスーパーオキシドジスムターゼ（細胞内に発生する活性酸素を分解する酵素）の活性および一酸化窒素合成酵素（強力な血管弛緩作用をもつ一酸化窒素を合成する酵素）の mRNA 発現が増加する．これらのメカニズムは，活性酸素の攻撃から血管内皮細胞を保護し，並行して血管を弛緩させることにより，脳血流が改善し血圧が低下すると考えらえる．

マウスを用いた実験において，強制遊泳試験の直前にかつおエキスを経口投与すると，水の経口投与に比べて有意に遊泳時間が長くなる[44]．この効果は，かつおエキスの高分子画分（分子量 6000 以上）あるいは中間分子画分（分子量 1000〜6000）の投与では効果がなく，低分子画分（分子量 1000 以下）で生じる．同様の結果は，3 時間強制歩行運動負荷後のマウス自発運動量でも認められている．低分子画分の経口投与により自発運動量は増加するが，中間分子画分や高分子画分の投与は効果がない[44]．抗疲労作用の有効成分は，分子量 1000 以下の低分子成分であり，マウスに経口投与すると酸素消費量の増加と脂質酸化の亢進が起こることから，脂質燃焼（酸化）を促進してエネルギー産生を増加させることが，運動量増加（抗疲労効果）のメカニズムに関与すると考えられる[44]．

現在，かつおエキスに含まれる有効成分と，かつおだしに含まれる有効成分が同じ成分であるか否かは不明であるが，かつおだし中の有効成分を同定する際の有力な参考情報となるであろう．

d.　かつおだしの健康機能ーその他の効果ー

前項の b, c で述べたように，かつお節やかつおだしは，現代人がかかえる多種多様の疲労を改善する優れた健康食材であることがわかっている．しかし，それだけに止まらない．最近の研究により，かつおだしには，疲労改善以外にもさまざまな健康増進効果を示すことが明らかになってきた．

健康な男子大学生・大学院生を被験者として調べた研究により，かつおだしを飲むと胃運動が促進し，また運動リズムが調えられることが示されている[45]．満腹感を促進することも示された[45]．これらは水摂取に比べたかつおだし単独摂取の効果であるが，流動食とともにかつおだしを摂取しても，胃運動亢進とともに満腹感は増加する．さらには，食物がより長い時間胃に留まることが明らかとなっている．これらのことは，かつおだしが消化を促進する一方で，過食を抑制する，少ない食べ物でも満足できる，あるいは腹もちをよくする可能性を示唆する．現在のところ胃運動亢進，胃排出抑制および満腹感増加との間の関連性の有無については不明である．

かつおだし（10 倍希釈したもの；お吸い物に含まれる濃度）を水とともに自由に選択させて，マウスに 60 日間飲ませると，縄張り行動における他マウス（侵入マウス）への攻撃行動が著しく低下する[46]（図 11.15）．さらに，ラットにかつ

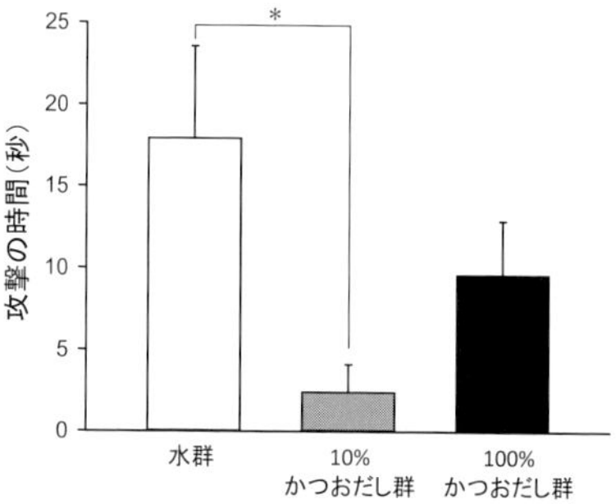

図 11.15　かつおだしの摂取による，マウスの攻撃性の低下（Jargalsaikhan et al., 2016）[46]

$p<0.05$，水群に対して有意差あり．

おだしを飲ませると，不安が低下する[47]．高橋（2006）[1]は，「だしの深い味わいは，精神を落ち着かせ，心を豊かにさせる働きがあるのではないか」と述べている．天然だしには，「心を満足させる」，「心を落ち着かせる」，「穏やかな気持ちにさせる」などの不思議な効果があるのかもしれない．

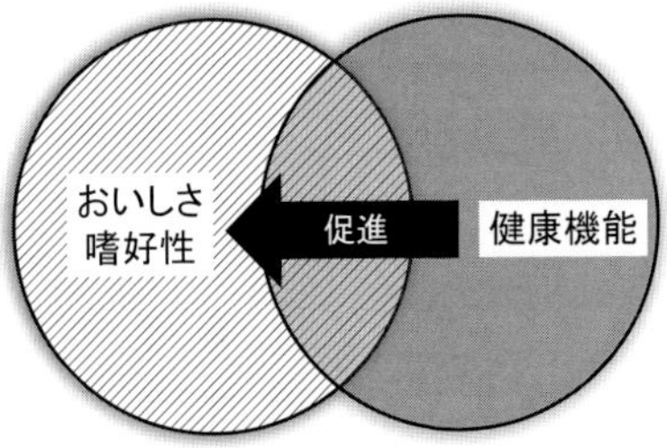

図 11.16　嗜好性とおいしさの健康機能とのかかわり

このように，かつおだしにはいろいろと健康を増進する効果があり，かつおだしのおいしさと嗜好性はかつおだしの機能性を体験・学習することが関係していると考えられる（図 11.16）．以上述べてきたかつおだしの健康増進効果は，かつおだしがもつ効果のごく一部であり，また昆布だしや煮干しだしにもすばらしい健康効果があると考えられる．だしは他のものに代用できないすばらしい天然調味料であるので，和食の味付けに欠かせない中心的役割を果たしているのではないだろうか．

おわりに

日本のだしは「世界に誇る，すばらしい食文化」である．カロリー量が少なく，健康的で，風味もすばらしくよい．また，飽きずに毎日継続摂取することもできる．日本では，経験的にだしの健康機能を食生活に取り入れ，利用してきたと考えられる．今後，日本の伝統的な調味料であるだしのすばらしさ・必要性を再認識し，日々食物をおいしく食べて健康の増進に役立てられるように，かつおだし以外のだしの健康面への効果も科学的に検証する必要がある．だしの食文化を正しく理解することが，和食の保護と継承を行うための大きな力となるであろう．

［近藤高史］

文　献

1） 高橋英一：だしの基本と日本料理　うま味のもとを解きあかす，柴田書店，pp. 4-5, 2006.
2） Many contributors：Dashi and Umami – The heart of Japanese cuisine, Eat-Japan/Cross Media, 2009.
3） 近藤高史：だしと日本人：生きていくための基本食（田中美智子編），エヌ・ティー・

エス，pp. 16–20，2012.
4) 近藤高史ほか：日本醸造協会誌 **96**：829–847，2001.
5) 近藤高史ほか：日本味と匂学会誌 **15**：187–200，2008.
6) 太田静行：だし・エキスの知識，幸書房，1996.
7) Yamaguchi S：*J Food Sci* **32**：473–478, 1967.
8) Yamaguchi S et al：*J Nutr* **130**：921S–926S, 2000.
9) McCabe C et al：*Eur J Neurosci* **25**：1855–1864, 2007.
10) 河野一世：だしの秘密ーみえてきた日本人の嗜好の原点ー，建帛社，2009.
11) 福家眞也ほか：だしとは何か，アイ・ケイコーポレーション，pp. 12–40，2012.
12) 二宮くみ子：だしとは何か，アイ・ケイコーポレーション，pp. 8–11，2012.
13) http://ja.wikipedia.org/wiki/%E5%87%BA%E6%B1%81
14) 近藤高史：調理食品と技術 **18**：151–157, 2012.
15) 熊倉功夫ほか：だしとは何か，アイ・ケイコーポレーション，pp. 60–78，2012.
16) 福家眞也ほか：日本食品工業学会誌 **36**：67–70, 1989.
17) 川口宏和：日本味と匂学会誌 **12**：123–130, 2005.
18) 神田知子ほか：栄養学雑誌 **67**：99–106, 2009.
19) 近藤高史ほか：日本味と匂学会誌 **18**：301–302, 2011.
20) 近藤高史ほか：実験医学 **24**：131–136, 2006.
21) 近藤高史ほか：脳と栄養ハンドブック（古賀良彦ほか編），サイエンスフォーラム，pp. 197–204，2008.
22) 神崎宣武ほか：かつおフォーラム開催記録「日本人はなぜかつおを食べてきたのか」，味の素食の文化センター，2005.
23) 宮下　章：ものと人間の文化史 97・かつお節，法政大学出版局，2000.
24) 若林良和：かつおの産業と文化，成山堂書店，2004.
25) 河野一世：日本調理学会誌 **38**：462–472，2005.
26) 黒田素央：食品工業 **50**：2–12，2007.
27) 黒田素央：食品の包装 **39**：1–9，2008.
28) 村上仁志：化学と工業 **57**：522–524，2004.
29) Nozawa Y et al：*J Health Sci* **53**：543–551，2007.
30) Kuroda M et al：*Physiol Behav* **92**：957–962，2007.
31) 本多正史ほか：視覚の科学 **27**：95–101，2006.
32) 石崎太一ほか：日本食生活学会誌 **16**：39–43，2005.
33) 石崎太一ほか：日本食品科学工学会誌 **53**：225–228，2006.
34) Nozawa Y et al：*Physiol Behav* **93**：267–273，2008.
35) Kuroda M et al：*Biomed Res* **29**：175–179，2008.
36) Nozawa Y et al：*J Health Sci* **53**：339–343，2007.
37) 山田桂子ほか：健康・栄養食品研究 **9**：53–62，2006.
38) Umeki Y et al：*J Clin Biochem Nutr* **43**：175–184, 2008.
39) 梨本亜季ほか：日本調理科学会誌 **41**：184–188，2008.
40) 山田　潤ほか：日本食品科学工学会誌 **56**：223–228，2009.
41) 安藤真美ほか：日本生活学会誌 **21**：74–79，2010.
42) Honda M et al：*Biomed Res* **30**：129–135, 2009.
43) Honda M et al：*Biomed Res* **31**：251–258, 2010.
44) Nozawa Y et al：*Biol Pharm Bull* **32**：468–474, 2009.

45) 松永哲郎ほか：日本味と匂学会誌 **18**：365-366, 2011.
46) Jargalsaikhan U et al：*Nutr Neurosci*, DOI：10.1080/1028415X.2016.1208429.
47) Funatsu S et al：*Nutr Neurosci* **18**：256-264, 2015.

11.6 だしの主要な呈味‘うま味’認知の脳内神経機構解明に向けて

味覚受容体は舌先端部，側方部や舌後部，頬壁，軟口蓋など口腔内に広く存在している．われわれは食事の際に，すべての味覚受容体を用いて味覚の識別を行っている．味覚の情報処理に関する研究では，味覚ニューロンは麻酔薬の影響を受けることから，無麻酔下での研究が必須である．ラットやサルを用いた食と情動に関係する味覚情報処理に関する研究現状をまとめてみた．ここでは，脳内での味覚の認知と識別機構に関する研究現状を，脳内の味覚伝導経路を形成している橋結合腕傍核，扁桃体，眼窩皮質，海馬体の順に簡単に紹介する．

西条らは下記の味覚溶液をラットの口腔内に注入した際の橋結合腕傍核，扁桃体，眼窩皮質における神経応答を記録した．実験に使用した各種味覚溶液は表11.2に示してある．

表 11.2 味覚溶液の内容

1.	代表的な4基本味物質
	塩味　塩化ナトリウム（食塩）
	甘味　蔗糖
	酸味　クエン酸
	苦味　塩酸キニーネ
2.	食塩と同様にナトリウムを含むナトリウム塩
	グルタミン酸ナトリウム（うま味）
	硝酸ナトリウム
3.	食塩と同様に塩素イオンを含むCl塩
	塩化カリウム
	塩化アンモニウム
	塩化マグネシウム
4.	蔗糖以外の甘味物質
	果糖
	麦芽糖
	グリシン
	ポリコース
5.	クエン酸以外の酸味物質
	塩酸
	リンゴ酸

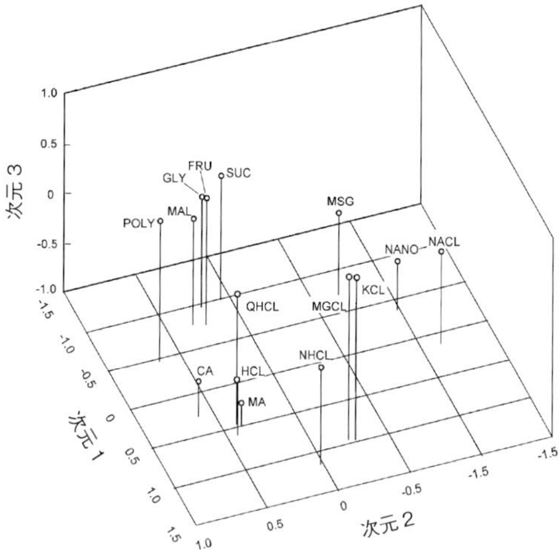

図 11.16　ラット橋結合腕傍核ニューロンの味覚応答から多次元尺度分析を用いて再現した味覚空間（Nishijo and Norgren, 1997）

甘味物質，Na 塩，Cl 塩，酸味物質および苦味物質（キニーネ）はそれぞれ分離して存在し，グルタミン酸ナトリウムは食塩と甘味物質の中間に位置している．

SUC：蔗糖，FRU：果糖，GLY：グリシン，MAL：麦芽糖，POLY：ポリコース，NACL：食塩，NANO：硝酸ナトリウム，MSG：グルタミン酸ナトリウム，CA：クエン酸，MA：リンゴ，HCL：塩酸，QHCL：塩酸キニーネ，KCL：塩化カリウム，MGCL：塩化マグネシウム，NHCL：塩化アンモニウム．

図 11.16 には，橋結合腕傍核における各種味覚刺激による神経応答を多次元尺度分析（MDS）法によって解析した結果を示してある．MDS 法により解析すると，同じ味質の味覚物質は互いに近い場所にプロットされるので，多くの味覚溶液の味質をラットがどのように識別しているかをおおまかに分類することができる．その結果，15 種類の味覚溶液に対するラットの橋結合腕傍核の神経応答は，六つのグループ，すなわち，甘味物質，Na 塩，Cl 塩，酸味物質，苦味物質，うま味物質に分類され，うま味物質は食塩と甘味物質の中間に位置し，ラットの味覚識別行動とよく一致していることがわかった．このことはラットの下位脳幹橋結合腕傍核には，味質を識別する味覚識別機構が存在することを示唆している．

大脳辺縁系の扁桃体には，味覚情報に加えて視覚，聴覚，体性感覚，嗅覚などの情報が視床および大脳皮質を介して入力される．扁桃体は学習や快・不快の感情や情動に深くかかわる重要な部位であることが知られている．ラットの橋結合腕傍核ニューロンの応答と扁桃体の4基本味に対するニューロンの応答を比較すると，扁桃体には食物の生物学的価値（報酬価）の評価，すなわち，与えられた味覚刺激の味質を識別するだけではなく，その味が有益な（快）情報か有害な（不快）情報かを判断するという情動的評価（生物学的価値）を行っていることが示唆されている．食べ物のおいしさは，味だけではなく，匂い，食感，外観，食べるときの音などさまざまな要因がかかわっているが，扁桃体には味覚情報に加えて視覚，聴覚，体性感覚，嗅覚などすべての感覚情報が入力される．扁桃体はこれらの感覚情報の統合による連合学習と，それにもとづく快，不快の感情，すなわち情動の発現に重要な役割を果たしている．生命維持にとって重要なものには快情動，有害なものには不快情動が起こる．われわれは，過去に食べた経験がある食べ物については，食べる前にある程度の味を予測することができる．これは視覚ー味覚間の連合学習によるもので，食べ物を口に入れる前に，その外観と味の情報が結びつき食べ物であることを認知することができるようになった結果である．このような生物学的価値判断には扁桃体が重要な役割をしている．視覚ー味覚間の連合学習を行ったサルの扁桃体のニューロン活動を記録した興味深い研究報告を以下に紹介する．

サルの扁桃体には食物提示やさまざまな感覚刺激の生物学的価値評価と視覚ー味覚間の連合学習に果たす機能的役割をニューロンと行動レベルで解析し，過半数のニューロンがレバー押し摂食行動に対して何等かの応答を示し，大多数は促進応答であることが報告されている．これらのニューロンの応答パターンは以下の三つに分類される．①おもに1種類の感覚刺激に応答する視覚，聴覚，味覚専用価値評価ニューロン，②4種類の感覚すべてに応答する万能価値評価ニューロン，③特定の報酬性または嫌悪性の物体や音だけに応答するニューロン．図11.17(A)には視覚専用価値評価ニューロンの例を示した．干しイモ(新奇物体)，ミカン，ゼリービーンズ，ジュースを意味する白色円柱，ボーロ（幼児用クッキー）は報酬性物質，クモのモデル，電気ショックを意味する茶色円柱は嫌悪性物質お

図11.17(221ページ)　サル扁桃体の視覚専用価値評価ニューロン(A)および選択応答型ニューロン（B）(Nishijo et al., 1988a, 1988b)

A：新奇物体，ならびに種々の報酬制および嫌悪性物体に促進応答．B：種々の報酬制および嫌悪性物体のなかでスイカに選択的に促進応答．

◇：視覚刺激開始時点，△：各レバー押し開始時点，○：食物を口に入れた時点．

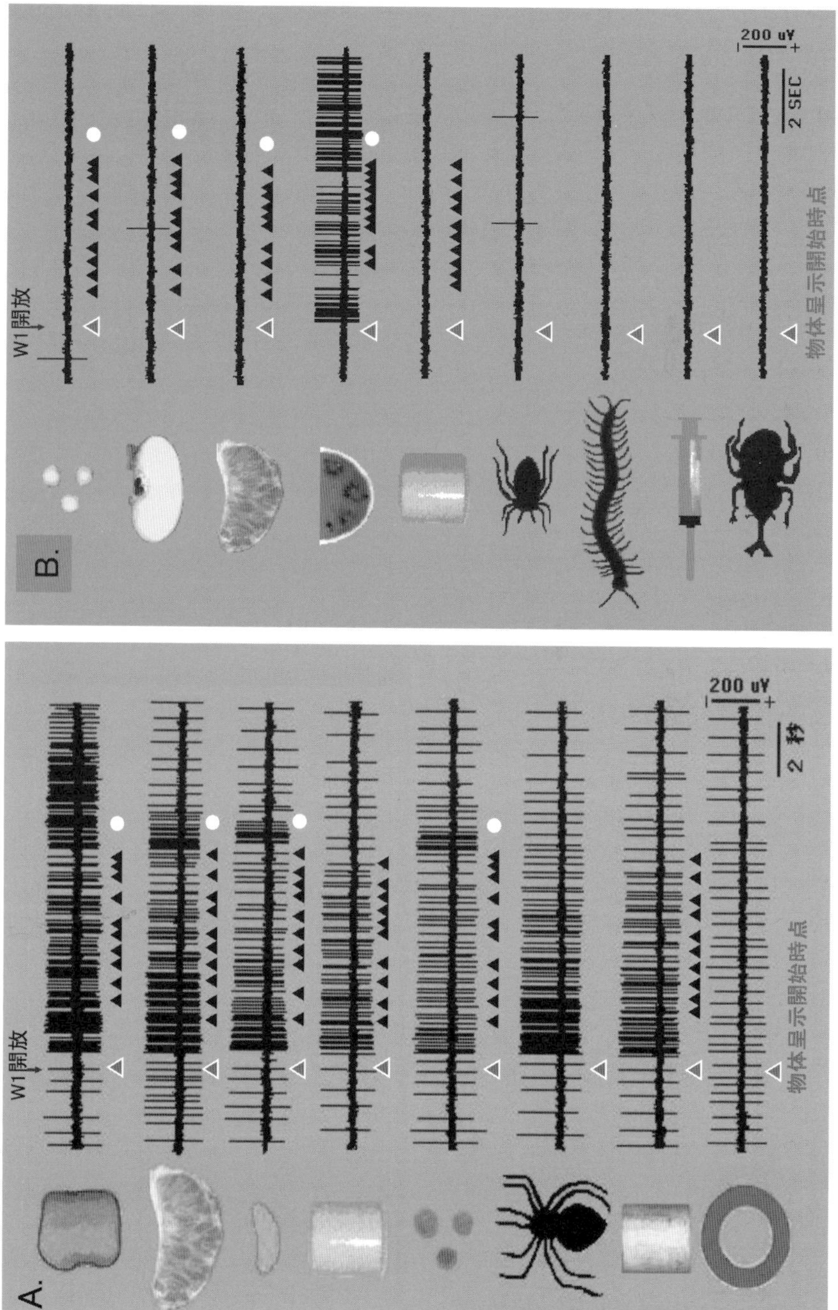

図 11.17　（説明は 220 ページ）

よび無意味なテープに対するニューロンの応答例である．生物学的意味を有する物体，すなわち新奇物体，報酬性物体，および嫌悪性物体に応答し，無意味な物体には応答しない．さらに，各種感覚専用ニューロンの応答強度は，個々のサルの食物の嗜好性と正の相関があり，好きな食べ物ほどより強く応答する．

食べ物や昆虫，注射器などを含む30種類の物体と各種感覚刺激を提示し，スイカだけに視覚認知期（連合学習によってスイカが提示された時点で食べる前に視覚でそれを快情報と判別する）およびスイカ摂取時に選択的に応答した扁桃体ニューロン（以下，スイカ選択応答ニューロンと呼ぶ）の例を図11.17(B)に示した．このスイカ選択応答ニューロンはスイカ以外の物体にはまったく応答してい

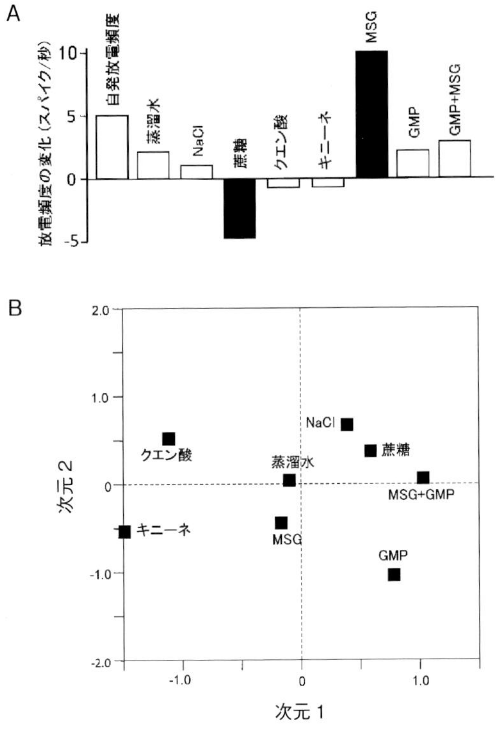

図 11.18　ラット眼窩皮質におけるうま味の認知機構（西条・小野，2012）
A：ラットの眼窩皮質ニューロンの基本味およびうま味に対する応答性．各味覚物質に対する応答は蒸留水に対する応答で補正する．MSG：0.1 M グルタミン酸ナトリウム，GMP：0.5 mM グアニル酸．
B：21個の眼窩皮質ニューロンの味覚応答から多次元尺度分析を用いて再現した味覚空間．

ないことがわかる．同じスイカでも，スイカの外観（視覚刺激）を変えないように後面に塩をつけると，数回の試行によってニューロンのスイカ選択応答は消失するが，通常のスイカに戻すと再びニューロンの応答が出現している．スイカによる快情報は塩をつけることによって不快情報になり，このような応答の変化は可塑的応答であることを示している．このニューロンはスイカが報酬性があるときにだけ応答する快情報の発現に関与するニューロンであることが示唆される．

眼窩皮質は扁桃体と同じように多くの感覚情報を受け取り，甘味，塩味などといった個々の味質を認知するのではなく，個々の食物に関する味情報の識別に関与していると考えられている．冒頭で説明したラット橋結合腕傍核のニューロン応答の場合と同様に，各種味覚溶液を用いた味覚刺激に対する眼窩皮質ニューロンの応答を調べると，グルタミン酸，ナトリウムあるいは塩素イオンなどに個別に応答するのではなく，各味覚要素の組み合わせ，たとえばうま味であれば，グルタミン酸とナトリウムの組み合わせ，塩味であればナトリウムと塩素イオンの組み合わせに応答することが示唆されている．また，これらの結果をMDS法により解析すると，左端から嫌悪性の高い順にほぼ一直線上に各種味覚刺激が位置しており（図11.18），この順番はラットの嗜好性とほぼ一致している．このこ

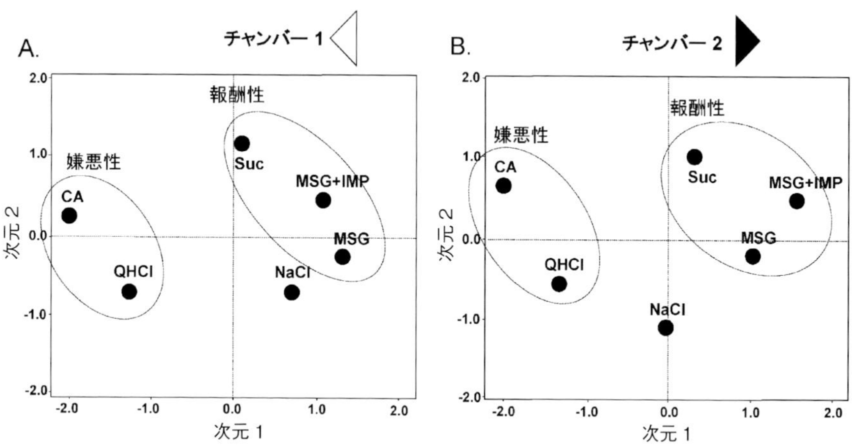

図 11.19 ラットに異なる二つのチャンバー（箱）内で味覚溶液を摂取させたときの海馬体ニューロンの味覚応答から多次元尺度分析を用いて再現した味覚空間（Ho et al., 2011）

それぞれチャンバー1(A) およびチャンバー2(B) において応答した味覚応答ニューロンを用いて味覚空間を再現した．SUC：蔗糖，MSG：グルタミン酸ナトリウム，CA：クエン酸，QHCL：塩酸キニーネ，IMP：イノシン酸．

とから眼窩皮質は食物の味覚パターンに応答し，好き嫌いを評価していると考えられる.

海馬体は記憶と空間認知にかかわる部位で，動物では食物の貯蔵場所の記憶に関与している．食物を貯蔵することができる鳥の方が，そうではない鳥よりも海馬体が大きいことが知られていて，海馬体は食物報酬と空間認知の連合学習にかかわっていることが示唆される.

ラットに味覚溶液（甘味，酸味，塩味，苦味，うま味（グルタミン酸ナトリウム（MSG），イノシン酸ナトリウム（IMP），MSG と IMP の混合液），蒸留水）を摂取させ，海馬体のニューロンの活動を記録し，MDS 法で解析した結果を図 11.19 に示してある．眼窩皮質ニューロンの場合と同様に，嫌悪性の高いキニーネやクエン酸は左端に位置し，報酬性の高い蔗糖およびうま味関連物質は右側に位置している.

まとめ

われわれの舌に存在する味覚受容体が受け取った各種味覚情報は，延髄孤束核（ラットの場合には橋結合腕傍核）を含む下位脳幹を介して，より高次機能をもつ扁桃体，視床下部および視床ー味覚野に伝えられ，視覚，聴覚，嗅覚などの情報と統合され，情動的認知（有益（快）・有害（不快）の度合，すなわち生物学的価値評価）や，連合学習が行われている．人びとがおいしいと感じるものは味覚情報だけで決まるのではなく，香りや外観はいうまでもなく，育った環境や，その国の習慣，宗教による規制，食事をする側の体調や空腹度，過去の味覚体験などさまざまな要因が複雑にからみあっている．このように食と情動が密接に関係していることは，われわれも日常の生活のなかで，しばしば実感するところである．‘だし’の香りに何かなつかしいものや安心感を覚えたり，海外旅行や出張がえりには‘だし’の効いたものがほしくなったりするのは日本人特有の食行動であるが，これらに関連する神経機構を解明することにより，学校や病院，高齢者施設の食事をつくる大量調理の現場に新たな視点を組み込むことが可能になったり，心の問題解決の一助として食が取り上げられることが可能になる日がやってくることを願って止まない.

[二宮くみ子]

文　献

1) Nishijo H, Norgren R：Responses from parabranchial gustatory neurons in behaving rats. *J Neurophysiol* **63**：707-724, 1990.

2) Nishijo H, Norgren R：Parabranchial neural coding of taste stimuli in awake rats. *J Neurophysiol* **78**：2254-2268, 1997.

3) Nishijo H, Norgren R：Parabranchial gustatory neural activity during licking by rats. *J Neurophsiol* **66**：974-985, 1991.

4) Nishijo H, Ono T, Nishino H：Topographic distribution of modality-specific amygdalar neurons in alert monkey. *J Neurosci* **8**：3556-3569, 1988a.

5) Nishijo H, Ono T, Nishino H：Single neuron responses in amygdala of alert monkey during complex sensory stimulation with effective significance. *J Neurosci* **8**：3570-3585, 1988b.

6) Clayton NS：Development of memory and the hippocampus：Comparison of food-storing and nonstoring birds on a one-trial associative memory task. *J Neurosci* **15**：2796-2807, 1995.

7) 西条寿夫・小野武年：うま味と情動，総説特集 II　食べ物のおいしさを引き出すうま味とコクを考える-7．日本味と匂学会誌，**19**：215-222, 2012.

8) Ho SA, Hori E, Nguyen PHT, Urakawa S, Kondoh T, Torii K, Ono T, Nishijo H：Hippocampal neuronal responses during signaled licking of gustatory stimuli in different contexts. *Hippocampus* **21**：502-519, 2011.

12
食と情動に関する最近の研究事例：発達障害の子どもたちを変化させる機能性食品

本章では，「情動と食」について，脳科学と関連した視点から述べる．筆者はこれまで，いくつかの発達障害の子どもに対する特定の食品の効果について検討してきた[1]．なかでも，本研究事例のメインとなるのは，注意欠如（attention deficit：AD）・多動性障害（hyperactivity disorder：HD）の子どもを対象とした効果研究である．AD と HD は，「情動，感情，行動のコントロールの難しさ」がおもな症状であるが，たとえ同じ診断でも実態はさまざまであり，本人が抱える困難も多種多様である．

ここでは，「不注意」，「多動性－衝動性」，「ワーキングメモリ」などの複数の側面について，ホスファチジルセリン（PS）やドコサヘキサエン酸（DHA）が及ぼす効果について検討した．PS も DHA も，私たちになじみ深い食品に含まれており，これからの食の発達障害児への活用について，大きく貢献する可能性があると考えられる．

12.1　PS による AD と HD の症状改善の可能性

a. 実　験

AD と HD は児童期における最重要の慢性的神経性疾患のひとつである．AD と HD には，不注意優勢型，多動性ー衝動性優勢型，あるいは両方の混合型がある．その原因のひとつとして，前頭葉に関連する問題が指摘されており，注意や行動を適切に抑制することができない問題（＝抑制困難）が深くかかわっている．

現在，その治療には塩酸メチルフェニデートなどの中枢神経剤が用いられることがあり，症状軽減に貢献しているが[2,3]，副作用を懸念する研究もある[4]．本研究で，代替治療の可能性として着目したのがホスファチジルセリン（PS）である．PS は，伝達物質の調整や細胞膜の生成に関連し，AD と HD の症状改善に効果があると考えられる．平山の研究では[1]，6～12歳の子どもを対象にPSの摂取をしてもらったところ，症状が有意に改善され，PSがADとHDの症状改善に貢献する可能性が示唆された．

ワーキングメモリは，「作業記憶」とも呼ばれ，貯蔵している情報に，いま手に入れつつある情報を適切に組み合わせ，目的にそった決断をし，実行に移す働きである．AD/HDでは，このワーキングメモリに関連した能力に問題があるともいわれており，今回はワーキングメモリに関連する能力についても検討するため，いくつかの課題を用いた．

PSによって，AD/HDの症状が改善されるかどうか検討する目的で，二重盲検法を用いて研究を行った．二重盲検法とは，PSを処方したタブレット薬（錠剤）と偽薬（プラセボ薬）とを投与し，だれにどちらを与えたかは研究対象者にも調査者にもわからないようにしておく研究方法である．4～14歳のAD/HD児（AD/HDの疑いあり，と診断された子ども7名を含む）36名を対象とした．今回の研究参加者は，主治医からAD/HDの診断を受けていたが，薬を使用していなかった．

PS摂取群は，1日200 mgのPS入りタブレット錠を摂取し，統制群は，PSが含まれていないタブレット錠を摂取した．期間は2カ月間で，タブレット錠に味・見た目・重さなどの違いはなく，参加児は自分がどちらのグループなのかは知らない形で調べた（二重盲検法）．

今回，測定の基準としたのは，① DSM-IV-TR診断基準にもとづくAD/HDの症状，②聴覚的記憶課題，③ Go/No-Go課題である．

① DSM-IV-TR（Diagnostic and Statistical Manual of Mental Disorder IV

表12.1 AD/HDチェックリスト

①不注意		
・不注意なミスが多い（ ）	・注意を持続できない（ ）	・努力を嫌う（ ）
・聞いていない（ ）	・指示に従えない（ ）	・活動を忘れる（ ）
・順序だてられない（ ）	・ものをなくす（ ）	・注意をそらされる（ ）
②多動		
・そわそわ・もじもじする（ ）	・立ち歩く（ ）	・走り回る（高い所に登る）（ ）
・静かに遊べない（ ）	・じっとしていない（ ）	・しゃべりすぎる（ ）
③衝動		
・出し抜けに答える（ ）	・順番が待てない（ ）	
・会話やゲームに干渉して邪魔する（ ）		

Text Revision）診断基準にもとづく AD/HD の症状：　DSM-IV-TR の AD/HD 診断基準にもとづき，「不注意度」と「多動性ー衝動性」を得点化し，対象児の親との面接により評価した．質問は「ある」（1 点），「ない」（0 点）の二件法で行った．具体的な質問項目については表 12.1 に示してある．

②聴覚的記憶課題：　WISC-III の数唱課題を用いて，「順唱」，「逆唱」のそれぞれを行ってもらう．順唱は短期記憶に，逆唱はワーキングメモリとしてとらえた．

③GO/NO-GO 課題：　Luria（1971）によれば，GO/NO-GO 課題は三つのステージで構成される．「形成」，「分化」，「脱分化」である．研究参加者は，赤いランプが点灯したらゴム球を握るよう教示される（「形成」）．その課題の成績が一定のレベルで達成されれば，新たに黄色のランプを導入し，赤ではゴム球を握る，黄色では握らないという教示を行い（分化），さらにその後逆に赤では握らない，黄色でのみ握るという教示を行い（脱分化），それぞれのステージでの成績を見る．

b. 結　果

表 12.2 に課題の結果を示す．両群の間で，初期値に有意な差はなかった．

表 12.2　研究の開始と終了時における平均得点

	PS 群		プラセボ群		
	Baseline	End	Baseline	End	
DSM-IV-TR					
ADHD	11.6±3.1	7.3±3.8	11.5±3.3	10.9±4.5	**
AD	6.7±1.6	4.4±2.5	6.7±1.8	6.7±2.3	**
HD	2.5±1.6	1.5±1.4	2.4±1.6	2.1±2.0	*
WISC-III					
聴覚的短期記憶（順唱）	6.3±2.4	7.3±3.1	6.5±3.1	6.9±2.4	
ワーキングメモリ（逆唱）	4.3±2.6	4.8±3.2	3.9±2.0	3.2±2.4	*
GO/NO-GO 課題					
逆分握り忘れ	1.8±3.3	0.1±0.3	0.3±1.0	0.8±1.3	*
逆分エラー数	5.3±4.6	3.2±2.7	3.5±1.8	3.9±3.1	*
総エラー数	10.8±7.3	7.2±4.6	8.3±3.0	8.0±5.4	*

両群の分散分析により，統計的に有意な差が認められた項目（*：$p<0.05$，**：$p<0.01$）．
両群のベースラインにおいて対応のない t 検定（non-pair t test）については，いずれの項目においても有意差は認められなかった．
短期記憶については，検査不適合が 1 名おり，それを除く（$N=18$）．

①DSM-IV-TR診断基準にもとづくAD/HDの症状： コントロール群と比較し，PS群は投薬終了後のAD/HD症状得点が有意に低く（$p<0.01$），症状が改善されていた．症状の構成要素ごとの分析でも，「不注意」（$p<0.01$），「多動性一衝動性」（$p<0.05$）のいずれにおいても有意にPS群の症状が改善されていた．

②聴覚的記憶課題： WISC-IIIの順唱課題（＝短期記憶にかかわる）では，有意差は見られなかったが，逆唱課題（＝ワーキングメモリにかかわる）では有意差が見られ，PS群はプラセボ群と比較して，投薬終了後の成績が有意に高かった（$p<0.05$）．

③GO/NO-GO課題： PS群とプラセボ群による両群のポスト時の値からプレ時の値の差を取り，両群の差についてノンペアードt検定を行った結果，逆転分化握り忘れ数，逆転分化エラー数，総エラー数の3項目が有意に改善された（$p<0.05$）．

今回の研究結果の重要な点は，PSを摂取していた対象児で，AD/HDの症状が有意に改善された点である．PSが，AD/HDの代替治療に貢献すると考えられる．

また，逆唱課題においてプラセボ群に比べてPS群の方が，有意に摂取後の成績が高かった．逆唱課題は，「聞いた数字を記憶する」，「記憶した数字の順番を入れ替え，再生する」という意味で，ワーキングメモリにかかわる課題であると考えられる．

一方で，順唱課題では改善効果は見られなかった．順唱課題は短期記憶に関連する課題である．ワーキングメモリは前頭前野の働きであるが，中間記憶（ラット：2～3週，サル：2～3カ月，ヒト：2～3年）は海馬体の働きであり，PSは前頭前野の活動に効果があると考えられる．

GO/NO-GO課題の両群間では，握り間違い（衝動）では効果は確認されなかったが，逆転分化条件の握り忘れ（不注意）で効果があった．分化条件では握り忘れ，握り間違いに効果はなかった．

分化条件，逆転分化条件ともに注意のコントロールが必要であるが，逆転分化条件では反応を求める刺激と反応を抑制する刺激が分化条件のときと逆転する．注意を向ける目標刺激を切り替えるという高次のレベルが要求される．注意を状況に応じて適切な方向に変更することは，注意機能のコントロール系を司るとされる前頭葉機能と関連が深いと考えられる[5]．つまり，PSの投与が，前頭葉との関係が深い逆転分化条件での成績向上により，強い影響が与えられたのではないかと考えられる．

12.2　DHAによるAD/HDの症状改善の可能性

a. 実　験

Michellらによると，年齢と性別でマッチングしたコントロール群（49名）と，多動児群（48名）を比較したところ，ドコサヘキサエン酸（docosahexaenoic acid：DHA）・ジホモ-γ-リノレン酸・アラキドン酸（arachidonic acid：AA）のレベルが，多動児群はコントロール群よりも有意に低下していることが指摘されている[6]．Stevenseらは，53名のAD/HD児の血漿と赤血球を測定して，脂肪酸の新陳代謝を分析した[7]．彼らは，DHAとAAが血漿極性（polar）脂質分画と総脂質分画の両方において，コントロール群よりAD/HD群の方が有意に減少することを見出した．AD/HD児におけるDHAの減少の程度は，AAよりもほぼ2倍多かった．このことは，DHAの補強がAD/HD児の症状を軽減する可能性を意味している．Voigtらは，対象児として，6～12歳のAD/HD児54名を用い，4カ月間，DHAを1日345 mg投与する無作為・プラセボでコントロールされた二重盲験法の介入試験を報告した[8]．残念ながら，その結果は支持され

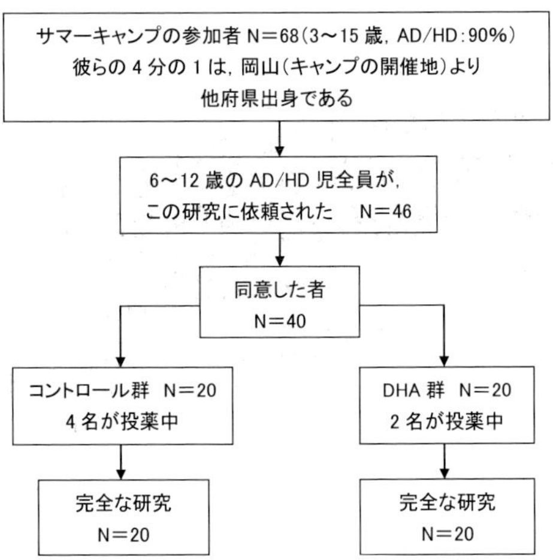

図12.1　対象児と無作為化のためのフローチャート

なかった．DHA 投与により，AD/HD 症状は軽減されなかったが，対照的に，$n=3$ 系と $n=6$ 系多価不飽和脂肪酸の補助食品が AD/HD の症状を改善した可能性がある[9]．しかし，前述の報告は，まだ十分な結果を得てはいない．AD/HD の特徴も示す特殊な学習困難（おもにディスレクシア，文字の読みに困難を生じる障害）をもつ児童の AD/HD 症状は，強力な不飽和脂肪酸の合成品を 12 週間投与した二重盲験法のテストで改善した[10]．

本研究では，40 名の AD/HD 児を対象に，1 週間に 3600 mg の DHA の投与を行った（図 12.1）．対象児のほとんどは薬物による治療は受けていなかった．

今回，AD/HD と診断されているか，またはその疑いがある子ども 40 名を対象に,研究を行った．40 名の児童（6〜12 歳）全員は,著者のひとり（SH）によって運営されている精神疾患をもつ子どもたちのためのサマーキャンプから，この研究のために募集された．サマーキャンプは，3〜15 歳の子ども 68 名からなり，そのうちのほぼ 90% が主障害として AD/HD であり，4〜12 歳の子どもが 46 名であった．診断は，精神科医により DSM-IV と行動観察を含む診断的面接を通じて行われた．厳密にいえば，8 名の対象児は DSM-IV の基準から見れば AD/HD とはいえなかったが，サマーキャンプに参加している 2 名の精神科医は AD/HD 傾向を強く疑っていた．

参加児は，年齢･性別によって分け，乱数表として電話帳を用いて第三者によって二重盲験法のやり方にもとづき，コントロール群と DHA 群に分けたが，それぞれの群間で，年齢・性差・投薬状況による差はみられなかった．

b.　投与内容と方法

DHA 群の対象児は，2 カ月間に，発酵豆乳（125 ml 中 DHA 量 600 mg，1 週間に 3 回），ロールパン（45 g 中 DHA 量 300 mg，1 週間に 2 回），蒸パン（60 g 中 DHA 量 600 mg，1 週間に 2 回）を摂取した．全体として，これらの食品から得られる $n=3$ 系脂肪酸は，1 週間に，DHA 3600 mg とエイコサペンタエン酸（EPA）700 mg であった．コントロール群の対象児は，DHA 魚油のかわりに，オリーブオイルを含んだ区別できないプラセボ食品を摂取した．

強化発酵豆乳における魚油の味は，特殊な香りを使い除去し，魚の臭いも除いた．他の強化食品についても，魚油はフルーツジュースと一緒に乳化された．既述の第三者（a third party）は，対象児に同じ容器と包装で郵送した．対象児の親には，子どもたちがパンの消費を減らすことを除けば，通常どおりの食事を続けることをお願いした．

c. 測定方法

研究の開始時と終了時に以下の項目が測定された．

①DSM-IV の AD/HD 診断基準：　DSM-IV の AD/HD 診断基準にもとづき，不注意，多動性および衝動性の評価にもとづき，評価は，対象児の教師と親の両方で行われた．得点は，両者が同じチェックをしたときだけカウントした．

②攻撃性を評価するための質問：　ⓐ「ちょっとのことでカッとなったり，キレたりしやすいですか？」，ⓑ「友だちの髪をひっぱったり，押したり，たたいたり，蹴ったりしますか？」という二つの質問をした．評価は，親と教師の両者で行われた．得点は，両者が同じチェックをしたときだけカウントする方法と，両者を独立させて合計点でカウントする方法を用いた．

③視知覚検査：　Frostig らにより開発されたオリジナル版，視知覚発達検査（developmental test of visual perception：DTVP）にヒントを得た検査で得点化された[11]．まず，検者が探し出す図形を示して，いくつかの同じ図形を含む 8×10＝80 図形の表のなかから，可能な限り多くの図形を 60 秒以内に見つけるように要求した．

④視覚的および聴覚的短期記憶：　10 秒間に 0～9 の七つの数字を見せた後，同じ七つの数字を聞かせて，対象児の記憶を別紙に再生させて評価した[12]．数字の位置が合っていれば正解とした．健常児の平均得点は，4 歳児で 3 チャンク，10～12 歳で 6 チャンクと報告している[13]．

⑤視ー運動統合発達検査 DTVMI[14]：　検者は，発達年齢順にモデル図形が並んだ用紙の枠内に，図形を真似して描くように指示した．得点は，標準化された換算表で発達年齢を出し，生活年齢で除して 100 を掛け，指数で算出された．指数 100 が生活年齢相応の発達年齢となる．

⑥連続遂行課題：　この検査では，1～9 までの数字の一つが，次々に 4 秒間コンピュータ画面に呈示し，対象児は，1 の後に 9 が示されたときのみ，ボタンを押すことを要求される．エラーには 3 種類がある．1 が出て次に 9 が出るのを待てずにボタンを押した場合，1 が出た後に 9 が出ても見逃してボタンを押さなかった場合（オミッションエラー），1 が出て次に 9 以外の数字が出たのに間違っ

てボタンを押した場合（コミッションエラー）である[15].

⑦「待つ力」の検査：　この検査では，オリジナルな手法に従い，衝動性が測定された．四つのお話を聞かせ，いくつかの質問をするが，検者が2秒間を置いて「はい」と合図を出した後に答えてもらう．その際，2秒間を待てずに，出し抜けに答えた数を得点にした．高得点ほど待つ力が弱いことになる．

d. 結　果

本研究では，全員の対象児が全項目（課題）を完全に行った．食品の消費は，研究の終了時に行われた質問紙の回答によれば，ほぼ100%であった．テストの結果は，表12.3と図12.2に示されている．2群間で，ベースライン値が有意であるものは何もなかった．

視覚的短期記憶（図12.2 A）は，DHA群ではなく，コントロール群で有意に改善された．検査の日に投薬していた2名あるいは，定期的に薬を服用している6名（表12.3の対象児を参照）を除いた結果は，図12.2に示されたテストの点の一般的傾向との違いはほとんど見られず，p 値に変化はなかった．また，AD/

表 12.3　2群の対象児の特性

	コントロール群 ($n=20$)	DHA 群 ($n=20$)
男・女（層別化された）	16・4	16・4
年齢（層別化された）	9 (7, 10.3)	9 (6.8, 11.3)
投薬中の対象児の数	4	2
DSM-IV における AD/HD のタイプ		
混合タイプ	6	7
不注意タイプ	8	8
多動性-衝動性タイプ	2	1
AD/HD 傾向タイプ	4	4
重複障害をもつ対象児の数	15	12
アスペルガー症候群	7	2
行為障害	3	0
学習障害	5	10
気分障害	5	1

2群間に有意差はなかった（χ^2 検定）．DHA群の2名は，メチルフェニデートのみで治療されていたが，コントロール群では，4名が次のような薬を服用していた．1名はメチルフェニデート，1名はメチルフェニデートとリスパダール，1名はカルバマゼピンとフルボキサミン，もう1名はカルバマゼピンとスルピリドであった．

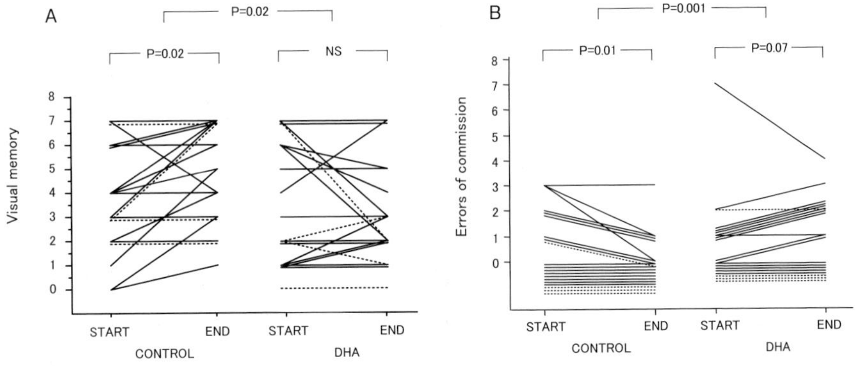

図 12.2　視覚的短期記憶とコミッションエラーの変化

A：対象児が記憶していた数字の個数[12]，B：コミッションエラーの個数[15]．8 名の AD/HD 傾向児や 6 名の投薬中の対象児を除いても，A と B 両方において，同じような p 値が得られた．

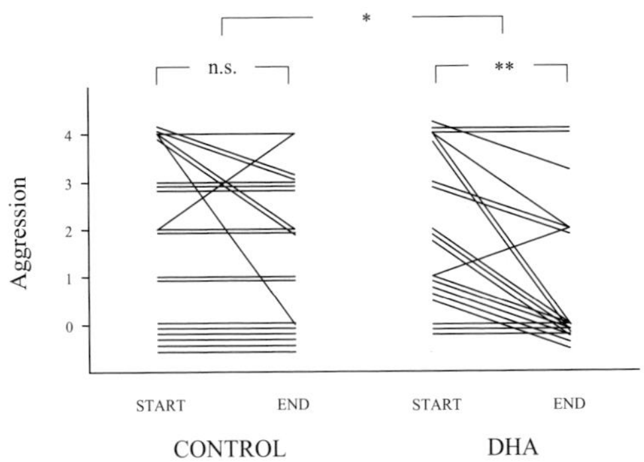

図 12.3　親と教師の独立した得点の合計として評価された攻撃性の変化

親と教師の独立した得点は加算されている．$^{*}p=0.01$ (Mann-Whiney U-test)，$^{**}p=0.001$ (Wilcoxon's test)．

HD 傾向児（それぞれの群で $n=4$）を除いても同じ結果であった．コミッションエラーの数（図 12.2 B）は，コントロール群で有意に低下し，DHA 群で増加する傾向にあった．視覚的短期記憶の場合，p 値は，投薬中の 6 名あるいは，8 名の AD/HD 傾向児を除いても，著しい変化は認められなかった．

攻撃性については，二つの質問を設定したが，親と教師が同じチェックをした場合だけを得点にする方法では両群間で有意差は見られず，親と教師の得点を独立させて，合計点で計算すると図 12.3 に示す結果が得られた．DHA 群では，コントロール群と比較して，有意に攻撃性が減少した．質問内容（それぞれが観察しやすい行動）により，親と教師の評価にズレが生じたと考えられる．

e. 考　察

今回の研究で注目すべき点は，DHA 群の対象児の AD/HD 症状がコントロール群と比較して改善されなかった点である．コントロール群で成績が向上したのは，学習効果によるのかもしれない．研究開始前には，「もし DHA 摂取が対象児の行動，とくに注意力を改善すれば，外見上の記憶力も改善するだろう」，という仮説のもとに短期記憶のテストを設定したが，結果は筆者らの期待とは反することになった．

現在，なぜ，視覚的短期記憶とコミッションエラーに有意差が出たのかは明確でない．しかし，交感神経系の神経伝達物質であるノルアドレナリンが，この問題のカギを握っていると考えられる．精神刺激剤のおもなメカニズムは，交感神経終末部やクロム親和性細胞（chromaffin cells）からノルアドレナリンを遊離（放出）し[16,17]，順次，注意を含む高次脳機能を調整する脳内のノルアドレナリン系の活性化を行っているようである[18]．また，2 カ月間の DHA 投与が，長期にわたるストレスにさらされた健康な学生の血漿中ノルアドレナリン濃度を減少させることが報告されている．

健康な人から発見された DHA の「攻撃性（aggression）制御の効果」から判断すれば，DHA は攻撃性に重要な役割を果す中枢ノルアドレナリン系を抑制するのかもしれない．その結果として，DHA は AD/HD 対象児に精神刺激剤とは反対の効果を及ぼし，注意力の低下を引き起こし，学習効果を減少させたと考えられる．

本研究では，DHA と同時に EPA も含まれていたので，EPA の影響についても DHA : EPA = 5 : 1 として詳細に検討した．

身体組織の脂肪酸構成の影響において EPA とは異なる面をもつ DHA だけの摂取は，健康なヒトの多形核（polymorphonucler）白血球のリン脂質分画において，DHA と EPA 両方を増加させた．一方，EPA だけの摂取は，白血球のホスファチジルエタノールアミン分画において，EPA を増加させたが，DHA レベルを減少させた[19]．これらのことから，強化食品に含まれた少量の EPA の有無は，組織の脂肪酸構成に影響を与えそうにないので，DHA 摂取は DHA と EPA

両方の分画を幾分か増やすからである．

大うつ病の症状改善に対してEPAが有効だといういくつかの報告があるが，DHAではこのような効果は見られなかった．

EPAとDHAを同時に摂取すれば，組織のDHAレベルを増やさないか，むしろ減少させる純粋なEPAは，中枢のノルアドレナリン濃度を減少させるかもしれない．このことから，AD/HD児に，DHAを強化した魚油や純粋なDHAのかわりに純粋なEPAが使われたら，どうであろうか．これは研究すべき課題である．

Amanらは，プラセボでコントロールされた二重盲験法で，多動児に対し月見草油の効果を研究した[20]．彼らは，月見草油を投与した期間，血清中のジホモ-γ-リノレン酸レベルを上昇させることに成功したが，改善効果はほとんど示さなかった．RichardosonとPuriは，特殊な学習障害をもつ子どものAD/HD症状に対し，多価不飽和脂肪酸の混合物（1日につき，EPE 186 mg，DHA 480 mg，γ-リノレン酸96 mg，リノレン酸864 mg，アラキドン酸42 mg）が効果的であったと報告している[10]．彼らの対象児は8～12歳であり，すべて読み書きの困難をもっていた．彼らはまた，DSM-IVの基準に従ったAD/HD症状を評価するために作られた『三つの親評定尺度』で，母集団の平均を超える予備実験の得点を導き出した．しかし，彼らの研究対象児は，それまでAD/HDとは診断されていなかったので，単純な比較はできない．$n=6$系脂肪酸を付加することで，AD/HDの行動に効果をもたらすかもしれないので，比較は慎重になされなければならない．それは，ここ数年，リノール酸の摂取は最適範囲を超えてしまったし[21]，アラキドン酸の摂取は炎症の程度と積極的に関係している[22]からである．

本研究では，プラセボとしてオリーブオイルを用いたが，気分障害（mood disorders）に影響を与える可能性があるので[23]，今後検討する必要がある．しかし，プラセボ群で用いたオリーブオイルの量（コントロール食品で1週間に9 g以下）と，かなりの量のオレイン酸（オリーブオイルのおもな組成）が脂肪組織に蓄積されていることを考えれば，プラセボ油の影響は無視できるのかもしれない．

DHAによる攻撃性コントロール効果の報告はあるが[24,25]，本研究においても，DHA摂取群の攻撃性については減少する傾向があった．質問1の敵意性に関する強化食品の効果は，教師よりも親の方がより高く評価した．質問2の身体的攻撃に関する効果は，親よりも教師の方が高く評価した．図12.3に示してあるように，親と教師の得点を別々にして分けて，合計点で計算した方が，両群間の有意差を見つけることにつながった．それは，質問1は家庭で，質問2は学校のクラスで起こりやすい質問内容であったために，親と教師の評価に差が出たと推測される．AD/HDの二次的症状として，反抗挑戦性障害や行為障害が生じやすい．こうした障害の予防や治療にDHAが有効であることが示唆される．

Geschらは，最低で2週間，231名の若い囚人に対し，プラセボでコントロールした無作為二重盲験法の試験を行った[26]．囚人のある群に，ビタミン，ミネラルおよび必須脂肪酸の入った栄養補助食品を与え，他のプラセボ群と反社会的行為について比較した．プラセボ群と比較して，これら強化食品を摂取した群は，平均26.3%で攻撃性が減少した．強化食品にはEPAやDHAが含まれていたが，補助食品からの毎日の摂取量は，わずかEPA 80 mg，DHA 44 mgであり，本研究における投与量よりもはるかに少なかった．Geschらの研究は，混合した栄養物が効果的に働くことを示唆している．しかし，どの要因が彼らの研究に効果を与えたかを決めることは困難である．さまざまな囚人のためにはさまざまな栄養素が重要であったのだろう．本研究から，DHA単体はAD/HDを改善しなかったことが示唆される．

要約すると，DHAを含む食品がAD/HD症状を改善することはなかったが，AD/HD児が二次的症状としてもちやすい攻撃性は，DHAの摂取により減少させることができ，学校と家庭の両方で，AD/HD児の人間関係を改善させることができると考えられる．脂肪酸によるAD/HDの治療に関しては，さらなる研究が待たれるが，脂肪酸の使用には十分な注意が払われるべきである．

おわりに

二つの研究から，AD/HDの特性に対する栄養素の効果について述べた．おもに，PSはAD/HDの典型症状やワーキングメモリ関連能力に，DHAは攻撃性に，それぞれ改善効果をもつ可能性が示唆された．AD/HDは成人においても見られることが近年指摘されているが，その行動的特性から，他の社会的・心理的問題を併発することが多いことも指摘されている．たとえば，AD/HDにより整頓が苦手な人では自己評価が低下し，抑うつ状態になりやすい．また，攻撃性を抑えることが困難な人では，周囲の人との人間関係形成が難しい場合もある．

これまでの研究で，日本においては子どもの頃から積極的に薬による治療を行うことはあまり好まれないことがわかった．この点は海外の先行研究の参加児と，筆者らの研究参加児を比較するとよくわかる．筆者らの研究では，投薬治療を継続的に受けている子どもは少数であった．一方，食品に含まれる栄養素がAD/HDの症状に効果があるならば，これらの投薬への抵抗感をもつ人びとにも，受け入れられやすいと考えるため，一連の研究は大いに意義があると考える．

食事は，食卓を囲む人どうしのコミュニケーションの促進・食文化の伝達という側面で，人の情動形成に大いに貢献する．それと同時に，脳科学という観点からも，適切な食事が情動の安定におおいに貢献する可能性があるという点を，本章の結びとする．　　　　［平山　諭］

文　献

1）Hirayama H, Masuda Y, Rabeler R：Effect of phosphatidylserine administration on symptoms of attention-deficit/hyperactivity disorder in children. Agro Food Industry Hi Tech Anno 17, No. 5：32–36, 2006.

2）Rapport MD, Denney C, DuPaul GJ, Gardner MJ：Attention deficit disorder and methylphenidate：normalization rates, clinical effectiveness, and response prediction in 76 children. *J Am Acad Child Adolesc Psychiatry* **33**：882–893, 1994.

3）Goldman LS, Genel M, Bezman RJ, Slanetz PJ：Diagnosis and treatment of attention-deficit/hyperactivity disorder in children and adolescents. Council on Scientific Affairs, American Medical Association. *JAMA* **279**：1100–1107, 1998.

4）Brue AW, Oakland TD：Alternative treatments for attention-deficit/hyperactivity disorder：does evidence support their use? *Altern Ther Health Med* **8**：68–70, 2002.

5）Shallice T：From Neuropsychology to Mental Structure. Cambridge University Press, 1988.

6）Mitchell EA, Aman MG, Turbott SH, Manku M：Clinical characteristics and serum essential fatty acid levels in hyperactive children. *Clin Pediatr* **26**：406–411, 1987.

7）Stevens LJ, Zentall SS, Deck JL, Abate ML, Watkins BA, Lipp SR, Burgess JR：Essential fatty acid metabolism in boys with attention-deficit hyperactivity disorder. *Am J Clin Nutr* **62**：761–768, 1995.

8）Voigt RG., Llorente AM, Jensen CL, Fraley JK, Berretta MC, Heird WC：A randomized, double-blind, placebo-controlled trial of docosahexaenoic acid supplementation in children with attention-deficit/hyperactivity disorder. *J Pediatrics* **139**：189–196, 2001.

9）Burgess JR：Attention deficit hyperactivity disorder, observational and interventional studies. NIH Workshop on Omega-3 Essential Fatty Acids and Psychiatric Disorders. Abstract Book 22, 1998.

10）Richardson AJ, Puri BK：A randomized double-blind, placebo-controlled study of the effects of supplementation with highly unsaturated fatty acids on ADHD-related symptoms in children with specific learning difficulties. *Prog Neuro-Psychopharmacol Biol Psychiatry* **26**：233-239, 2002.

11) Frostig M, Lefever DW, Whittlesey JRB：Administration and Scoring Manual for the Marianne Frostig Developmental Test of Visual Perception. Consulting Psychologists Press, Palo Alto, 1966.

12) Hulme C, Mackenzie S：Working memory：Structure and function. In Working Memory and Severe Learning Difficulties. Lawrence Erlbaum Associates Publishers, Hillsdale, pp. 17-37, 1992.

13) Beery KE：Developmental Test of Visual-Motor：Administration and Scoring Manual. Follett Publishing Co, Chicago, 1967.

14) Corkum PV, Siegel LS：Is the continuous performance task a valuable research tool for use with children with attention-deficit hyperactivity disorder? *J Child Psychol Psychiat* **29**：1217-1239, 1993.

15) Miller GA：The magical number seven plus or minus two：Some limits on our capacity for processing information. *Psychol Rev* **63**：81-97, 1956.

16) Rothman RB, Baumann MH, Dersch CM, Romero DV, Rice KC, Carroll FI, Partilla JS：Amphetamine-type central nervous system stimulants release noradrenaline more potently than they release dopamine and serotonin. *Synapse* **39**：32-41, 2001.

17) Cooper JR, Bloom FE, Roth RH：Noradrenaline and adrenaline. In Biochemical Basis of Neuropharmacology, 8th Ed, Oxford University Press, New York, pp. 181-224, 2003.

18) Biederman J, Spencer T：Attention-deficit/hyperactivity disorder (ADHD) noradrenergic disorder. *Biol Psychiat* **46**：1234-1242, 1999.

19) Terano T, Hirai A, Tamura Y, Kumagai A, Yoshida S：Effect of dietary supplementation of highly purified eicosapentaenoic acid and docosahexaenoic acid on arachidonic acid metabolism in leukocytes and leukocyte function in healthy volunteers. *Adv Prostaglandin Thromboxane Leukot Res* **17B**：880-885, 1987.

20) Aman MG, Mitchell EA, Turbott SH：The effects of essential fatty acid supplementation by Efamol in hyperactive children. *J Abnorm Child Psychol* **15**：75-90, 1987.

21) Hamazaki T, Okuyama H：The Japan Society for Lipid Nutrition recommends to reduce the intake of linoleic acid. In Omega-6/Omega-3 Essential Fatty Acid Ratio：The Scientific Evidence Volume Eds, Simopoulos AP, Cleland LG, World Review of Nutrition and Dietetics, Volume 92：Karger, Basel, 2003.

22) Adam O, Beringer C, Kless T, Lemmen C, Adam A, Wiseman M, Adam P, Klimmek R, Forth W：Anti-inflammatory effects of a low arachidonic acid diet and fish oil in patients with rheumatoid arthritis. *Rheumatol Int* **23**：27-36, 2003.

23) Puri BK, Richardson AD：The effects of olive oil on ω3 fatty acids and mood disorder. *Arch Gen Psychiatry* **57**：715, 2000.

24) Hamazaki T, Sawazaki S, Itomura M, Asaoka E, Nagao Y, Nishimura N, Yazawa K, Kuwamori T, Kobayashi M：The effect of docosahexaenoic acid on aggression in young adults, a placebo-controlled double-blind study. *J Clin Invest* **97**：1129-1133, 1996.

25) Hamazaki T, Thienprasert A, Kheovichai K, Samuhaseneetoo S, Nagasawa T, Watanabe S：The Effect of docosahexaenoic acid on Aggression in elderly Thai subjects-a placebo-controlled double-blind study. *Nutr Neurosci* **6**：37-41, 2002.

26) Gesch CB, Hammond SM, Hampson SE, Eves A, Crowder MJ : Influence of supplementary vitamins, minerals and essential fatty acids on the antisocial behaviour of young adult prisoners. *Br J Psychiatry* **181** : 22–28, 2002.

27) Arnold LE : Treatment alternatives for attention deficit hyperactivity disorder. *J Attention Disord* **3** : 30–48, 1999.

28) Barkley RA : Behavioral inhibition, sustained attention, and executive functions : Constructing a unifying theory of ADHD. *Psychological Bulletin* **121** (1) : 65–94, 1997.

29) Carter CM, Urbanowicz M, Hemsley R, Mantilla L, Strobel S, Graham PJ, Taylor E : Effects of a few food diet in attention deficit disorder. *Arch Dis Childhood* **69** : 564–568, 1993.

30) Haller J, Makara GB, Kruk MR : Catecholaminergic involvement in the control of aggression : hormones, the peripheral sympathetic, and central noradrenergic systems. *Neurosci Biobehav Rev* **22** : 85–97, 1998.

31) Hamazaki K, Itomura M, Huan M, Nishizawa H, Watanabe S, Hamazaki T, Sawazaki S, Terasawa K, Nakajima S, Terano T, Hata Y, Fujishiro S : N-3 long chain fatty acids decrease serum levels of triglycerides and remnant-like particle-cholesterol in humans. *Lipids* **38** : 353–358, 2003.

32) Itomura M, Sawazaki S, Terasawa K, Hamazaki K, Watanabe S, Hamazaki T : Aggression and the fatty acid composition of red blood cells (RBCs) in schoolchildren. 5th Congress of the International Society for the Study of Fatty Acids and Lipids, Montreal. Abstract Book 128, 2002.

33) Marangell LB, Martinez JM, Zboyan HA, Kertz B, Kim HF, Puryear LJ : A double-blind, placebo-controlled study of the omega-3 fatty acid docosahexaenoic acid in the treatment of major depression. *Am J Psychiatry* **160** : 996–998, 2003.

34) Nemets B, Stahl Z, Belmaker RH : Addition of omega-3 fatty acid to maintenance medication treatment for recurrent unipolar depressive disorder. *Am J Psychiatry* **159** : 477–479, 2002.

35) Peet M, Horrobin DF : A dose-ranging study of the effects of ethyl-eicosapentaenoate in patients with ongoing depression despite apparently adequate treatment with standard drugs. *Arch Gen Psychiatry* **59** : 913–919, 2002.

36) Sawazaki S, Hamazaki T, Yazawa K, Kobayashi M : The effect of docosahexaenoic acid on plasma catecholamine concentrations and glucose tolerance during long-lasting psychological stress : a double-blind placebo-controlled study. *J Nutr Sci Vitaminol* **45** : 655–665, 1999.

37) Wilens TE, Biederman J, Spencer TJ : Attention deficit/hyperactivity disorder across the lifespan. *Annu Rev Med* **53** : 113–131, 2002.

●索　引

欧　文

ア　行

カ　行

サ 行

タ 行

ナ 行

ハ 行

マ　行

ヤ　行

ラ　行

ワ　行

編者略歴

二宮くみ子（にのみや・くみこ）

1957 年　東京都に生まれる
1982 年　上智大学大学院理工学研究科修士課程修了
2010 年　広島大学大学院生物圏科学研究科博士課程修了
現　在　味の素株式会社・理事
　　　　農学博士

谷　和樹（たに・かずき）

1964 年　北海道に生まれる
2001 年　兵庫教育大学大学院教育学研究科修士課程修了
現　在　玉川大学教職大学院・教授

情動学シリーズ 7
情動と食
―適切な食育のあり方―　　定価はカバーに表示

2017 年 2 月 25 日　初版第 1 刷

編　者　二　宮　く　み　子
　　　　谷　　　和　樹
発行者　朝　倉　誠　造
発行所　株式会社　朝　倉　書　店
東京都新宿区新小川町 6-29
郵 便 番 号　162-8707
電　話　03（3260）0141
F A X　03（3260）0180
http://www.asakura.co.jp

〈検印省略〉

印刷・製本 東国文化

ISBN 978-4-254-10697-8　C 3340　　Printed in Korea